水沙变异条件下
长江口北支治理关键技术

仲志余 等 著

科学出版社

北 京

内 容 简 介

　　长江口北支治理直接关系长江口防洪安全、供水安全、航道安全及生态系统稳定等诸多方面,在维持长江口总体河势格局稳定中具有至关重要的作用,历来是长江口治理与保护中迫切需要解决的重大问题。本书系统介绍长江口北支水沙盐特性、河道演变规律、水沙盐和风暴潮模拟与预测技术,以及北支改善平面形态、北支河口建闸等关键治理技术,具有较强的科学性、系统性和实用性。

　　本书资料翔实,内容丰富,可供与水利有关的高等院校、科研单位、设计单位等的研究人员、工程技术人员使用。

图书在版编目（CIP）数据

水沙变异条件下长江口北支治理关键技术/仲志余等著. —北京：科学出版社，2023.2
　ISBN 978-7-03-074605-4

Ⅰ.① 水⋯　Ⅱ.① 仲⋯　Ⅲ.① 长江口-河道整治-研究　Ⅳ.① TV882.2

中国版本图书馆 CIP 数据核字（2022）第 255048 号

责任编辑：何　念　张　湾/责任校对：高　嵘
责任印制：彭　超/封面设计：无极书装

科　学　出　版　社 出版
北京东黄城根北街 16 号
邮政编码：100717
http://www.sciencep.com

武汉精一佳印刷有限公司印刷
科学出版社发行　各地新华书店经销
*
开本：787×1092　1/16
2023 年 2 月第 一 版　　印张：19 1/4
2023 年 2 月第一次印刷　　字数：456 000
定价：239.00 元
（如有印装质量问题，我社负责调换）

Preface
前　言

　　长江口是我国的第一大河口，北支是长江口第一级汊道。历史上，北支是长江径流的入海主通道。18 世纪以后，长江口主流逐渐南移，主流改道南支，同时受上游河势变化及人工圈围等影响，北支进流条件恶化，河道不断淤积萎缩，咸潮倒灌南支，影响长江口总体河势格局的稳定、北支沿岸引排体系及岸线和航道资源的利用，严重影响沿岸地区经济社会的可持续发展。另外，三峡等控制性水库运用后，长江中下游水沙形势发生变化。需要结合三峡等水库投运后的水沙变异情况，研究长江口北支水动力及物质输运模拟技术、河口平面形态改善及建闸控制等整治技术，为北支河道综合治理提供技术支撑。2013 年 11 月，中华人民共和国科学技术部批复"十二五"国家科技支撑计划重点项目"水沙变异条件下荆江与长江口北支河道治理关键技术"。本书即该项目关于长江口北支河道治理的研究成果。

　　本书第 1 章介绍长江口北支基本情况、治理重要性及治理历程；第 2 章介绍北支水沙和咸潮入侵特性、河道演变情况；第 3 章介绍长江口水沙盐输移模型，包括水沙模型、长江口三维盐度及咸潮倒灌数值模型，以及长江口天文潮、风暴潮耦合数学模型；第 4 章介绍水沙变异及长江口规划整治工程对长江口北支冲淤演变的影响；第 5 章介绍北支下段平面形态改善方案、各方案对北支水沙输移规律的影响、治理方案效果及对策措施；第 6 章介绍北支建闸的拦沙调度、咸潮倒灌防治、风暴潮防御技术及综合调度方案等内容，提出北支建闸的初步工程方案。

　　本书由仲志余、侯卫国、陈前海、徐照明、陈黎明等共同撰写。其中，第 1 章绪论由仲志余撰写，第 2 章水沙盐特性及河道演变由陈前海、陈正兵、徐敬新等撰写，第 3 章水沙盐输移模型由陈黎明、施勇、陈炼钢等撰写，第 4 章北支河道演变趋势预测由陈黎明、陈炼钢、陈正兵等撰写，第 5 章平面形态改善治理技术由侯卫国、唐金武、陈正兵、胡德超、郭传胜、何勇等撰写，第 6 章北支建闸治理技术由仲志余、徐照明、马强、储鏖、缴健、王宪业等撰写。全书由仲志余统稿。

　　由于作者水平和时间有限，书中疏漏和不足之处在所难免，恳请专家、同行和广大读者提出宝贵意见。

作　者

2021 年 12 月 10 日于武汉

Contents
目　录

绪　论

1.1 长江口北支基本情况

长江口自徐六泾至河口 50 号灯标，长约 181.8 km。徐六泾断面河宽约 4.7 km，口门宽约 90 km。长江口平面呈扇形，总体呈三级分汊、四口入海的格局。徐六泾以下，崇明岛将长江分为南支和北支，南支在吴淞口以下被长兴岛、横沙岛等分为南港和北港，南港由九段沙分为南槽和北槽，共有北支、北港、北槽和南槽四个入海通道。长江口河道流经江苏省南通市、苏州市和上海市。长江口地区滨江临海，集"黄金海岸"和"黄金水道"区位优势于一体，是长江流域乃至全国的精华地带，发展潜力巨大，对长江流域和全国经济社会发展起着十分重要的推动作用。江阴至长江口河势图见图 1.1.1。

北支是长江口的一级汊道，西起崇明岛头部，东至连兴港，全长约 83 km，流经上海市崇明区、江苏省南通市海门区和启东市，河道平面形态弯曲，弯顶在大洪河和大新河之间，弯顶上下河道均较顺直。上口崇头断面河宽约 2.6 km，下口连兴港断面河宽约 10 km，河宽最窄处在大新河至灵甸港段，河宽仅 1.4 km。北支河道局部江段涨、落潮流路分离，有利于洲滩发育，分布有新村沙、新隆沙等洲滩。

北支历史上曾经是长江径流的入海主通道。18 世纪以后，主流逐渐南移，长江主流改道南支，进入北支的径流逐渐减少，导致北支河道中的沙洲大面积淤涨，河宽逐渐缩窄，北支逐渐演变为涨潮流占优势的涨潮槽，总体表现为淤积萎缩态势。北支深槽紧靠左岸下泄，受大洪河—大新河弯道河势的影响，过大新河后主流右偏，紧靠南岸崇明区一侧，灵甸港以下被灵甸新沙分成左、右两汊，左汊深槽靠北岸，为主汊。左、右汊水流在三和港以下汇入新隆沙左侧，新隆沙沙尾以下河道宽阔，水流分散，潮流作用强劲，在潮流作用下启东港至口门段沿北岸-5 m 深槽长期存在。在上游径流较小时，北支咸潮倒灌进入南支，影响南支淡水资源的开发利用。

1.2 研究与治理实践情况

中华人民共和国成立以来，水利部一直十分重视长江口的治理。相关单位开展了大量的长江口治理研究，在原型资料观测分析、数学模型计算和物理模型试验等方面取得了丰硕成果。长江口治理研究的重点是保证防洪安全和航道畅通，1980 年前长江口北支处于人工围垦影响下的快速淤积萎缩阶段，北支整治主要关注防洪安全和土地开发利用问题。1980 年后，随着长江口北支的快速淤积萎缩，以及咸潮倒灌南支的加重，逐渐开展了北支综合整治的问题研究。针对长江口存在的问题，相关单位做了大量的前期规划工作，下面分阶段介绍长江口治理研究工作的概况。

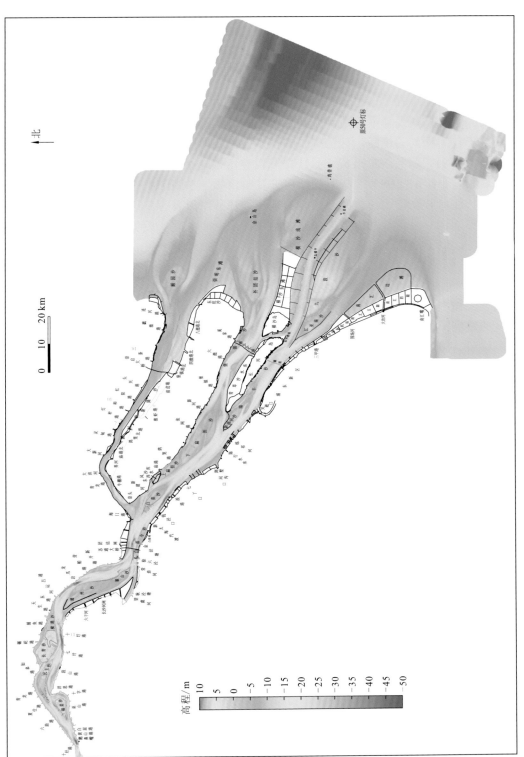

图 1.1.1 江阴至长江口河势图

1.2.1　1958~1989 年

长江口的治理研究工作始于 1958 年。三十多年间，许多科技工作者和专家学者坚持研究，出版了一系列高水平论著，尤其是在长江口发育模式、河床演变的基本规律等方面都获得了较为深刻的论断。这些成果的积累为长江口的研究和治理，奠定了坚实的基础。1983 年 7 月，国务院批准成立长江口开发整治领导小组（后改为长江口及太湖流域综合治理领导小组）。1983 年 9 月长江口开发整治领导小组于上海举行第一次会议，讨论和落实长江口开发整治与黄浦江综合治理规划任务，以及有关部门和地区的协作配合问题。1983 年 11 月，水利电力部华东勘测设计院上海分院（后更名为水利部上海勘测设计研究院，以下简称上海院）等单位编制了《长江口综合开发整治规划要点报告任务书》。根据原中华人民共和国国家计划委员会计土（1984）343 号函的批复，水利电力部以（84）水电水规字第 21 号文下达规划设计任务。规划任务书规定了，长江口综合开发整治规划工作应以航运及航道整治为重点，认真贯彻国家的建设方针和政策，按照上海经济区的发展需要、长江流域规划的要求，同围垦、防洪（潮）、沿江建设、农田排灌、水产、旅游、国防建设等要求结合起来，全面而有重点地做出合理开发整治长江口水土资源的综合治理规划。

长江口北支自 20 世纪以来，主槽日渐淤浅，河道形势不断发生变化，出海航道的功能已经丧失，下泄长江径流的能力变小，且出现了北支潮流、盐水及泥沙倒灌南支的情况。国务院办公厅结合南水北调东线第一期工程，以（83）国办函字第 29 号文提出研究封堵长江口北支的指示，原水利电力部为落实国务院的指示，以（83）水电水建字第 61 号文下达了对长江口北支进行封堵的可行性初步研究的任务。遵照上述要求，上海院联合相关单位于 1985 年先后编制、上报了《长江口综合开发整治南支第一期工程可行性研究报告》和《长江口综合开发整治北支封堵可行性初步研究报告》，1988 年 12 月编制完成《长江口综合开发整治规划要点报告》（水利部上海勘测设计研究院，1988），并于 1989 年 12 月完成了补充修改，正式上报水利部。

1.2.2　1990~2000 年

1993 年，党中央提出了以浦东开发开放为龙头，带动长江三角洲和整个长江流域经济发展的战略要求。至 1995 年底，上海院等单位相继完成了长江口远景深水入海航道、北支水土资源综合开发利用、治导线等的研究工作。鉴于自浦东开发开放以来，国民经济各部门对长江口的开发整治提出了更高、更迫切的要求，深水入海航道即将进入工程启动阶段，本着为发展河口地区的经济服务，深化长江口综合治理及开发工作的需要，根据出现的新情况、新要求和新问题，在 1988 年《长江口综合开发整治规划要点报告》的基础上进行修订、补充，并综合归纳了近年来工作的新成果，重新编制了《长江口综合开发整治规划要点报告》（1997 年版本）（水利部上海勘测设计研究院，1997），该报告通过了水利部组织的审查，并上报原中华人民共和国国家计划委员会。

《长江口综合开发整治规划要点报告》（1997 年版本）中，对长江口北支研究了圩角沙封堵方案、圩角沙—连兴港封堵方案、圩角沙—新隆沙封堵方案、连兴港束窄方案、新隆沙闸坝等工程方案。采用平面二维水流模型计算了整治工程方案对潮量、流速的影响，并分析了其对河道演变、咸潮倒灌的影响，详细研究了工程对北支闸下潮位的影响，闸门的运行水位、水利排涝计算及调整措施，工程对水质及生态环境的影响与预测等。这些研究为长江口规划修订阶段的研究奠定了良好的基础。

1.2.3 2001 年至今

1998 年、1999 年大水后，长江口的河势出现了较大调整变化；长江口深水航道治理工程、三峡工程及南水北调工程等逐步实施，使长江口水沙条件发生了一定程度的变化；沿岸社会经济高速发展对航运发展，淡水资源、岸线资源及滩涂资源等的开发利用提出了新的更高的要求，原有规划已不能充分适应长江口自然条件的变化及社会经济发展的要求，有许多问题仍需要深入研究。2002～2004 年，水利部长江水利委员会组织长江勘测规划设计研究院、上海院、水利部长江水利委员会水文局、长江流域水资源保护局、长江科学院、中央水工试验所（后更名为南京水利科学研究院）、中国水利水电科学研究院、河海大学、华东师范大学等单位，在充分利用以往规划研究成果的基础上，开展长江口综合整治开发规划要点报告修订工作。相关单位在深入分析北支河道演变及其主要影响因素，北支河道萎缩，水、沙、盐倒灌南支所带来的影响，以及北支沿岸地区经济社会发展对北支整治开发的相关要求的基础上，拟定了北支综合整治的目标；对北支河道演变规律及趋势、咸潮入侵的规律等进行了深入的分析，并采用不同尺度、维度的水沙盐数学模型和定床物理模型对北支整治的近、远期方案进行了较深入的论证研究，分析了缩窄、直接建闸、缩窄后建闸等工程方案对控制咸潮倒灌、减缓北支淤积、利用滩涂等方面的整治效果，评价了其对防洪排涝、水环境和水生态等方面的影响，在此基础上提出了北支近、远期推荐方案。2008 年 3 月，《长江口综合整治开发规划》获得国务院批准。《长江口综合整治开发规划》提出：北支近期采用中缩窄方案加上段疏浚措施；远期在中缩窄方案基础上，继续深入研究顾园沙潜堤及建闸等口门拦沙措施（水利部长江水利委员会，2008）。

第 2 章

水沙盐特性及河道演变

2.1 北支水沙特性

2.1.1 大通站径流泥沙特征

大通站是长江干流最后一个径流控制站,距长江口约 624 km,集水面积约 170.5 万 km^2。大通站以下较大的入江支流北岸主要有裕溪河、滁河、淮河等,南岸主要有青弋江、水阳江、秦淮河及以黄浦江为主的太湖水系等。大通站以下集水面积仅占大通站以上集水面积的 5%,入汇流量占长江总流量的 3%~5%,故大通站径流情况可以代表进入长江口的径流情况。

1. 年际变化特征

据大通站实测资料,大通站多年(1950~2016 年)平均径流总量约为 8 971 亿 m^3,年际波动较大,但多年平均径流量无明显的趋势变化。三峡水库蓄水运用前(1950~2002年),大通站多年平均径流量为 9 020 亿 m^3,多年平均流量为 28 580 m^3/s;三峡水库蓄水运用后(2003~2016 年),大通站多年平均径流量为 8 598 亿 m^3,多年平均流量为27 263 m^3/s。大通站实测历年最大流量为 91 800 m^3/s(1954 年 8 月 1 日),最小流量为6 300 m^3/s(1963 年 2 月 20 日)。20 世纪 90 年代后期,长江连续几年出现大洪水,1995年、1996 年洪峰流量分别为 75 500 m^3/s、75 100 m^3/s,1998 年、1999 年洪峰流量分别为82 300 m^3/s、83 900 m^3/s。

大通站多年(1950~2016 年)平均输沙量为 3.66 亿 t。三峡水库蓄水前,大通站多年平均输沙量为 4.250 亿 t,三峡水库蓄水后减少到 1.468 亿 t,减小幅度达 65.5%。在径流变化不大的情况下,含沙量大幅度减小,多年平均含沙量三峡水库蓄水后较蓄水前减少 69.0%。

2. 年内变化特征

大通站流量、泥沙特征值统计表(三峡水库蓄水运用前、后)分别见表 2.1.1 和表 2.1.2;大通站三峡水库蓄水运用前后各月多年平均流量、输沙率、含沙量统计表见表 2.1.3 和表 2.1.4。

表 2.1.1 大通站流量、泥沙特征值统计表(三峡水库蓄水运用前)

	项目	特征值	发生年份	统计年份
流量/(m^3/s)	历年最大	91 800	1954	1950~2002
	历年最小	6 300	1963	1950~2002
	多年平均	28 580	—	1950~2002

续表

项目		特征值	发生年份	统计年份
径流量/（亿 m³）	历年最大	13 594	1954	1950～2002
	历年最小	6 759	1978	1950～2002
	多年平均	9 020	—	1950～2002
含沙量/（kg/m³）	历年最大	3.140	1958	1951～2002
	历年最小	0.016	1999	1951～2002
	多年平均	0.481	—	1951～2002
输沙量/（亿 t）	历年最大	6.760	1964	1953～2002
	历年最小	2.390	1994	1953～2002
	多年平均	4.250	—	1953～2002

表 2.1.2　大通站流量、泥沙特征值统计表（三峡水库蓄水运用后）

项目		特征值	发生年份	统计年份
流量/（m³/s）	历年最大	70 800	2016	2003～2016
	历年最小	8 060	2004	2003～2016
	多年平均	27 263	—	2003～2016
径流量/（亿 m³）	历年最大	10 455	2016	2003～2016
	历年最小	6 886	2006	2003～2016
	多年平均	8 598	—	2003～2016
含沙量/（kg/m³）	历年最大	1.020	2004	2003～2016
	历年最小	0.020	2007	2003～2016
	多年平均	0.149	—	2003～2016
输沙量/（亿 t）	历年最大	2.160	2005	2003～2016
	历年最小	0.718	2011	2003～2016
	多年平均	1.468	—	2003～2016

表 2.1.3　大通站各月多年平均流量、输沙率、含沙量统计表（三峡水库蓄水运用前）

月份	流量		输沙率		多年平均含沙量/（kg/m³）
	多年平均/（m³/s）	年内分配/%	多年平均/（kg/s）	年内分配/%	
1	10 958	3.25	1 125	0.70	0.099
2	11 666	3.13	1 157	0.72	0.093
3	15 741	4.68	2 322	1.44	0.137
4	23 754	6.83	5 843	3.63	0.237
5	33 571	9.97	11 791	7.32	0.329
6	40 095	11.52	16 939	10.52	0.414
7	50 291	14.94	37 100	23.04	0.760
8	44 261	13.15	30 882	19.18	0.723
9	40 454	11.63	27 422	17.03	0.696
10	33 491	9.95	16 911	10.50	0.507
11	23 344	6.71	6 985	4.34	0.300
12	14 298	4.25	2 567	1.59	0.174
5～10 月	40 360	71.16	23 508	87.59	0.572
年平均	28 580	—	13 503	—	0.374

注：流量根据 1950～2002 年资料统计；含沙量根据 1951 年、1953～2002 年资料统计；"年内分配"整列之和不为 100% 由四舍五入导致。

表 2.1.4　大通站各月多年平均流量、输沙率、含沙量统计表（三峡水库蓄水运用后）

月份	流量		输沙率		多年平均含沙量/（kg/m³）
	多年平均/（m³/s）	年内分配/%	多年平均/（kg/s）	年内分配/%	
1	13 085	4.06	1 087	1.98	0.082
2	14 246	4.00	1 112	1.83	0.079
3	19 465	6.05	2 413	4.40	0.124
4	22 757	6.84	3 049	5.38	0.132
5	32 079	9.96	5 067	9.24	0.157
6	41 139	12.37	7 372	13.01	0.180
7	47 335	14.70	10 981	20.02	0.233
8	41 014	12.74	8 866	16.16	0.217
9	35 700	10.73	8 242	14.54	0.228
10	26 215	8.14	3 884	7.08	0.147
11	19 065	5.73	2 108	3.72	0.110
12	15 061	4.68	1 448	2.64	0.096
5～10 月	37 247	68.64	7 402	80.05	0.194
年平均	27 263	—	4 656	—	0.149

注：流量、含沙量根据 2003～2016 年资料统计。

三峡水库蓄水运用前，汛期（5～10 月）流量占年总流量的 71.16%，输沙率更为集中，占到全年的 87.59%；三峡水库蓄水运用后，大通站年总输沙量大幅度减少，年内水沙分配情况也发生了一些变化，汛期流量占全年约 68.64%，较蓄水前略有减少，汛期输沙率占比为 80.05%，较蓄水前减少约 7.54 个百分点。

2.1.2　北支潮流泥沙特征

1. 潮汐

北支河段位于长江口潮汐河段，潮汐性质属非正规半日浅海潮。潮位每天两涨两落，日潮不等现象较明显。一般涨潮历时约 4 h，落潮历时约 8 h，一涨一落平均历时约 12 h 25 min。年最高潮位往往是天文潮、台风两者组合作用的结果。北支主要潮位控制站有青龙港站、连兴港站和三条港站，其潮位特征值统计见表 2.1.5。其中，最高潮位发生在 1997 年 8 月 18 日（阴历七月十七，11# 台风于当日影响该地区）。

表 2.1.5　北支主要控制站潮位特征值表　　　（单位：m，85 基准）

站名	最高潮位	最高潮位出现日期（年-月-日）	最低潮位	最低潮位出现日期（年-月-日）	最大潮差	最小潮差	平均潮差
青龙港站	4.68	1997-08-18	−2.13	1961-05-04	5.05	0.05	2.68
连兴港站	4.19	1997-08-18	−2.38	1987-02-28	5.80	0.09	2.94
三条港站	4.57	1997-08-18	−2.39	1969-04-05	5.63	0.06	3.07

北支潮波是由外海传播来的潮汐引起的谐振波，口外存在东海的前进潮波和黄海的旋转潮波两个潮波系统，其中东海的前进潮波对北支的影响较大。口外潮波传入长江口后逐渐发生变形，潮波变形程度越向上游越大，导致北支河段潮位、潮差和潮时沿程发生变化。自河口越向上游，涨潮历时越短，落潮历时越长。北支是一个喇叭形河口，越向上游河宽越窄，导致北支潮差由口门往内逐渐增大，过灵甸港后又逐渐减小。

2. 潮量

18 世纪以后，长江口主流由北支转向南支，北支河床逐渐淤积，分流比逐渐减小。至 20 世纪 50 年代，北支分流比约为 9%。此后，受通海沙、江心沙并岸等因素影响，北支分流比继续减小，2002 年 9 月实测落潮分流比约为 4.1%。2002 年以后，北支分流比的减小趋势趋缓，洪季落潮分流比在 4% 左右，枯季落潮分流比不足 3%。2016 年北支枯季落潮分流比在 4.3% 左右，枯季落潮分流比有转增迹象。受北支涨潮流特性影响，北支涨潮分流比大于落潮分流比，洪季涨潮分流比大于枯季涨潮分流比。

在北支分流比逐渐减小的同时，分沙比也呈减小趋势。近年来，实测北支涨落潮输沙量显示，北支近期的分沙情况具有以下特征：洪季涨、落潮分沙比呈减小趋势；洪季涨潮分沙比显著大于落潮分沙比，两者均大于相应的分流比；枯季涨、落潮分沙比小于洪季，均大于相应的分流比；南、北支总输沙量呈减小趋势；大潮期间涨、落潮分沙比大于小潮。大潮期间北支进口断面泥沙净向上输送，小潮期间北支进口断面泥沙净向下输送，小潮期间北支泥沙不倒灌南支。北支泥沙倒灌量受南支流量、北支潮流特性等影响，变幅较大。

　　上游径流进入北支的比例较小，外海潮流作用增强，潮流倒灌南支明显。实测资料显示，洪季大潮约 2.0%的潮量倒灌南支，枯季大潮约 2.7%的潮量倒灌南支。2007 年至今，实测连兴港断面大潮期间进潮量约为 17 亿 m³，小潮期间进潮量约为 7 亿 m³，外海进潮量已远大于崇头落潮量，北支涨潮流占优势的河道特性明显，外海水沙对北支河道维持和演变有重要意义。北支潮量特征值见表 2.1.6。

表 2.1.6　北支潮量特征值统计表

测次	断面	施测日期（年-月-日）	潮别	涨潮潮量 /（亿 m³）	落潮潮量 /（亿 m³）	历时 （时:分）	净泄量 /（亿 m³）
1	青龙港	2001-09-03～2001-09-04	大潮	2.52	1.31	24:48	-1.21
		2001-09-07～2001-09-08	中潮	2.29	1.26	24:19	-1.03
		2001-09-11～2001-09-12	小潮	0.67	1.17	25:24	0.50
	三条港	2001-09-03～2001-09-04	大潮	11.83	10.11	24:44	-1.72
		2001-09-07～2001-09-08	中潮	12.13	10.92	24:13	-1.21
		2001-09-11～2001-09-12	小潮	5.41	5.58	25:30	0.17
2	青龙港	2005-08-28～2005-08-29	小潮	0.03	2.10	29:56	2.07
		2005-08-31～2005-09-01	中潮	0.86	2.47	24:38	1.61
		2005-09-05～2005-09-06	大潮	3.20	3.95	24:40	0.75
	三条港	2005-08-28～2005-08-29	小潮	1.34	3.51	28:54	2.17
		2005-08-31～2005-09-01	中潮	6.04	7.69	24:14	1.65
		2005-09-05～2005-09-06	大潮	10.83	11.59	24:18	0.76
3	崇头	2007-03-04～2007-03-05	大潮	0.76	0.73	23:55	-0.03
	灵甸港	2007-03-04～2007-03-05	大潮	2.16	1.30	24:02	-0.86
	连兴港	2007-03-06～2007-03-07	大潮	17.59	18.25	24:17	0.66

测次	断面	施测日期（年-月-日）	潮别	涨潮潮量 / （亿 m³）	落潮潮量 / （亿 m³）	历时 （时:分）	净泄量 / （亿 m³）
4	崇头	2010-03-17～2010-03-18	大潮	1.27	0.93	23:28	-0.34
		2010-03-21～2010-03-22	中潮	0.68	0.99	24:46	0.31
		2010-03-25～2010-03-26	小潮	0.67	0.91	26:08	0.24
	青龙港	2010-03-17～2010-03-18	大潮	1.36	1.41	24:21	0.05
		2010-03-21～2010-03-22	中潮	1.01	1.39	24:37	0.38
		2010-03-25～2010-03-26	小潮	0.69	0.97	25:28	0.28
	三条港	2010-03-17～2010-03-18	大潮	9.47	9.12	24:17	-0.35
		2010-03-21～2010-03-22	中潮	6.88	7.52	24:21	0.64
		2010-03-25～2010-03-26	小潮	5.18	5.91	25:29	0.73
	连兴港	2010-03-17～2010-03-18	大潮	16.40	15.61	24:18	-0.79
		2010-03-21～2010-03-22	中潮	11.05	12.03	24:10	0.98
		2010-03-25～2010-03-26	小潮	8.86	10.37	25:22	1.51
5	崇头	2011-05-19～2010-05-20	大潮	2.12	1.45	24:54	-0.67
		2011-05-22～2010-05-23	中潮	1.31	1.14	23:59	-0.17
		2011-05-26～2010-05-27	小潮	0.64	0.86	25:11	0.22
	三条港	2011-05-19～2010-05-20	大潮	9.93	9.02	22:28	-0.91
		2011-05-22～2010-05-23	中潮	6.79	5.97	22:35	-0.82
		2011-05-26～2010-05-27	小潮	4.36	4.26	23:21	-0.10
	连兴港	2011-05-19～2010-05-20	大潮	17.91	16.70	23:08	-1.21
		2011-05-22～2010-05-23	中潮	12.17	10.28	22:40	-1.89
		2011-05-26～2010-05-27	小潮	8.16	8.01	23:53	-0.15
6	三条港	2012-12-14	大潮	9.74	9.90	24:41	0.16
		2012-12-08～2012-12-09	小潮	4.78	6.20	25:31	1.42
	连兴港	2012-12-14	大潮	18.35	16.85	24:46	-1.50
		2012-12-08～2012-12-09	小潮	9.37	9.97	25:28	0.60

3. 风暴潮

长江口地区的风暴潮绝大部分由台风引发，较强的风暴潮灾害全为台风所致，具有来势猛、速度快、强度大、破坏力强的特点。年最高潮位通常出现在台风、天文大潮和上游大洪水三者或两者遭遇之时，见表2.1.7。

表 2.1.7　连兴港站前五位最高潮位统计（85 基准）

序位	潮位/m	年份	出现阴历时间	有无台风及编号	相应大通站流量/（m³/s）
1	4.19	1997	七月十七	9711 号台风	44 400
2	3.87	2000	八月初三	无	45 500
3	3.63	2002	八月初一	0012 号台风	53 200
4	3.48	2004	五月十六	无	42 400
5	3.44	1989	九月十七	无	31 300

天文潮对年最高潮位的形成影响最大，风暴潮对河口地区年最高潮位的发生起着"加强"以至于形成特高潮位的作用，上游洪水的影响稍弱。长江口地区 1997 年及 2000年实测最高潮位均发生在台风（9711 号台风及 0012 号台风）与天文大潮遭遇之时。

4. 泥沙特性

1）含沙量沿程变化

河口悬沙浓度的变化与涨、落潮流速大小密切相关，流速较小时部分悬沙沉降，使悬沙浓度降低，流速较大时床面泥沙再悬浮，使悬沙浓度升高。由于涨、落潮流的交替及流速大小的更迭，悬沙浓度也呈现明显的潮周期变化。由于潮汐强度和径流大小的变化，悬沙浓度也存在大小潮、洪枯季的变化，同时北支上、中、下段受径流和潮汐影响不同，悬沙浓度还存在沿程的空间变化。

北支泥沙总体表现为中段含沙量高于进出口含沙量、大潮含沙量高于小潮含沙量、枯季含沙量高于洪季含沙量的特点。青龙港至启东港段含沙量明显高于北支其他区域，其中以灵甸港附近含沙量最高。大潮期间崇头附近平均含沙量约为 1.28 kg/m³，灵甸港附近平均含沙量约为 3.08 kg/m³，连兴港附近平均含沙量约为 2.39 kg/m³；小潮期间崇头附近平均含沙量约为 0.23 kg/m³，灵甸港附近平均含沙量约为 1.02 kg/m³，连兴港附近平均含沙量约为 0.56 kg/m³。北支涨潮动力较强，泥沙以口外来沙为主影响，涨潮含沙量一般高于落潮含沙量，枯季含沙量一般高于洪季（4～9 月为洪季）含沙量（图 2.1.1）。大潮涨潮期间北支大量泥沙随潮流倒灌南支，向南支净输沙。2010 年 4 月实测大潮期间崇头倒灌南支泥沙 1.02×10⁴ t。

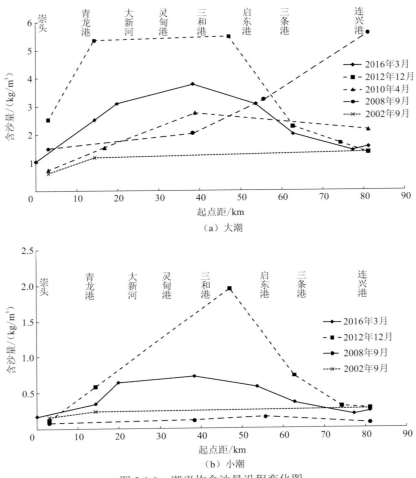

图 2.1.1　潮平均含沙量沿程变化图

2）含沙量潮周期变化

　　大潮期间，北支含沙量的潮周期变化过程以 M 形（双峰型）为主（图 2.1.2），即一个潮周期内出现两个含沙量峰值、两个含沙量谷值。含沙量的这种变化过程与流速变化过程一致，两个含沙量峰值分别对应涨、落急时刻，两个含沙量谷值分别对应涨、落憩时刻。北支沿程含沙量变化较大，说明含沙量变化多源于床面泥沙再悬浮。由于泥沙悬浮及沉降需要一个过程，含沙量与流速之间通常存在相位差，含沙量峰值和谷值出现的时刻多滞后于涨、落急和涨、落憩一段时间。

　　北支进口和出口含沙量变化过程与 M 形有所不同。北支进口 BZ1 垂线出现涨潮单峰型，落潮过程中含沙量维持在一个较小值。这主要与落潮时南支含沙量较低的水流进入北支有关，特别是枯季南支水流含沙量很小。北支出口 BZ20 垂线下段大潮期含沙量 M 形变化不明显，含沙量在涨潮后半期降低，在落潮后半期升高，含沙量谷值和峰值分别出现在涨憩之后与落憩之前。

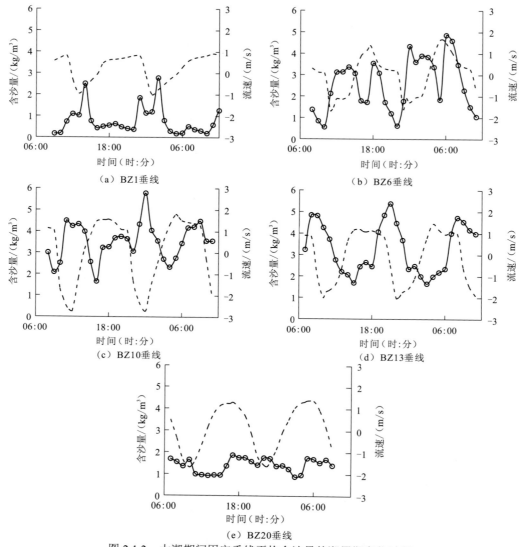

图 2.1.2　大潮期间固定垂线平均含沙量的潮周期变化过程

带圈实线表示含沙量，虚线表示流速

　　不同位置含沙量最大峰值对应的时刻有所不同。下段（BZ20 垂线）含沙量最大峰值出现在落急时刻稍后，中段（BZ13 和 BZ10 垂线）最大峰值出现在落急时刻后，滞后时间比下段长。上段（BZ1 和 BZ6 垂线）含沙量最大峰值变化与中、下段略有不同，崇头处最大含沙量出现在涨急时刻约 1 h 后，大洪河下游最大含沙量出现在落急时刻约 1 h 后。

　　大潮期间，北支各垂线含沙量垂向分布均表现为表层含沙量较低、底层含沙量较高（图 2.1.3），这与悬沙垂向分布的基本规律一致。各垂线含沙量分布基本呈斜线型，个别呈双峰型，但斜线斜率明显不同，即各垂线表层含沙量与底层含沙量差值不一。青龙港（QLG1、QLG2 垂线）表层含沙量在 1.0 kg/m^3 左右，底层含沙量高达 4.0 kg/m^3，相差约 3.0 kg/m^3，约 3 倍。连兴港（LXG4、LXG3、LXG2、LXG1 和 BZ20 垂线）表层含沙量在 1.1 kg/m³ 左右，底层含沙量在 1.5～2.2 kg/m³，相差 0.4～1.1 kg/m³，不到 1 倍。青龙港（QLG1、QLG2 垂线）和灯杆港（BZ10 垂线）底层含沙量高与其涨潮流速大有关，在强涨潮流作用下，床面泥沙再悬浮量明显增加，导致近底含沙量明显增加。北支中段表层含沙量明显大于北支上、下段表层含沙量。

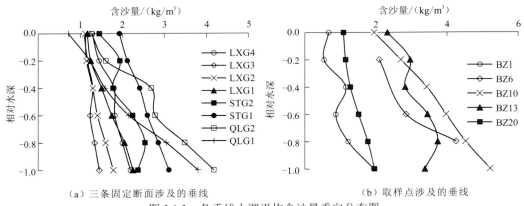

（a）三条固定断面涉及的垂线　　　　　　　　　　（b）取样点涉及的垂线

图 2.1.3　各垂线大潮平均含沙量垂向分布图

LXG 表示连兴港；STG 表示三条港；QLG 表示青龙港

3）输沙量分析

北支大潮期间断面输沙率、输沙量均为净输入（表 2.1.8、表 2.1.9），小潮期间断面输沙率、输沙量均为净输出。潮平均输沙量最大净输入量在连兴港断面大潮，达 116 000 t，最大净输出量在青龙港断面小潮，为 142 300 t。

表 2.1.8　断面潮平均输沙率统计表　　　　　　　　　　（单位：kg/s）

断面	大潮输沙率			小潮输沙率		
	涨潮	落潮	净输入（输出）量	涨潮	落潮	净输入（输出）量
青龙港	-28 900	17 500	-500	-1 580	3 290	1 560
三条港	-50 000	33 900	-1 100	-2 220	2 250	323
连兴港	-67 900	43 400	-1 372	-2 200	2 920	355

注："-"表示净输入；"+"表示净输出。

表 2.1.9　断面潮平均输沙量统计表　　　　　　　　　　（单位：t）

断面	大潮输沙量			小潮输沙量		
	涨潮	落潮	净输入（输出）量	涨潮	落潮	净输入（输出）量
青龙港	-987 000	943 000	-44 000	-50 700	193 000	142 300
三条港	-1 840 000	17 400 00	-100 000	-87 600	117 000	29 400
连兴港	-1 330 000	1 214 000	-116 000	-101 000	133 000	32 000

注："-"表示净输入；"+"表示净输出。

4）床沙与悬沙粒径分析

北支滩槽床沙粒径组成有明显差别，岸滩床沙类型主要有粉砂质砂、砂质粉砂、粉砂，表明北支岸滩床沙总体较粗，以粉砂质砂和砂质粉砂为主，粉砂次之；深槽床沙类型主要有黏土、粉砂、砂质粉砂，表明北支深槽床沙总体较细，粉砂含量最高，黏土含量次之，砂质粉砂含量最少。

北支床沙粒径总体呈现从上游至下游明显减小的趋势（图 2.1.4），其中三和港以上床沙以砂粒为主，粒径较粗，中值粒径平均约为 0.10 mm，启东港以下床沙以粉砂为主，粒径较细，中值粒径平均约为 0.02 mm，上、下两段河床的底沙中值粒径相差近 5 倍。

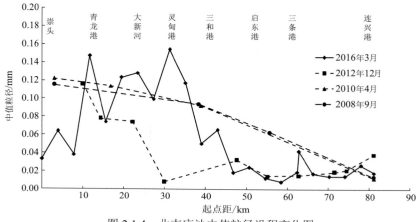

图 2.1.4　北支床沙中值粒径沿程变化图

北支悬浮泥沙平均中值粒径沿程相差不大，平均在 0.008～0.01 mm。各站点大小潮期间中值粒径相差不大，总体看来小潮期悬浮泥沙粒径略小于大潮期。北支上段中值粒径垂向略有变化，底层中值粒径为 0.015～0.018 mm，表层中值粒径为 0.009～0.011 mm，下段中值粒径垂向变化较小。这可能是因为北支上段底质泥沙粒径较悬浮泥沙粒径明显粗，泥沙再悬浮对悬浮泥沙粒径垂向分布影响较大，而下段底质泥沙粒径与悬浮泥沙粒径相差较小，泥沙再悬浮对悬浮泥沙粒径垂向分布影响较小。

2.2　北支咸潮入侵特性

2.2.1　咸潮入侵概述及影响因素

1. 咸潮入侵途径

咸潮入侵（又称咸潮上溯、盐水入侵），是河口地区的一种天然水文现象，它是由太阳和月球（主要是月球）对地表海水的吸引力引起的。当河流淡水进入河口的流量不足时，海水倒灌，咸、淡水混合，使上游河道水体变咸，即形成咸潮。咸潮一般发生在冬季或干旱的季节，多出现在河海交汇处，如长江口和珠江口地区。以长江口为例，四条入海通道构成长江口四条咸潮入侵通道。图 2.2.1 是长江口的盐水入侵模式。

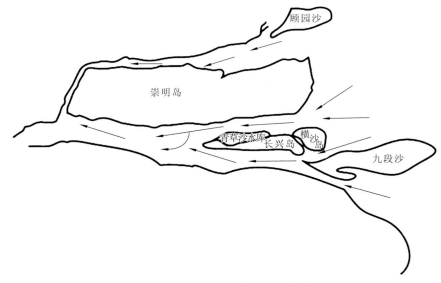

图 2.2.1　长江口的盐水入侵模式

北支、北港、北槽和南槽四条入海通道构成长江口四条咸潮入侵通道。其中，北支自 1958 年以来演变为涨潮流占绝对优势的河道，涨潮动力强劲，盐度居四条入海通道之首。南支是长江下泄径流的主要通道，咸潮入侵程度较北支轻。咸潮入侵距离因各汊道断面形态、径流分流量和潮汐特性不同而存在较大差异。北支咸潮入侵距离比南支远，咸潮入侵界枯季一般可达北支上段，洪季一般可达北支中段。南支咸潮入侵界枯季一般可达南北港中段，洪季一般在拦门沙附近。在特枯水与大潮组合下，北支咸潮入侵可达南、北支分流口；在特定洪水与小潮组合下，南支拦门沙以内可全被淡水占据。

南支河段主要受三类咸潮入侵源的影响，即外海盐水经南、北港直接入侵和北支向南支倒灌，影响程度随径流、潮差和河槽地形的变化而变化，南支咸潮入侵枯季一般上溯到吴淞口至浏河口一带。北支咸潮倒灌主要以咸水团形式随南支落潮流下泄：一路沿崇明岛南缘进入新桥水道，影响庙港甚至可及南门港；一路随主流进入南支主槽，影响宝钢水域，进而影响吴淞江下游水域；还有一路漫过白茆沙进入南水道，对白茆河、钱泾河水域产生影响。北港在枯季的盐度明显高于南港，北港咸潮上溯至堡镇后分汊：一路进入新桥水道，影响可达南门港；一路进入新桥通道汇入南支，主要影响宝钢、杨林一带水域。在枯季流量为丰、平水情况下，南港咸潮入侵上溯至吴淞口附近；在枯水年份，可上溯到浏河口以上河段。南支河段在咸潮入侵源的共同作用下，在石洞口—浏河口一带存在一个比上、下都高的高盐化物浓度带。

2. 咸潮入侵时空变化

1）时间变化

长江口盐水入侵在时间上的分布主要受到径流量和潮汐的影响，在四个时间尺度上具有明显的规律，四个时间分别是潮周日、半月（朔望）、季节和年际。

（1）潮周日变化。

潮周日变化主要受潮汐周期性变化的影响，一般而言，盐度（氯度）的变化与潮流具有密切的关系。潮流与潮位的相位差主要取决于潮波的传播性质，从而最大、最小盐度值及相位也与潮波性质有关。总地来说，潮周日变化有两个特点：若盐水入侵源以北支倒灌为主，盐度峰、谷值分别出现在落憩、涨憩附近；若盐水入侵源以口外涨潮流为主，则盐度峰、谷值分别出现在涨憩、落憩附近。

（2）半月变化。

长江口潮汐半月的周期变化主要受月球公转的影响，在半月中出现一次大潮和一次小潮，相应地，日平均盐度值也出现一个高值区和一个低值区，它们的关系较为复杂，可概括为三种类型：第一种是高盐区出现在大潮期，低盐区出现在小潮期；第二种是大潮期盐度低，小潮期盐度高；第三种是高盐区出现在小潮后的寻常潮期间，低盐区仍出现在大潮期。一般，北支及南、北槽常出现第一种类型，第二种类型常出现在吴淞口以上的南支主槽及新桥水道的中下河段；南、北港上段位于河口中部，来自上、下游的盐水多在这里汇合，第二、三种类型在该水域都有可能出现。

（3）季节变化。

长江径流有明显的季节变化，长江口盐度也有相应的季节变化，引水船站月平均盐度与大通站月平均流量呈良好的负相关关系。一般是 2 月盐度最高，7 月最低，6～10 月为低盐期，12 月至翌年的 4 月为高盐期。

（4）年际变化。

长江口盐度的年际变化与大通站流量有良好的对应关系，丰水年盐度低，枯水年盐度高。对于枯季流量为丰水的年份，外海盐水入侵锋只能抵达高桥以下河段，长兴岛西部的瑞丰沙、青草沙水域受径流控制，盐度多在 1/100000000 以下，同时由于上游流量偏丰，进入北支的流量相应增多，遏制了北支盐水的倒灌，南支主槽盐度多在 1/50000000 以下。对于枯季流量为平水或枯水的年份，外海盐水上溯可达吴淞口、堡镇或以上河段。

2）空间变化

（1）纵向变化。

在长江口研究盐度纵向分布规律时，需考虑北支盐水倒灌南支的情况，当径流量减小时，北支盐水开始倒灌南支，此时整个南支及以下河段同时受到上、下两个方向的盐水的入侵，盐度的纵向分布呈现高—低—高的态势；当长江径流量较大时，南、北支的汇潮点移向北支，盐水倒灌得到遏制，此时口内盐度从下游到上游呈现递减趋势，长江口盐、淡水大约在浏河口与 125°E 之间约 400 km 范围内进行混合。盐度纵向分布的一般特点是，由上游向下游逐渐递增，过口门后急剧增加。资料表明，枯季盐水上溯比洪季远，上游径流量越小，盐水上溯的距离越远。枯季时涨憩和落憩纵向盐度分布的坡度比较平缓，洪季时则比较陡。统计数据显示，涨潮憩流时盐度（代表盐度的峰值）的沿程变化率，洪季比枯季大，洪、枯季盐度沿程变化率相差 1 倍左右（孔亚珍 等，2004）。

（2）横向变化。

各汊道相近断面盐度的高低主要受径流分配的影响，径流分流量大，盐度就低，反之就高。在北支口、北港口、北槽口和南槽口四个口门中，盐度以北支口最大。对于其余三个口门，据观测资料，洪季时以北槽口为最大，南槽口次之，北港口最小；枯季时北港口最大，北槽口次之，南槽口最小。长江口由于沙洲密布，河槽分汊复杂，大致可分为 W 形河槽与 U 形河槽。在 W 形河槽中，同一断面上涨潮槽的盐度比落潮槽高，如新桥水道比南支主槽高，长兴岛南小汊比南港主槽高。在 U 形河槽中，涨潮开始时岸边盐度比深槽高，涨急和涨憩时深槽比岸边高，落急时又是岸边比深槽高，这与岸边和深槽在涨落潮时相位的先后是一致的。由于科里奥利力的作用，南北岸水位横比降明显，因此在同一河槽中，北岸盐度比南岸高（朱建荣和胡松，2003）。

（3）垂向分布。

在盐水入侵段，由重力引起的环流表现在两个方面：一方面是涨落潮引起的纵向水面比降在重力作用下的环流；另一方面是盐度的密度差在重力作用下的流动。水面比降在涨、落潮时分别指向河口上游和下游，但潮期平均后，它总是指向河口下游，而盐度比降则始终指向河口上游，两种相反的作用形成了盐水入侵河段的垂向盐度分布。

盐度的垂线分布总是表面小，河底大，主要取决于盐、淡水的混合类型。长江口径流和潮流作用都很强大，由于径流、潮流势力的消长，在不同水文组合情况下可以出现三种混合类型。从全年来说，以缓混合型为主，受日潮不等和月潮不等的影响，盐水混合介于强混合和弱混合之间。出现高度分层型时，盐、淡水之间有明显的交界面，盐水在淡水下面楔入，淡水在盐水上面入海，盐、淡水之间的混合程度小，上、下层的盐度差很大。出现缓混合型时，上、下层之间有一定程度的垂向混合，等盐度线以楔状伸向上游，淡水主要从上层下泄，而底部则有盐水上溯，上、下层之间有一定的盐度差。出现强混合时，上、下层盐度值接近一致，差别很小。

3. 咸潮入侵影响因素

长江口复杂的河势、水系、天气等条件导致长江口盐水入侵的影响因素众多，变化规律也十分复杂。已有研究表明，长江口盐水入侵的主要影响因子包括上游径流量、外海潮汐、风浪、海平面、河口河势等。

1）上游径流量

径流量对长江口盐水入侵的影响呈现中、大时间尺度的洪枯季变化特征。长江口盐度年际和年内分布及其变化与长江干流径流量的关系甚为密切。径流量主要包括月径流量和日径流量等。洪水期，上游径流量大，口外咸潮难以上溯。枯水期，上游径流量小，径流动力弱，口外咸水随潮上溯至口内，从而产生咸潮影响。

已往研究（陈祖军，2014）表明，长江大通站枯水期流量偏小，流量在 $10\,000\ \mathrm{m^3/s}$ 以下时，长江口各代表水文站盐度普遍升高，如 1978 年、1979 年、1984 年、1987 年、1993 年；流量在 $13\,000\ \mathrm{m^3/s}$ 以上时，长江口各代表水文站盐度普遍下降，如 1982 年、1983 年、1989 年；流量在 $15\,000\ \mathrm{m^3/s}$ 以上时，吴淞口、高桥基本不受咸潮入侵影响，吴淞口以下各水文站盐度也大幅度降低，如 1990 年、1991 年、1995 年。

根据六滧站 2015～2017 年盐度自动观测结果（图 2.2.2），2015～2017 年六滧站出现了两次明显的咸潮入侵，分别出现在 2015 年 1 月和 2017 年 2 月，最高盐度达到 1.15‰。2015 年 1 月大通站平均流量为 $12\,275\ \mathrm{m^3/s}$，最大流量为 $13\,300\ \mathrm{m^3/s}$，最小流量为 $11\,700\ \mathrm{m^3/s}$；2017 年 2 月大通站平均流量为 $13\,033\ \mathrm{m^3/s}$，最大流量为 $13\,200\ \mathrm{m^3/s}$，最小流量为 $12\,900\ \mathrm{m^3/s}$。对比六滧站盐度与同时期大通站流量（图 2.2.3）可以看出，六滧站盐度大于 0.45‰（水源地取水允许最高值）时，大通站流量基本在 $13\,500\ \mathrm{m^3/s}$ 以下。

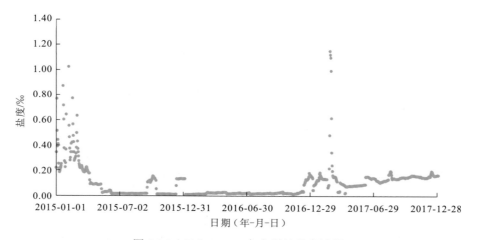

图 2.2.2　2015～2017 年六滧站盐度过程

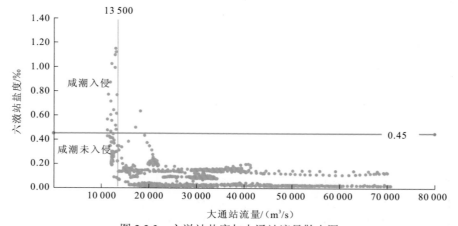

图 2.2.3　六滧站盐度与大通站流量散点图

2）外海潮汐

潮汐对长江口盐水入侵的影响呈中、短时间尺度的周期性变化特征。长江口潮汐受天文潮影响显著，既呈现大中小潮周期变化特征，又呈现非规则半日潮变化特征。长江口盐水入侵规律与潮汐规律相适应，既呈现大中小潮盐度峰值与低值的变化特征，又呈现日周期内两次盐度峰值和两次盐度低值的变化特征。

大中小潮与地球、太阳、月亮的位置相关，一般在朔望日以后产生大潮。对长江口地区来说，阴历每月初三和十八为大潮，初十和二十五为小潮。此处根据 1994～2014 年陈行水库取水口咸潮入侵情况，统计每次咸潮入侵首日的阴历时间，具体见图 2.2.4。陈行水库咸潮入侵起始时间有明显的分布规律：咸潮入侵起始时间主要出现在阴历初三至初六、阴历十七至二十，基本不会出现在阴历初九至十五、阴历二十五至翌月初一，即咸潮入侵起始时间主要出现在大潮日前 1 天及其后的 2～3 天，基本不会出现在小潮日前 1 天及其后的 4～5 天。某些年份长江口沿海基础海平面偏高，若持续增水恰逢天文大潮，会加剧咸潮入侵的程度（李文善 等，2020）。

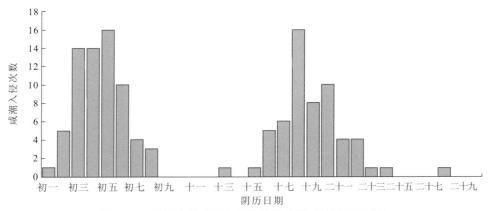

图 2.2.4 陈行水库咸潮入侵次数统计图（按阴历日期）

受涨落潮影响，长江口盐水入侵在日周期内也呈现明显的规律。一般来讲，日周期内盐度峰值出现在涨憩时刻附近，而盐度低值出现在落憩时刻附近。图 2.2.5 和图 2.2.6 为 2017 年 2 月实测的南、北港大潮期间流速和盐度变化过程。可以看出，盐度在日周期内也呈现两峰值、两低谷的特征，其中，两峰值也不等。盐度峰值出现在涨憩时刻，而盐度低值出现在落憩时刻。

3）风浪

长江口地区常风向为 SE—SEE，强风向为 NW—NNW，风向随季节变化较大。6 级以上大风天为 41 天，占全年的 11%，年内以 12 月和 1 月出现大风天为最多，6 月和 5 月为最少。波浪自口外向口内传播过程中，受地形影响，波高逐渐衰减，波周期变短。多年平均波高佘山和引水船站为 0.9 m，波周期为 3.7 s，高桥站平均波高降至 0.35 m，波周期为 2.4 s。台风期波高最大，实测最大波高佘山为 5.2 m，引水船站为 6.2 m，高桥站为 3.2 m；最大平均波周期佘山为 12 s，引水船站约为 8 s，高桥站约为 4.5 s。

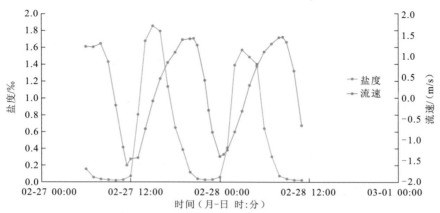

图 2.2.5　南港大潮期间垂线平均盐度及垂线平均流速过程线

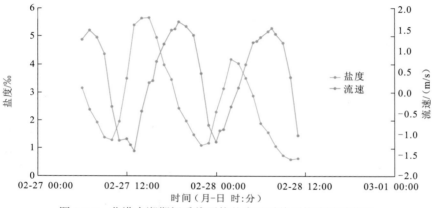

图 2.2.6　北港大潮期间垂线平均盐度及垂线平均流速过程线

冬季长江口外盛行偏北风,它会产生向岸的埃克曼输送。埃克曼输送的作用将使外海水体从北侧河槽进入口内,随后因质量守恒从南侧河槽流出口门。因此,从动力机制上讲,冬季季风可能会对长江口的盐水入侵产生影响。朱建荣等(2011)通过数值计算定量分析了径流量、潮汐和风况对北支倒灌盐通量的影响。枯季北支盐分倒灌随径流量增加而减弱,随潮汐减弱而减小,随北风风应力增强而增加。朱宜平(2021)认为青草沙上游和下游闸口正面盐水入侵一般发生在大通站流量在 18 000 m³/s 以下,持续偏北风或西北风影响下的小潮或小潮后的中潮。正面盐水入侵来临前几天,偏北风或西北风的强度和持续时间对正面盐水入侵起着重要的作用。

2009 年 11 月 10～12 日小潮时,华东师范大学崇西站出现了盐度异常升高,量值接近 2。而此时段前 7 天大通站流量维持在 14 000 m³/s 左右,未出现明显下降,但此小潮期间偏北风强劲,最大风速达到 12 m/s。随后,大潮期间盐度峰值达到 4,偏北风仍很强。2010 年 2 月 11～12 日中潮时,盐度异常升高,最大值达到 3.7,比前、后两次大潮期间的最高盐度还要高。此时段前 7 天长江径流量在 15 000 m³/s 左右,量值不低,此中潮期间持续刮偏北大风,最大风速达到 10 m/s。上述异常现象说明,风应力对长江口北支盐水倒灌有着重要的作用。

4）海平面

海平面变化对长江口盐水入侵的影响为大时间尺度的影响，主要体现在外海平均潮位的变化导致外海的高盐度水随涨落潮流进出河口区域强弱程度的变化，从而影响到该区冲淡水的分布。外海海平面上升，将增大涨落潮的潮汐水动力，从而增大高盐度水入侵近海及河口区的程度；反之，则降低外海高盐度水入侵的程度。近 100 年来，全球气候变暖导致海平面不断上升是不争的事实。近年来，《中国海平面公报》也显示中国沿海海平面的变化总体呈波动上升的趋势。《2017 年中国海平面公报》显示，1980～2017 年中国沿海海平面上升速率为 3.3 mm/a，高于同期全球平均水平。预计未来 30 年，上海沿海海平面将上升 70～150 mm。因此，海平面上升将是长期影响长江口盐水入侵潜在而重要的因素。

5）河口河势

河势演变改变了河口地形，从而改变了水流流路和汊道的分流比，这对盐水入侵的影响是极其重要的。北支曾一度为长江口的主槽，但随着河床演变，20 世纪 50 年代北支上口河道与主槽基本垂直，进入的径流量极少，加之北支河槽呈明显的喇叭形，加大了潮汐的作用。在上游径流量较小的情况下，北支有大量的盐水向南支倒灌。长兴岛西部中央沙附近是地形变化较大的区域之一，滩槽瞬息万变，影响南、北港分流比的不断变化，70～80 年代实测的北港的盐度明显高于南港，但 90 年代又发现两汊道的盐水入侵有持平趋势。在科里奥利力的作用下，长江口出现涨、落潮流路分离现象，涨潮流偏北，落潮流偏南，故一般长江口北岸的盐度比南岸高，如新桥水道为涨潮槽，其盐度一般比南支主槽高，北港堡镇的盐度远大于长兴岛西头的青草沙水域，南港长兴岛南小泓的盐度大于吴淞口，甚至大于高桥。

2.2.2　近期咸潮倒灌数据分析

1. 咸潮倒灌统计数据分析

长江口盐度分布总体格局为盐度沿程向海增加，各入海汊道中，北支最高，南槽次之，北槽再次，北港最低，口门南侧的南汇嘴盐度低于北侧的启东嘴。潮汐和径流量是长江口盐水入侵的主要决定因子。长江口口外为规则半日潮，口内为不规则半日潮，且存在明显的大小潮变化。而长江径流量则呈现出明显的季节性差异和年际差异。上述动力因子的变化，必将导致长江口盐水入侵在不同时间尺度下的变化。长江口的盐水入侵在大尺度上受径流量影响较大。径流量的季节性变化引起长江口盐水入侵的季节性差异，一般枯季较强，洪季较弱。径流量的年际变化引起长江口盐水入侵的年际差异，盐水入侵一般在枯水年较强，在丰水年较弱。

1）盐水入侵变化趋势

以陈行水库取水口为代表，对长江口历年的咸潮入侵情况做统计分析。统计和分析所采用的资料为陈行水库取水口 1994～2014 年各典型年的咸水入侵次数和持续时间。将咸水浓度大于 250 mg/L 作为咸潮入侵的标准，统计结果如表 2.2.1 所示。表 2.2.1 中对应的大通站流量为考虑大通至长江口传播时间的 4 天前大通站流量。咸潮入侵次数最多的年份发生了 13 次，单次历时最长 13 天 23 小时。从最后一列可以看出，最高氯度一般发生在咸潮入侵时间最长的年份。从 1994 年算起，超过陈行水库避咸能力 7 天的次数有 39 次以上，平均每年接近两次，这对陈行水库的运行是不利的。

表 2.2.1   陈行水库历年咸潮数据统计表

年份	发生次数	历时总天数	最高氯度/(mg/L)	单次最长历时	对应的大通站流量/（m³/s）	最高氯度是否发生在最长咸潮期
1994	2	5	446	4 天	12 425	是
1996	4	31	1 356	10 天	10 868	是
1997	4	14	1 050	6 天	14 797	是
1998	1	9	1 130	9 天	11 251	是
1999	8	73	2 029	13 天	10 408	否
2000	5	18	839	6 天	12 766	是
2001	13	75	1 347	8 天	13 220	否
2002	10	79	2 276	11 天	19 537	否
2003	3	15	672	6 天	16 771	是
2004	10	68	1 426	10 天	9 194	是
2005	7	35	804	7 天	19 562	是
2006	9	58	1 281	9 天	14 955/13 764	是
2007	10	70	1 648	10 天	17 860/17 146	否
2008	6	47	1 244	6 天	24 231	是
2009	12	48	1 302	9 天	12 689	是
2010	4	17	950	6 天 10 小时	15 400	是
2011	7	45	1 214	8 天 9 小时	16 600	否
2013	5	28	865	8 天 53 小时	12 200	是
2014	5	35.25	1 097	13 天 23 小时	11 500	是

数据分析表明，约 84%的年份咸潮入侵氯度大于 500 mg/L，68%的年份咸潮入侵氯度大于 1 000 mg/L。高氯度咸水的主要问题是对取水的破坏，甚至不能利用水库内存有的淡水稀释引入的海水。随着年份的增长，特别是 2005 年之后，咸潮入侵最高氯度在年

际变化不大，这可能与三峡工程调节后长江干流流量在枯季更加均匀有关。

图 2.2.7 给出了陈行水库历年咸潮入侵次数和总天数的变化情况。随着年份的增长，咸潮发生的次数和总天数是增加的，但相关性系数较低。从 1999 年开始，总体表现为咸潮入侵有加剧的趋势，至 2009 年平均每年 8 次。2010 年开始，虽然每年的咸潮入侵次数仅有 5 次左右，但每次咸潮入侵的时间并未减少，在 2014 年甚至达到历史最长的 13 天 23 小时。

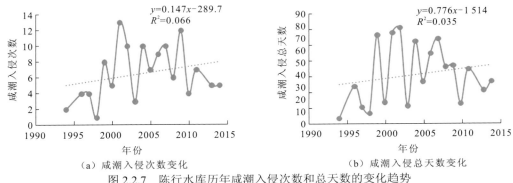

（a）咸潮入侵次数变化　　　　　　　　　（b）咸潮入侵总天数变化

图 2.2.7　陈行水库历年咸潮入侵次数和总天数的变化趋势

根据各月发生的咸潮入侵情况（图 2.2.8），咸潮入侵多发生在每年的 11~12 月及翌年的 1~4 月；最多发生在 1~4 月，其中 2~3 月最为严重，4 月与 1 月发生程度相当，少数发生在 10 月和 5 月，极少数发生在 8~9 月。

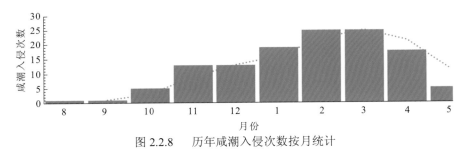

图 2.2.8　历年咸潮入侵次数按月统计

2）北支盐水倒灌趋势

长江口枯季盐水入侵的最大特征就是北支盐水倒灌南支，增加了长江口盐水入侵规律的复杂性。倒灌的盐水主要影响白茆沙北水道，一般情况下对南水道几乎没有影响，北水道南部的盐度突增要大于北部，在枯季条件下，北支倒灌的盐水团一般沿着白茆沙北水道的南侧下泄。盐水倒灌属于盐水入侵的特殊情况，因此一般发生于枯季，尤其是 2~3 月。

崇西站紧邻北支入口，该处盐度可以直观反映盐水倒灌的强度。通过收集资料，得到了近几年盐水倒灌时期的观测数据（表 2.2.2），包括发生倒灌时长江大通站径流量和最高盐度。

表 2.2.2　部分盐水倒灌时期观测数据

时间	大通站径流量/（m³/s）	站位	最高盐度/‰
1979 年 2 月	10 400	新建闸	3.00
		庙港	2.20
2001 年 9 月	36 509	崇头	0.90
		陈行水库	0.72
2002 年 3 月	18 300	崇头	7.20
		石洞口	0.90
2003 年 2 月	16 700	崇头	1.41
		南支南港	0.66
2004 年 2 月	9 070	崇头	3.26
		石洞口	0.94
2004 年 12 月	11 700	近崇头站	0.50
		白茆沙下端	0.60
2006 年 10 月	14 600	崇头	21.00
		陈行水库取水口	1.30
2008 年 12 月	13 900	南槽上段	3.91
2009 年 11 月	13 500	南槽主槽	10.77
2011 年 4 月	15 974	崇西站	3.50
		长兴岛	1.40
2011 年 5 月	14 692	崇西	2.50
		南门港	1.50
2012 年 12 月	18 500	白茆沙北	0.12
		白茆沙南	0.03
2013 年 12 月	11 800	青草沙取水口	2.00

数据调查发现，长江口较严重的盐水入侵主要在 1978～1979 年、1998～1999 年、2006 年、2011 年和 2013～2014 年。

1979 年初，长江流域水情特枯，导致崇明岛被咸水包围数月之久（宋志尧和茅丽华，2002）。资料显示，1998 年 12 月～1999 年 4 月枯季出现的盐水倒灌比 20 世纪 70 年代严重很多，发生倒灌的次数为 7 次（孔亚珍 等，2004）。2006 年大旱，属于特枯年，导致倒灌提前了 3 个月，9 月属于洪水期，已经开始盐水倒灌，作用到了南槽外海区域，其影响程度远大于 1979 年，导致在崇头位置表层盐度达到了 17‰，使陈行水库取水时间远大于 7 天（朱建荣 等，2011）。2011 年春末夏初，长江中下游发生干旱，4～6 月发生了严重的北支倒灌现象，导致青草沙水库不宜取水时间总计达到 13 天（顾圣华，2014）。通过观测资料发现，2013 年 12 月长江口盐水倒灌中至少有 3 次累积时间达 4 天（王绍祥和朱建荣，2015）。通过对 2014 年 2 月长江口观测资料的分析发现，对于所有四个潮型，青草沙水库盐水均来自北港外海的正面入侵，而不是北支的盐水倒灌。可以看出，2006 年与 2011 年的盐水倒灌最为强烈。

　　盐水倒灌同样与上游径流量和外海风况有紧密的联系。20 世纪 70 年代之前，大通站径流量在 10 000 m³/s 时，长江口的盐水入侵状况并无明显变化（宋志尧和茅丽华，2002）。近几年，在大通站径流量远大于 10 000 m³/s 时，已经发生了盐水倒灌的现象，如 2001 年北支在大通站径流量小于 30 000 m³/s，青龙港潮差大于 2 m 时就有可能出现盐水倒灌南支现象。从对盐水倒灌更为剧烈的这几年的比较中可以看出，长江口盐水的倒灌作用在 20 世纪 70 年代后呈现出一定的加强趋势，影响时间越来越长，并且已经不仅仅是发生在枯季，在洪季盐水倒灌的频率也有所增加，说明盐水倒灌现象越来越严重，但是近几年盐水倒灌的程度却没有增大的趋势。这说明盐水倒灌发生的条件已经有了很大的改变。

2. 长江口 2014～2015 年盐度观测数据分析

1）2014 年枯季盐度数据

　　基于 2014 年枯季长江口本底调查的水盐数据（2013 年 12 月 31 日～2014 年 1 月 12 日），综合分析枯季大小潮期涨憩、落憩时刻长江口平面盐度场的分布，为北支倒灌盐水团对南支取水口的影响研究提供依据。调查采用定点连续观测和走航式观测相结合的方式，共 12 个固定观测站点（图 2.2.9 中蓝点）。调查范围为 121°E～122°50′E 的长江口水域。

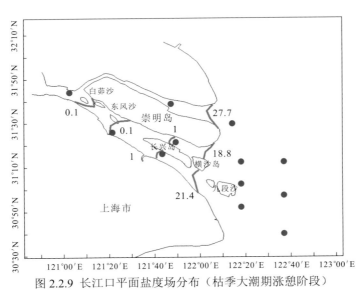

图 2.2.9　长江口平面盐度场分布（枯季大潮期涨憩阶段）

（1）枯季大潮期垂向盐度均值分布（涨憩）。

图 2.2.9 表明，涨憩阶段大潮期长江口口门附近盐度较高，其中北支口门盐度达到了 28‰左右，北港横沙岛和北槽、南槽九段沙上段盐度在 18‰以上，往口门内，盐度迅速减小，长兴岛中部北端青草沙水库和南端中段的区域盐度降至 1‰左右，说明长江口南支的上游径流作用相较于海域潮流作用更强，南支上溯盐水在东风沙附近盐度降至 0.1‰左右，其上游白茆沙南、北水道水域盐度也基本维持在 0.1‰左右。从东风沙到白茆沙，两者之间的水域盐度均维持在 0.1‰左右，说明此刻尚未发现北支盐水倒灌现象。

（2）枯季大潮期垂向盐度均值分布（落憩）。

图 2.2.10 表明，枯季大潮期落憩时刻盐度场分布与大潮期涨憩时刻整体趋势一致。北支进口和南支白茆沙、东风沙附近，盐度接近 0，北支口门盐度保持在较高值，较之涨潮期，其值略有下降。比较显著的变化是北港横沙岛北侧，其盐度只有 3.5‰，相比于之前涨憩时刻的 18.8‰，下降十分明显；九段沙南侧水域（南槽），盐度也较涨憩时刻下降显著，从 21.4‰下降到 11.8‰。受此影响，其上游长兴岛北端和南端，盐度降至 0.2‰左右，相比涨憩时刻，其值与东风沙、白茆沙处差别很小。这说明在潮流作用变小情况下，即使在枯季，上游径流对下游河口区域盐度场分布的影响仍十分显著。

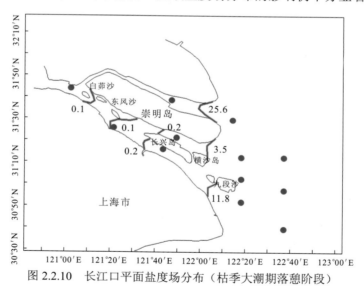

图 2.2.10　长江口平面盐度场分布（枯季大潮期落憩阶段）

（3）枯季小潮期垂向盐度均值分布（涨憩）。

图 2.2.11 表明，枯季小潮期涨憩阶段北支口门盐度达到 30‰左右，南槽口门盐度在 18‰以上，而此时北港口门附近横沙岛北侧盐度不到 2‰，说明枯季小潮期上游径流主要通过北港下泄，导致长江口口门处出现"北支、南槽高，北港低"的盐度分布格局。北支进口上游处盐度只有 0.1‰，这是上游径流冲淡作用的体现；东风沙下段盐度增加到 1.6‰以上，再往下到长兴岛南北侧，盐度降到 0.5‰以下，在南支形成从上到下低—高—低的盐度分布格局，这说明北支盐水已发生倒灌，在小潮期主体盐水团已随上游径

流移动到了南门港附近，虽有上游来水的冲淡，但是其盐度仍不低，势必给下游青草沙水库及其他取水口的取水带来影响。

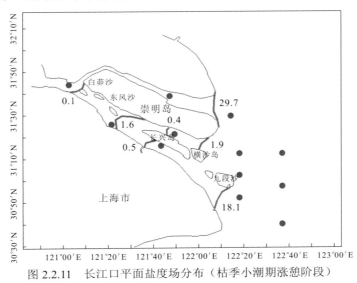

图 2.2.11　长江口平面盐度场分布（枯季小潮期涨憩阶段）

（4）枯季小潮期垂向盐度均值分布（落憩）。

图 2.2.12 表明，枯季小潮期落憩阶段北支盐度和涨憩阶段并无明显差别，变化较明显的是北港和南槽口门处的盐度，相较于涨憩阶段的 1.9‰ 和 18.1‰，此时两处盐度分别为 7.7‰ 和 9.4‰，说明枯季小潮期落憩阶段北港和南槽作为下泄径潮混合水流的通道，并无明显的主次之分。此时南支盐度分布仍呈现低—高—低的分布态势，且盐度为 1.6‰ 的等值线向下游偏移，盐水团仍无明显的减弱，势必对下游各取水口造成影响。

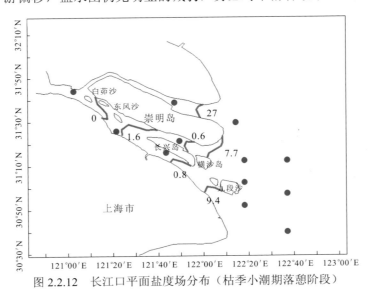

图 2.2.12　长江口平面盐度场分布（枯季小潮期落憩阶段）

2）2015 年枯季盐度数据

2015 年 1~4 月青龙港站（青龙港站 1 月与 2 月测量数据不全）、崇西站两个站点的水位和盐度变化见图 2.2.13、图 2.2.14。青龙港站三个月的水位和盐度均有大小潮的变化，水位整体变化趋势相近，说明上游来水量没有太大的变化，盐度变化幅度较大，说明青龙港站盐度受涨落潮影响很大。比较盐度与水位的变化时间发现，盐度峰值较水位峰值稍微延迟 24 h 左右。

从 2015 年 2 月青龙港站盐度变化可以判断，长江口北支已发生盐水入侵事件（一般盐度大于 0.2‰认为发生盐水入侵事件）。从三个月盐度的比较分析可以发现，2 月盐水入侵最为强烈，其盐度峰值达到 24‰，之后盐度大幅度下降，4 月青龙港站盐度小于 0.2‰。由于盐水入侵主要是通过涨落潮变化而变化，盐水入侵在大潮和其后的中潮最为严重，盐度峰值也出现在大潮之后的中潮。

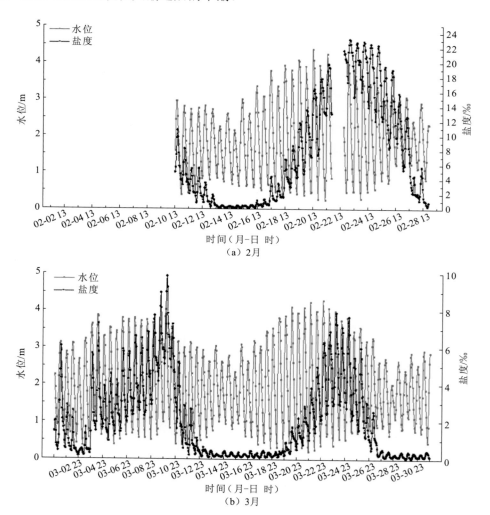

（a）2月

（b）3月

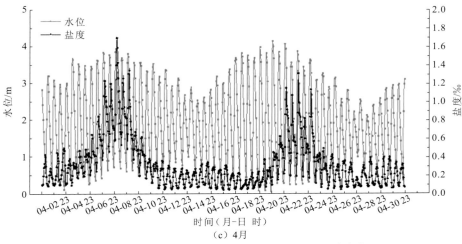

图 2.2.13　青龙港站 2015 年 2～4 月水位、盐度变化

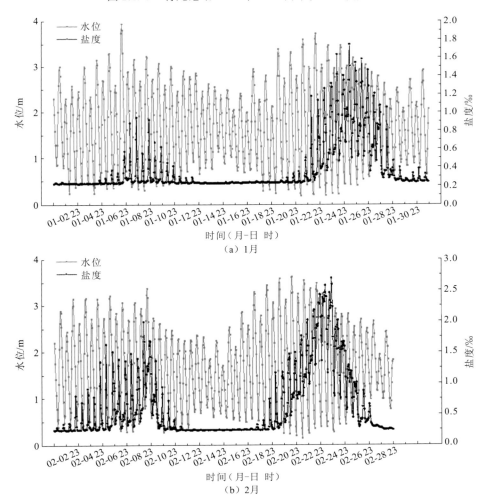

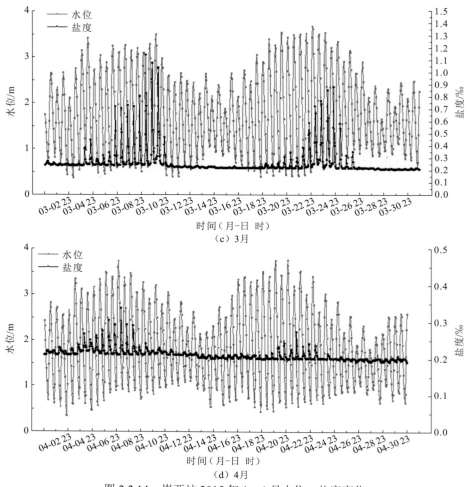

图 2.2.14　崇西站 2015 年 1～4 月水位、盐度变化

　　崇西站的盐水来源有两个：一个是北支盐水倒灌；另一个是南支盐水上溯。从崇西站水位和盐度的变化可以看出，2015 年初崇西站水位和盐度呈现明显的大小潮变化，盐度峰值出现在大潮之后的中潮期。其水位的变化幅度保持一致，说明上游来水量并没有发生太大的变化，但是其盐度有了很明显的浮动，说明盐度受到了涨落潮的影响。在四个月的变化过程中，2 月明显高于其他三个月，4 月的盐度变化范围很小，且盐度最高不到 0.4‰，说明受到的涨落潮的影响越来越小。2 月崇西站盐度峰值大于 2‰，发生了盐水入侵事件，同时崇西站的高盐度在落潮期间，低盐度在涨潮期间，盐度的变化与水位有一定的相位差，不同于正常的咸水直接入侵。

　　根据 2014 年 2 月在长江口观测的数据，白茆沙北水道附近的盐度在落潮期异常增高，意味着咸潮倒灌的发生（丁磊 等，2016）。在崇西站也出现了类似的现象，从图 2.2.15 可以看出，2015 年 4 月 6 日与 6 月 7 日属于非盐水入侵时段，其平均相位差为 6.25 h，1 月 25 日与 2 月 23 日属于发生盐水倒灌的时间，其相位差为 5.5 h 左右。在非盐水入侵时段，崇西站的低盐度保持一段平稳的时间，而在盐水倒灌发生时，其盐度有明显的阶段性变化，从低盐度上升到一个高盐度，然后再上升到盐度峰值。这说明在涨潮时盐度上升，其盐度来自北支倒灌或下游入侵，而落潮时盐度开始第二阶段的增长，说明此时的盐度来自北支倒灌的盐水团随着落潮流下泄的部分。因此，其高盐度水来自上游，受到了北支盐水倒灌的影响。因为青龙港站在 2 月和 3 月均发生了强烈的盐水入侵，且盐度很高，所以崇西站会受到北支盐水倒灌的影响而使盐度有所增长。据此规律推断，在 1 月 6～12 日、19～30 日和 2 月 4～5 日、20～22 日、25～27 日及 3 月 9 日均有不同程度的盐水倒灌现象发生。

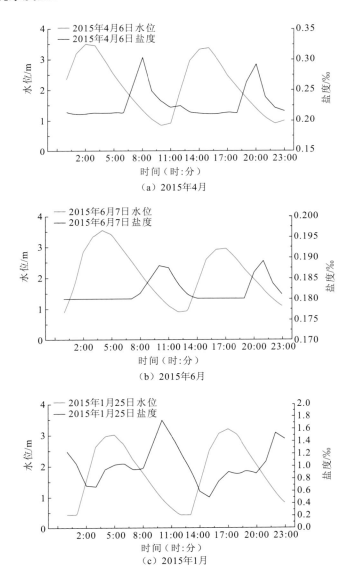

（a）2015年4月

（b）2015年6月

（c）2015年1月

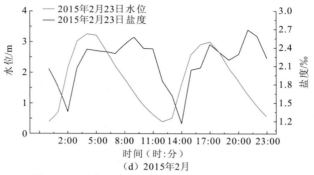

图 2.2.15　崇西站不同时间水位与盐度的相位差

2.3　北支河道演变

2.3.1　历史演变

据有关资料记载，2000 年之前长江口为典型的喇叭形河口湾，口宽 180 km，北界在苏北如东，南界为奉贤柘林一带，弯顶在扬中—江阴（图 2.3.1）。之后，随着上游大量泥沙下泄迁移、堆积，北岸河口沙嘴由如东掘港向东南迁移，8～11 世纪到达吕四附近，19 世纪末移至启东江夏，河口口门宽度由 180 km 缩窄至 90 km 左右（图 2.3.2）。这个时期为长江入海泥沙在河口湾中充填的时期，发育模式为南岸边滩向海推展，北岸沙岛并岸成陆，河口束窄外伸，河道形成，河槽加深。

图 2.3.1　长江口历史变迁图

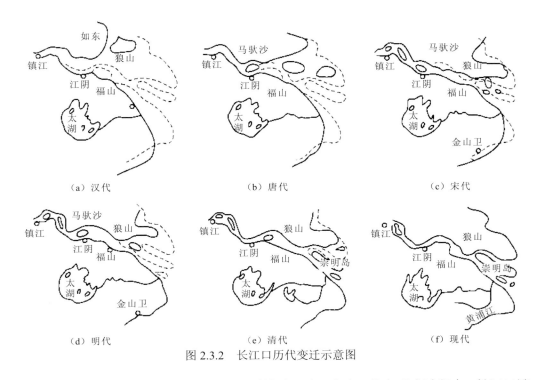

图 2.3.2　长江口历代变迁示意图

　　长江下泄径流和泥沙由南、北两支水道输移入海。在南、北支形成过程中，长江口涨、落潮主流摆动，沙洲涨、坍迁移频繁，明嘉靖初年至清康熙末年（1522～1722 年），崇明岛呈现南涨、北坍趋势，当时长江口主泓由北支入海。18 世纪中叶以来，崇明岛呈现南坍、北涨趋势，长江口主流由北支改迁南支，导致北支径流减少，沙洲淤涨，河宽缩小。

　　2000 多年以前，长江口在今镇江、扬州一带。镇扬以下为喇叭形河口湾，南、北两嘴之间的距离达 180 km。随着上游大量泥沙的下泄，河口不断东移。公元 503～556 年，在后来形成的崇明岛以北的大海中淤涨出东洲和布洲，两洲后来合并为东布洲，设海门县。海门县于 1054～1056 年与通州东南境内相连，并不断往西南淤涨至狼山，初步形成北支北岸岸线。此时，构成北支右岸的崇明岛，正处于萌芽状态，最早出现了东、西两沙（公元 751 年）。1025 年左右，西沙西北继续淤涨出姚刘沙。1101 年在姚刘沙西北隔水 25 km 处，又涨出新沙，故名三沙，也称崇明沙。

　　1350～1670 年，北岸岸线大幅崩退，其中 1436～1503 年崩塌尤为剧烈。在北岸大坍的同时，崇明岛经历了大动荡、大发展的时期。在这一时期，发生了姚刘沙坍没，崇明沙、马家浜和平洋沙的相继淤涨、消失，以及长沙的形成。长沙自形成以后不断发展壮大，逐渐兼并周围的小沙，至 1670 年发展为单一的大岛屿，形成今崇明岛的雏形。1670～1842 年，左岸岸线大幅淤涨，岸线最大外移 16 km。同时，北支口外又淤涨出大沙岛——米太沙，北支进口口门中央也淤涨出灵甸沙。1842～1860 年，北岸岸线继续淤涨，米太沙、灵甸沙并靠北岸，北岸形成开口向西的大 Ω 形岸线。同时，米太沙外又淤涨出寅田、陈村等十余个小沙洲，这些沙洲于 1912 年全部并入北岸。至此，北支北岸近代岸线形成。在南、北支形成的过程中，长江口的主流也经历了较大的动荡，在 13～17

世纪北支北岸大坍的时期，长江主流经北支入海，后来主流逐渐南移，18 世纪以后改道南支，导致北支径流减少，沙洲大面积淤涨，北支河宽逐渐缩小。

19 世纪末～20 世纪初，上游通州沙水道主流走西水道，长江主流经浒浦—徐六泾一线下泄，在老白茆沙头分为两股水流，分别进入白茆沙南、北水道（图 2.3.3），其中一股水流直指北支，当时北支进流条件较好，分流比约为 25%，−5 m 槽贯通全河段。随后，上游澄通河段海北港沙水道主流由北水道改走南水道，导致下游通州沙水道主流改走东水道，徐六泾一线顶冲点下移，相应通海沙、江心沙、老白茆沙发展壮大（图 2.3.4、

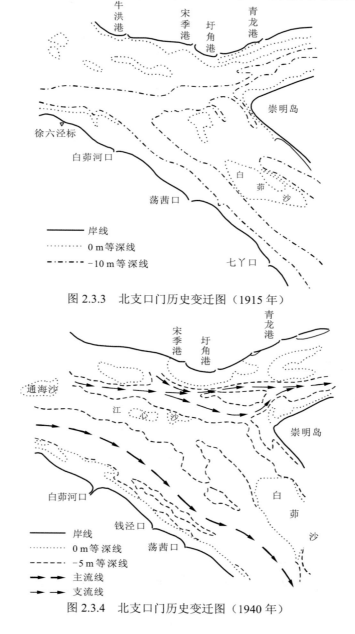

图 2.3.3　北支口门历史变迁图（1915 年）

图 2.3.4　北支口门历史变迁图（1940 年）

图 2.3.5），使北支口门宽度从 1907 年的 6 300 m 缩窄至 1958 年的 3 000 m。口门宽度的缩窄使北支上口进流条件恶化，进入北支的径流减少，河槽淤积。据统计，1915～1958年，北支两堤之间的面积缩小 23.2%，吴淞冻结基面 4.5 m 以下河床共淤积 14.54 亿 m³，容积减少 27%。至 1958 年，分流比已减至 8.7%左右。由于落潮流不断减弱，涨潮流增强，北支逐渐演变为涨潮流占优势的河道。至此，北支河道现代河势格局基本形成。

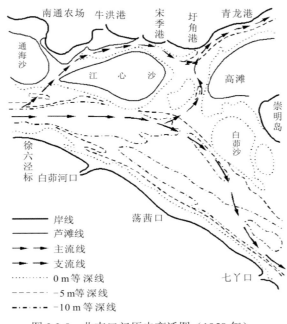

图 2.3.5　北支口门历史变迁图（1958 年）

2.3.2　近期演变

上游主流动力轴线的摆动直接导致长江口北支分流比的减小。1958 年以来，南通河段通州沙东水道主流地位不断稳固，徐六泾节点段许浦—徐六泾一线主槽基本稳定，使长江口南、北支分流口基本稳定。北支上游口门通海沙至江心沙的围垦，使长江口北支的径流入流条件不断恶化（图 2.3.6）。这一点在 1958 年以来各次实测落潮分流比资料中得到体现，1971 年为 3.3%，1984 年约为 4.8%，到 20 世纪 90 年代分流比进一步减小，1992 年枯季为 0.5%～1.8%，1993 年洪季为 3.5%，到 1999 年枯季时分流比已不足 1.0%，2003 年 6 月实测落潮分流比在 3.5%左右。2016 年北支枯季落潮分流比在 4.3%左右。综上所述，北支自 1959 年起开始出现水沙倒灌现象，长江口北支的落潮分流比长期处于5.0%以下，呈明显涨潮沟特性，其演变过程就是不断萎缩淤积的过程。

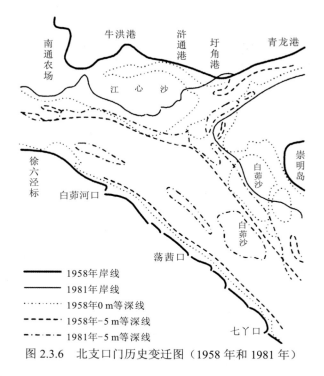

图 2.3.6　北支口门历史变迁图（1958 年和 1981 年）

1. 演变特点

（1）两岸岸线南涨北坍，南岸淤涨快于北岸坍塌，河宽逐渐缩窄，同时人类活动逐渐加剧，近年来两岸实施了大量的岸线调整工程，北支河道河宽进一步缩窄，喇叭口形态有所加剧。

20 世纪 50 年代以后，北支逐渐演变为涨潮流占优势的河道。在科里奥利力的作用下，涨潮流偏向北岸，北岸不断受冲后退，南岸不断淤涨。1954～1984 年，北岸岸线全线后退，平均后退 1.5 km，南岸岸线淤涨，其中界河闸至长江水闸段淤涨幅度最大，特别是永隆沙段，受沙岛并岸影响，岸线最大淤涨 3.2 km。1984 年以后，北岸岸线受冲后退趋势基本得到控制。此后，两岸岸线更多地受人类活动影响，特别是 1991 年后，两岸实施了大量的圈围工程或岸线调整工程，北支河宽明显缩窄。这期间改变岸线较大的工程主要有：①1991～1998 年，北支进口左岸海门港—青龙港圩角沙圈围工程，围垦面积约 17.4 km²，岸线最大缩窄 2.2 km；②1991～2004 年的大新河—三和港老灵甸沙围垦并岸工程，岸线长达 17.2 km，最大缩窄 1.3 km；③2002～2003 年南岸老滧港—前进港黄瓜沙右汊封堵及圈围并岸工程，河宽缩窄近 4 km；④1991～2008 年弯顶南侧新跃沙圈围工程，岸线外移 1.6 km，弯顶拐角明显加大；⑤2011～2013 年中段南岸新村沙并岸工程，河宽缩窄约 1.5 km，缩窄率约为 40%；⑥1991 年至今的北支下段崇明岛北沿促淤圈围工程。此外，南、北两岸还有多次岸线调整工程，包括：上段左侧的海门港岸线调整工程（2006～2010 年），岸线外移约 140 m；中段北岸海门港中下段岸线整治工程，岸线外移 500 m（2012～2014 年）；下段北岸三条港至连兴港段岸线综合整治工程，岸线平均外推约 150 m（2006～2008 年）；口外圆陀角综合整治工程（2010～2012 年），岸线最大外移 1.5 km。

在人类活动影响下，北支各段河宽均有不同程度的缩窄（表 2.3.1）。具体表现为：进口河宽缩窄明显，上段河宽缩窄较小，中段缩窄较大，下段缩窄居中。1984～2016 年，进口崇头断面河宽缩窄 44.8%，青龙港河宽缩窄约 10%，受新村沙和新隆沙等沙群并岸影响，中段三和港、启东港缩窄超过 50%，三条港以下缩窄率在 30% 左右（三条港断面河宽缩窄率约为 25%，连兴港断面河宽缩窄约 30%）。各断面不同程度的缩窄导致北支的喇叭口形态有所加剧。1984 年，崇头断面与连兴港断面宽度比为 1∶2.9；2016 年，崇头断面与连兴港断面宽度比减小至 1∶3.6，北支喇叭口形态，特别是中下段喇叭口形态有所加剧。

表 2.3.1　北支典型断面宽度变化统计表

位置	1984 年宽度/m	2001 年宽度/m	2005 年宽度/m	2010 年宽度/m	2016 年宽度/m	1984～2016 年缩窄率/%
崇头	4 756	2 807	2 807	2 626	2 626	44.8
青龙港	2 374	2 151	2 151	2 151	2 151	9.4
灵甸港	3 435	2 730	2 730	2 730	2 560	25.5
三和港	4 225	4 112	3 492	3 466	1 904	54.9
启东港	6 975	6 898	3 313	3 110	3 110	55.4
三条港	8 746	9 134	9 134	6 657	6 657	23.9
连兴港	13 589	11 385	11 385	11 385	9 580	29.5

注：断面宽度指两岸堤线（含圩堤）的距离。

（2）在自然和人为双重作用下，北支进口分流条件不断恶化，涨潮流作用逐渐增强，河道呈现淤积、萎缩趋势。

1958～1978 年，北支进口实施了江心沙围垦及江心沙北水道筑坝封堵工程。北水道封堵后，南支落潮流只能从江心沙南水道进入北支，进口与南支主流交角近 90°，落潮进流不畅，导致北支分流比大幅减小。同时，受崇明岛西端老白茆沙堵汊工程及崇头侧自然淤涨等影响，北支进口河宽和过流面积显著减小，过流面积减小约 35%。这一时期成为北支淤积最快的时期，年均淤积量达 3250 万 m³（按−2 m 以下河槽容积统计，表 2.3.2）。上段−2 m 以下河槽的容积减小幅度达 46.2%，中段河槽容积减小 38.5%，下段河槽容积减小 28.3%。淤积主要分布在北支上、中段，淤积形态表现为江中沙洲、浅滩及边滩，下段黄瓜沙沙脊淤涨延伸，北侧涨潮槽束窄加深。1978～1991 年，北支进流条件未出现明显恶化，上段河槽基本维持；中段大新河至三条港段受汇潮点影响，淤积较为严重，该区域淤涨出灵甸沙群，−2 m 以下河槽淤积约 29.6%；下段受北支涨潮流特性影响，−2 m 以下河槽淤积约 34.1%。1991～2001 年，北支进口圩角沙实施了围垦工程，北支口门河宽进一步缩窄，进流条件再次恶化，上段−2 m 以下河槽容积减小幅度达 79.6%，中段河槽容积基本不变，下段河槽容积略有增大，特别是−5 m 河槽明显冲刷。

表 2.3.2　北支不同等高线下河槽容积变化表

等高线	年份	崇头—大新河		大新河—三条港		三条港—连兴港		合计	
		容积 /（亿 m³）	年均变幅 /（万 m³）	容积 /（亿 m³）	年均变幅 /（万 m³）	容积 /（亿 m³）	年均变幅 /（万 m³）	容积 /（亿 m³）	年均变幅 /（万 m³）
-2 m	1958	1.86		7.35		9.94		19.15	
	1978	1	-430	4.52	-1 415	7.13	-1 405	12.65	-3 250
	1984	0.97	-50	4.02	-833	6.05	-1 800	11.04	-2 683
	1991	0.98	14	3.18	-1 200	4.7	-1 929	8.86	-3 115
	1998	0.58	-571	2.57	-871	4.82	171	7.97	-1 271
	2001	0.2	-1 267	2.95	1 267	5.38	1 867	8.53	1 867
	2003	0.39	950	2.93	-100	5.71	1 650	9.03	2 500
	2005	0.4	50	2.58	-1 750	5.32	-1 950	8.3	-3 650
	2008	0.42	67	2.05	-1 767	4.8	-1 733	7.27	-3 433
	2010	0.39	-150	2.65	3 000	4.55	-1 250	7.59	1 600
	2011	0.4	100	2.49	-1 600	4.37	-1 800	7.26	-3 300
	2013	0.42	100	2.76	1 350	4.28	-450	7.46	1 000
	2016	0.62	667	2.51	-833	3.65	-2 100	6.78	-2 266
-5 m	1958	0.73		2.15		3.5		6.38	
	1978	0.19	-270	0.99	-580	1.97	-765	3.15	-1 615
	1984	0.31	200	0.84	-250	1.29	-1 133	2.44	-1 183
	1991	0.29	-29	0.53	-443	0.71	-829	1.53	-1 301
	1998	0.12	-243	0.33	-286	1.06	500	1.51	-29
	2001	0.022	-327	0.7	1 233	1.66	2 000	2.382	2 906
	2003	0.046	120	0.71	50	1.99	1 650	2.746	1 820
	2005	0.056	50	0.45	-1 300	1.74	-1 250	2.246	-2 500
	2008	0.075	63	0.41	-133	1.68	-200	2.165	-270
	2010	0.074	-5	0.5	450	1.75	350	2.324	795
	2011	0.083	90	0.49	-100	1.7	-500	2.273	-510
	2013	0.102	95	0.53	200	1.72	100	2.352	395
	2016	0.198	320	0.4	-433	1.29	-1 433	1.888	-1 546

注："-"表示淤积，"+"表示冲刷。

2001 年以后，北支进流条件总体变化不大，河道整体呈缓慢淤积、萎缩趋势。2001～2003 年，进口主流由崇头侧转至海门港侧，崇头至新跃沙段浅滩逐渐淤涨出水。至 2003 年，该浅滩已形成与崇明岛相连的大边滩，高程为 1～2 m，与此同时海门港侧河槽冲刷，上段-2 m 河槽容积相比 2001 年增大 95%。此后崇明岛边滩继续缓慢淤涨，至 2016 年，边滩高程为 2.6～3.2 m。2001～2016 年，上段总体呈现深槽冲刷、边滩淤积的态势，其中，-2 m 河槽容积基本保持稳定，-5 m 河槽容积呈逐年增大趋势，年均冲刷 117 万 m³。中段呈淤积趋势，该段河槽容积减小既有自然淤积的影响，又有新隆沙、新村沙等沙洲并岸的贡献，-2 m 河槽淤积 14.9%（年均淤积 293 万 m³），-5 m 河槽淤积 42.8%；下段呈淤积趋势，受崇明岛边滩自然淤积影响，-2 m 河槽淤积 32.2%（年均淤积 1 153 万 m³），-5 m 河槽淤积 22.3%。2001～2016 年，北支-2 m 以下河槽年均淤积 1 167 万 m³，淤积主要集中在北支下段。

在岸线缩窄和河槽冲淤过程中，河道断面形态与面积也发生了明显的变化（图 2.3.7）。1958～2016 年崇头断面面积（0 m 以下）减少 66%，共计减少 7 665 m²，年均减少 132 m²。其中，2003 年以后断面面积变化较小，近期呈现略微增大的趋势。断面呈现深槽冲刷、边滩淤涨的特点，整体向深 V 方向发展。青龙港断面常年呈 V 形，但深槽左、右岸摆动明显，近年来逐渐偏向右岸，与北支进流偏向相关。大洪河断面位于北支弯顶，深槽常年居于左岸，近年来出现局部冲刷坑。庙港断面位于隐形弯道段，深槽常年居于右岸，断面形态总体较为稳定，深槽冲淤交替。灯杆港断面受新村沙整治工程影响，分汊断面演变为 U 形断面形态。红阳港、三条港、启东港断面长期维持 U 形断面形态，受潮流影响，河槽中部略高于两侧，近期均略有淤积。三条港以下断面呈偏 U 形，潮流脊长期存在，近年来断面略有淤积。灯杆港断面面积减小约 57%，连兴港断面面积减小约 26%，北支中上段断面缩窄较大。北支进口断面与出口断面面积比，1984 年为 1∶6.7，2001 年减小至 1∶34，2003 年增加至 1∶16，此后进出口面积比呈增加趋势，但基本维持在 1∶16～1∶12。进出口断面面积相差仍较大，北支喇叭口形态比较明显。北支近年冲淤变化见图 2.3.8～图 2.3.11。

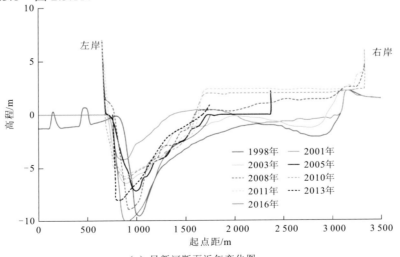

（a）日新河断面近年变化图

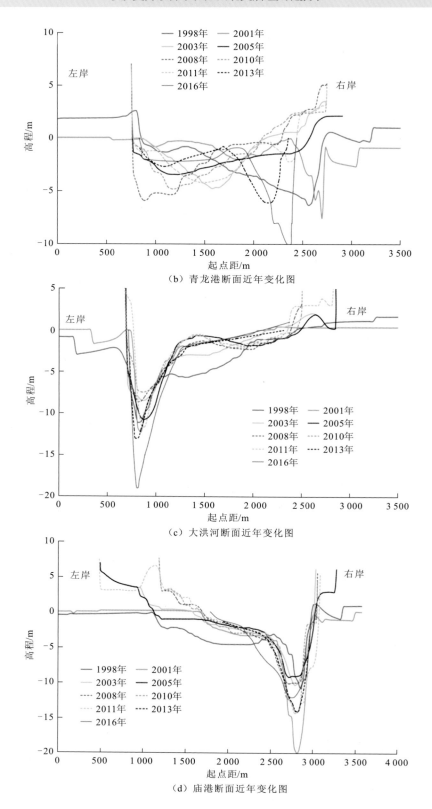

（b）青龙港断面近年变化图

（c）大洪河断面近年变化图

（d）庙港断面近年变化图

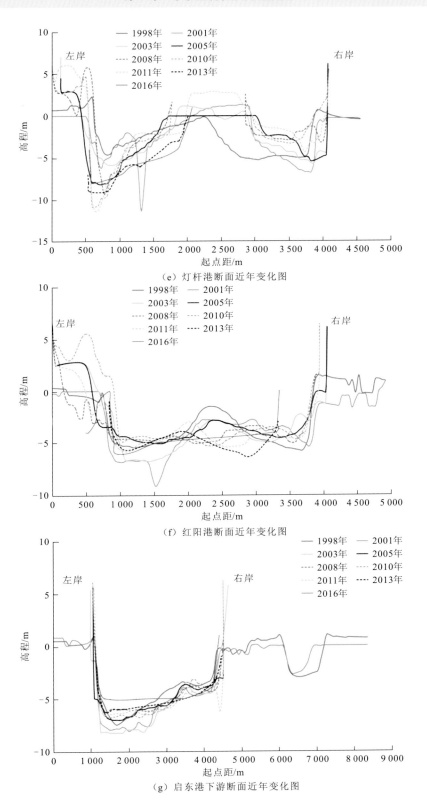

（e）灯杆港断面近年变化图

（f）红阳港断面近年变化图

（g）启东港下游断面近年变化图

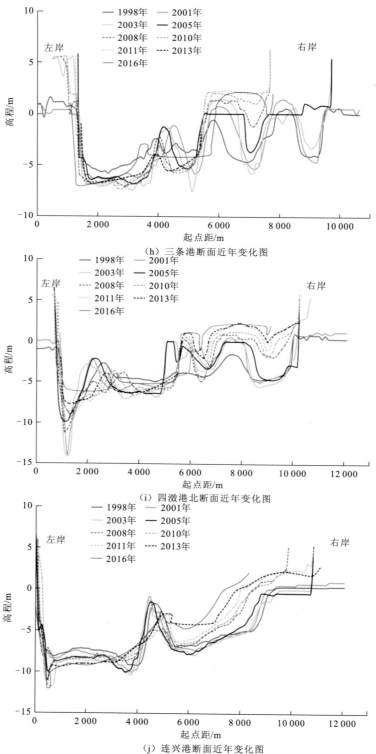

（h）三条港断面近年变化图

（i）四效港北断面近年变化图

（j）连兴港断面近年变化图

图 2.3.7　北支典型断面近年变化图

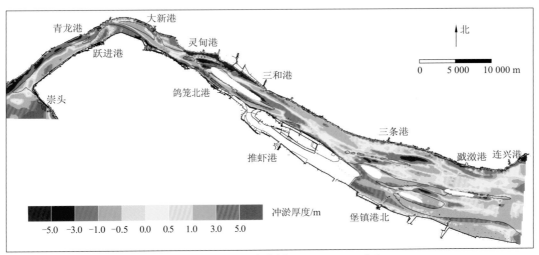

图 2.3.8　北支冲淤变化图（2008～2011 年）
红色表示淤积，蓝色表示冲刷

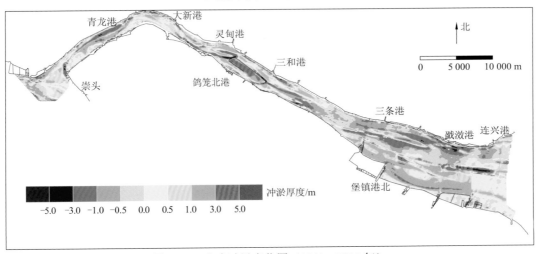

图 2.3.9　北支冲淤变化图（2011～2016 年）
红色表示淤积，蓝色表示冲刷

（3）南北支汇潮区、涨落潮流路分离区及远离主流的近岸区，泥沙落淤堆积，暗沙浅滩密布，低滩变化频繁。近年来，随着高滩并岸工程和河势控制工程的实施，河道主动力轴线趋于稳定，浅滩明显减少，河势稳定性明显增强。

北支河宽缩窄、河槽淤积过程中，潮波变形加剧，涨落潮历时发生变化，南北支涨潮流汇潮区也不断变化。1984～1991 年，南北支汇潮区位于大新港至三和港一带，该区域严重淤积，形成灵甸沙群。20 世纪 90 年代后，北支进口圩角沙圈围，涨潮流与径流的强弱程度发生变化，涨潮流作用相对增强，南北支汇潮区上移到崇头—青龙港，北支上段逐渐淤积，形成崇明岛边滩。受科里奥利力的影响，北支涨潮流偏北、落潮流偏南，北支中下段河道较宽，涨落潮流路不一致，使涨落潮流路分离区泥沙易落淤，形成暗沙，

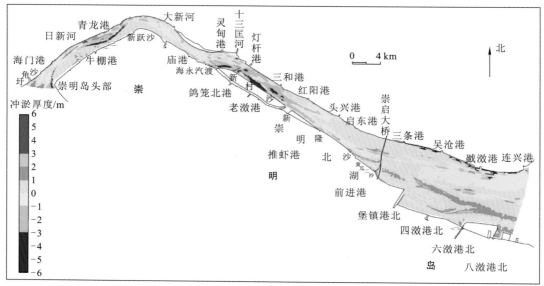

图 2.3.10　北支冲淤变化图（2011~2013 年）
红色表示淤积，蓝色表示冲刷

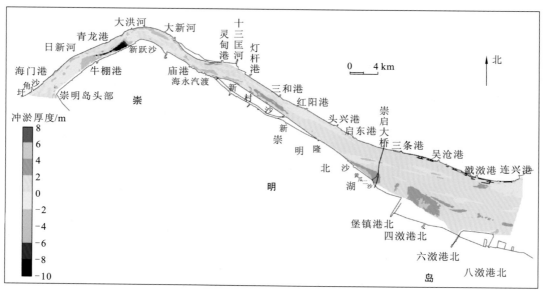

图 2.3.11　北支冲淤变化图（2013~2016 年）
红色表示淤积，蓝色表示冲刷

并逐渐发展成为沙洲，如永隆沙、新隆沙、新村沙等。北支下段河宽约 10 km，崇明岛北沿远离涨落潮主动力轴线，呈现单向淤涨的态势。

1984 年以来，北支实施了较多的圈围工程，圈围工程以 0 m 以上高滩并岸成陆为主。并岸洲滩主要有江心沙、圩角沙、永隆沙、新隆沙、灵甸沙和黄瓜沙群等（表 2.3.3）。总地看来，北支灵甸港以下的沙洲以并靠南岸为主。高滩并岸，汊道封堵，北支中下段河宽缩窄，主动力轴线趋于稳定，深泓变化较小，长期靠近北岸，河势稳定性明显增强。北支已演变为上段微弯、中下段逐步放宽的喇叭形河口形态。

表 2.3.3　北支近年来并岸的洲滩统计

洲滩	所处位置	并岸时间	备注
江心沙	进口	1970 年	1970 年江心沙夹泓进口筑立新坝，封堵了北水道，江心沙并入北岸
圩角沙	上段	1990~1996 年	海门市（1994 年前为海门县，现为海门区）从 1990 年 2 月开始对圩角沙从西向东实施了围垦，至 1996 年结束，圩角沙从此并入北岸
永隆沙	中段	1975 年	20 世纪 60 年代末期，启东县（1989 年更名为启东市）、海门县开始对永隆沙进行围垦，1975 年在右汊筑堤，使永隆沙并入崇明岛
灵甸沙	中段	20 世纪 90 年代	1991 年以后，海门市（1994 年前为海门县，现为海门区）、启东市对灵甸港上游 4 200 m 位置至三和港实施了围垦，灵甸沙并入北岸
新隆沙	中下段	2001~2003 年	新隆沙右汊上、下口分别于 2001 年、2003 年实施了堵坝工程，并入崇明岛
黄瓜沙群	中下段	2003~2008 年	2003~2008 年，黄瓜二沙、黄瓜三沙先后并岸
新村沙	中段	2011~2013 年	新村沙右汊封堵，沙体圈围并入崇明岛

2. 近年来北支特征线变化

1）深泓线变化

北支深泓线变化较大的河段有北支进口至大洪河段、大新河至三和港段。深泓线相对稳定的河段有大洪河至大新河段、三和港以下段（图 2.3.12）。

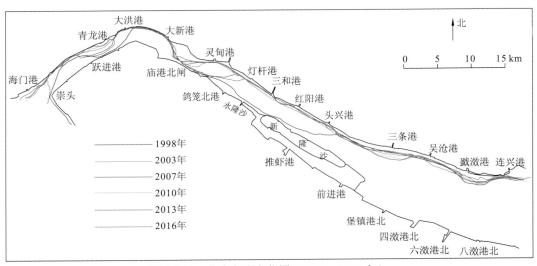

图 2.3.12　北支主流变化图（1998~2016 年）

2001 年前，受进口段圩角沙圈围工程和徐六泾节点段出流顶冲崇头下游影响，北支进口段深泓线紧贴崇明岛一侧。2001 年后，随着徐六泾节点段主流南偏，北支崇明岛侧进流条件恶化，进口段深泓由崇明岛侧转移至海门港侧，此后深泓保持相对稳定。2008 年后，受进口左岸新通海沙岸线整治工程等影响，进口深泓又呈右移趋势，至 2016 年，进口深泓已位于崇头侧。

受进口深泓摆动影响，青龙港附近深泓也不断变化。当进口深泓贴近海门港时，进口段主流较顺直，顺直主流使得深泓在青龙港附近贴近左岸；当进口深泓靠崇头侧时，进口主流与河道深槽成近 45° 角，水流顶冲日新河附近，受弯道挑流作用影响，日新河下游青龙港段深泓不断右移，贴近崇明岛侧，河道在崇明岛侧附近形成深泓凹岸。2001 年和 2016 年青龙港段深泓明显贴近崇明岛侧，与这两年进口深泓贴近崇头侧密切相关。2001～2016 年，青龙港深泓最大摆动约 1.3 km。

大洪河至大新河段为典型弯道段，近年来深泓稳定，贴左岸（凹岸）。受大新河弯道出流挑流作用的影响，大新河下游河道深泓右移，至庙港附近深泓紧贴右岸，呈明显的弯道环流特征。大新河至灵甸港段河道右岸为隐形凹岸，深泓贴岸。灵甸港至三和港段，受新村沙左汊发展与新村沙右汊封堵影响，深泓呈明显左移趋势，2001～2016 年深泓左移约 0.5 km。三和港至连兴港段受涨潮流靠左岸影响，近年来深泓始终稳定在左岸，最大摆动幅度约为 0.6 km。

2）等高线变化

受进口主流由崇头侧向海门港侧过渡影响，2001 年进口 -2 m 槽断开，2003 年海门港侧 -2 m 槽贯通，此后进口段 -2 m 槽左边界基本保持稳定，右边界逐渐向河道中心淤涨，-2 m 槽宽度逐渐减小，由 2003 年的 1.2 km 减小至 2011 年的 0.4 km，进口处 -2 m 舌状浅滩不断淤涨。2011 年进口崇头侧 -2 m 槽贯通，宽度约为 0.5 km，至 2013 年，进口海门港侧 -2 m 槽断开，崇头侧 -2 m 槽宽度增大至 0.7 km，口门 -2 m 舌状浅滩有并海门港侧趋势。2016 年浅滩滩面高程最高约为 1.0 m，较 2001 年最高高程 -1.0 m 明显淤涨，0 m 以上面积达 2 km²。北支口门淤涨与北支泥沙倒灌南支密切相关，倒灌泥沙大部分淤积在北支上口门，形成进口拦门沙。

青龙港附近 -2 m 槽呈现"崇明岛→海门港→崇明岛"变化，其中 2001～2008 年向海门港侧移动，最大移动距离约为 1.2 km，2008～2016 年向崇明岛侧移动，移动距离约为 0.9 km，至 2016 年北支上段河道 -2 m 槽呈平面弯曲形态。大洪河至大新河段 -2 m 槽左边界较为稳定，右边界 2001～2008 年冲淤交替，2008 年后受新跃沙淤涨影响，逐渐向江心发展。

灵甸港至三和港段受新村沙演变及右汊封堵影响，-2 m 槽变化较大。受新村沙右汊淤积、萎缩影响，2005 年新村沙右汊上段 -2 m 槽断开，左汊发展，新村沙头部切出 -2 m 槽，此后逐渐形成浅滩。随着新村沙整治工程的实施，新村沙左汊 -2 m 槽宽度逐渐增加，左汊 -2 m 槽宽度由 2001 年的 1.2 km 增加至 2016 年的 1.7 km。

三和港至启东港段，-2 m 槽较为稳定。启东港至连兴港段左岸 -2 m 线较为稳定，右岸受新隆沙右汊封堵和崇明岛北缘自然淤积演变影响，-2 m 线逐年外移，2001～2016 年北延约 2 km。戤滧港断面-2 m 槽宽度由 2001 年的 8.3 km，缩窄至 2016 年的 5.5 km。

3. 演变因素分析

通过北支演变分析，总结、归纳出影响北支演变的因素，主要有以下几个。

（1）上游河势变化。澄通河段和徐六泾河段河势调整直接影响了北支进口入流条件，进而影响北支演变。1954 年长江流域 100 年一遇洪水的造床作用引起了澄通河段河势的调整，通州沙东水道成为主流通道，主流由北向南，下游顶冲点下移，北支进流条件逐渐恶化。1958～1962 年南通、海门通海沙、江心沙相继围垦，徐六泾河段北岸岸线进一步南移，节点段主流南偏。1970 年，江心沙北水道立坝封堵，北支进流进一步恶化。上段河势变化直接导致北支分流比显著减小，而 1958～1978 年也成为北支历史上淤积最快的时期。

（2）进口条件变化。北支进口围垦工程对北支演变产生较大影响。1991～1998 年北支进口圩角沙圈围工程大幅缩小了进口河宽和过流面积，北支进流条件恶化，分流比大幅减小，上段河槽大幅淤积。2001 年以来，北支分流比减小趋势减缓，进口段断面调整；2013 年以来，分流比略有增加趋势，在这一时期北支上段也呈现深槽冲刷、边滩淤积特征。

（3）潮汐动力条件。北支为涨潮流占优势的河道，涨潮流上溯挟带的泥沙落潮时不能全部带出，泥沙向上净输移，导致北支河道淤积、萎缩，这是影响北支河槽淤积、萎缩的最根本因素。因此，外海潮汐动力条件也是北支演变的重要影响因素之一。近年来，北支各河段河宽均有不同程度的缩窄，河槽也均有不同程度的淤积，断面面积不断减小，各断面涨潮量也呈减小趋势，2001～2016 年，三条港断面涨潮量减小约 15%。受此影响，2003 年以来北支下段河槽年淤积量总体表现为减小趋势。

（4）中下段圈围等河道整治工程。中下段圈围工程，改变了河槽特性。例如，新隆沙、黄瓜沙堵汊并岸和新村沙并岸，河道河宽缩窄，分汊河槽变为单一河槽，缩窄了水流摆动的空间，加强了北岸潮流动力条件，对维持北支水深起到了积极作用，但同时也导致下游崇明岛北沿滩地明显淤积，潮流脊向下发展。新村沙整治工程实施（2011～2013 年）后，北支下段进潮量有所减少，而下段断面未同时缩窄，河道的自适应调整使新村沙以下出现了大面积的淤积。另外，北岸护岸工程和部分岸线调整工程平顺北岸岸线，控制岸线后退，对归顺北支涨落潮流也起到了积极作用。

4. 北支演变趋势

随着岸线整治工程和护岸工程的实施，北支河道平面形态和边界条件基本稳定。在目前上游河势格局总体稳定、进流条件无明显改善、涨潮流占优势的河势格局下，北支河道演变趋势预测如下。

（1）目前，澄通河段和徐六泾节点段河势总体格局基本稳定，未来出现大变动的可能性不大，北支河道演变受上游河势变化的影响逐渐减小。目前，进口处海门港侧淤积形成的舌状浅滩的高程已达 1 m，考虑北支现状分流比较小、大潮期泥沙倒灌南支，北支进口可能继续淤浅，舌状浅滩可能发育增大，进流条件存在继续恶化的可能。近 10 年来，北支出口连兴港断面大潮进潮量稳定在 17 亿 m^3 左右，涨潮流动力充足。涨潮流占优势的水沙特性决定了北支总体演变以淤积、萎缩为主。考虑到近年来北支河槽容积年淤积量已呈减小的趋势，未来北支，特别是北支下段的淤积速率可能进一步减缓。

（2）北支河宽已大幅缩窄，两岸抗冲刷能力明显增强，河道边界和河势格局总体趋于稳定。考虑北支河道水动力特性复杂，受涨落潮流路分离、涨落潮汇潮区变化及进口主流摆动等影响，部分区域河势仍存在较大调整的可能。例如，南北支汇潮区所在的崇头至青龙港段，尽管近年来深槽向微弯型河道发展，但河槽淤积的因素仍存在，一旦北支进流条件恶化，上段河槽仍面临大幅淤积的可能。北支中下段涨落潮流路分离有所缓解，但下段河宽仍较宽，涨落潮流路仍不完全一致，分离区有形成浅滩的可能。灵甸港水域的涨落潮流路不一致，已形成了江心浅滩，未来如何发展仍值得关注，同时崇明岛北沿等涨落潮动力较弱的区域仍会继续淤涨。

第 3 章

水沙盐输移模型

3.1 模型框架及计算范围

3.1.1 模型框架

为模拟、分析水沙变异对长江口北支演变的影响，建立三峡至长江口外一维、二维、三维混合嵌套的巨型水沙盐输运数值模拟模型，模型框架如图 3.1.1 所示，包括三峡—徐六泾一维水沙数学模型、分别基于挟沙能力和切应力的长江口二维水沙数学模型、长江口三维盐度及咸潮倒灌数值模型、东海潮流模型。

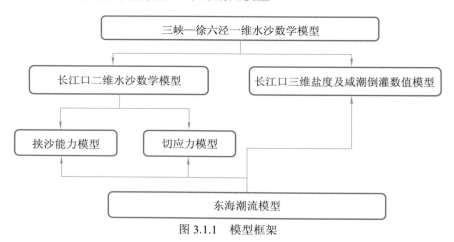

图 3.1.1　模型框架

三峡—徐六泾一维水沙数学模型的作用是预测长江口上口来水来沙的变化，为长江口水沙盐输移模型提供上边界。长江口二维水沙数学模型分别采用国内主流的挟沙能力模型和国外主流的切应力模型，两种模型互为印证，用来预测上口水沙变异及河口综合整治工程对长江口北支冲淤演变的影响。长江口三维盐度及咸潮倒灌数值模型用来模拟咸水入侵、上溯及北支倒灌南支等，并预测水沙变异下北支咸潮倒灌的变化趋势。东海潮流模型为长江口二维水沙数学模型、长江口三维盐度及咸潮倒灌数值模型提供外海开边界水位。

3.1.2 计算范围

三峡—徐六泾一维水沙数学模型的计算范围上始长江干流宜昌，下至东海，如图 3.1.2 所示。

三峡—徐六泾一维水沙数学模型包括长江干流宜昌至螺山模块、螺山至大通模块、大通至徐六泾模块，以及洞庭湖区松虎模块和藕池模块、汉江模块。长江干流宜昌至螺山模块，以宜昌为入流进沙上边界，螺山水位或水位流量关系为下边界，沿程有松滋口、

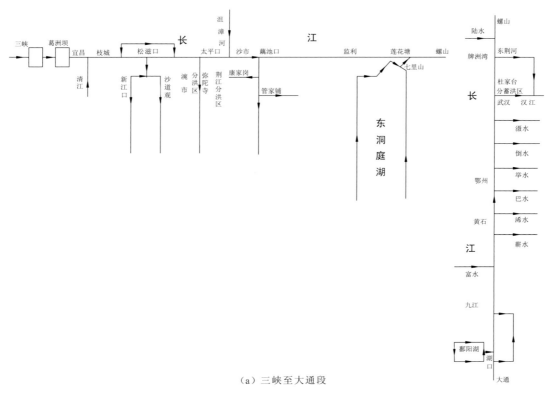

（a）三峡至大通段

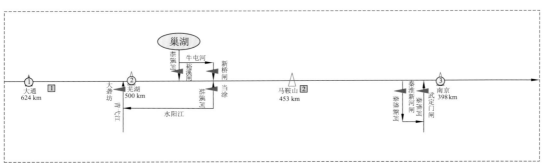

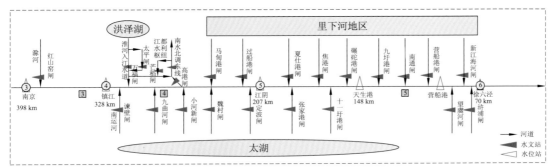

（b）大通至徐六泾段

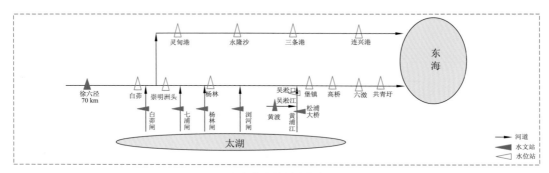

（c）徐六泾至东海段

图 3.1.2　模型计算范围

太平口、藕池口三口分流和城陵矶（七里山）汇流；以螺山为入流进沙边界的螺山至大通模块主要考虑汉江中下游水量和沙量的加入，以及鄱阳湖吞吐水量对长江干流的影响；大通至徐六泾模块以大通入流为上边界，以徐六泾潮位为下边界。以松滋口、太平口和澧水津市为入流进沙条件，以目平湖水位为下边界的松虎模块和以藕池口为入流进沙条件、以东南洞庭湖水位为下边界的藕池模块为河网水沙计算模块。汉江模块以沙洋入流为上边界，以汉口水位为下边界。洞庭湖和鄱阳湖均作为调蓄计算模块。

　　长江口水沙模型和盐度模型上游以江阴为进口边界，东到 123° E，南起 29° 30′N，北到 32° 15′N，覆盖长江口、杭州湾、舟山群岛、东海内陆架及邻近海域。模型在北支区域具有较高的空间分辨率，最高达到 200 m 左右。数学模型网格及其局部网格剖分见图 3.1.3。

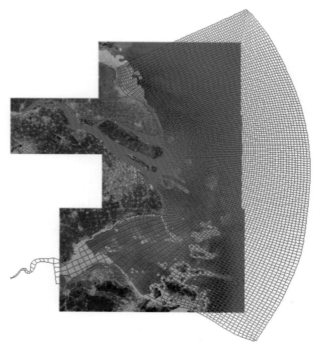

图 3.1.3　长江口二维水沙数学模型计算范围

3.2　水　沙　模　型

3.2.1　三峡—徐六泾一维水沙数学模型

1. 基本方程

河网水沙计算采用在同一时步内先计算水流后计算泥沙的非耦合联解，其中水流控制方程是圣维南方程组，泥沙控制方程采用泥沙连续方程和河床变形方程。水流河网算法采用四点 Preissmann 隐格式。河网泥沙及河床变形计算采用隐式迎风格式将泥沙连续方程和河床变形方程在相邻断面间离散成微段方程，结合汊点处沙量平衡方程，进行逐微段计算，得到河段各断面上的含沙量解。然后利用河床变形方程，即根据河段内泥沙冲淤量与该河段河底高程变化量的关系，计算河床冲淤变化量（施勇 等，2010）。

水流连续方程：

$$B\frac{\partial Z}{\partial t}+\frac{\partial Q}{\partial x}=q_0 \qquad (3.2.1)$$

水流运动方程：

$$\frac{\partial Q}{\partial t}+\frac{\partial}{\partial x}\left(\beta\frac{Q^2}{A}\right)+gA\left(\frac{\partial Z}{\partial x}+S_f\right)=0 \qquad (3.2.2)$$

泥沙连续方程：

$$\frac{\partial(AS_i)}{\partial t}+\frac{\partial(QS_i)}{\partial x}=-\alpha B\omega_s(S_i-S_{i*}) \qquad (3.2.3)$$

河床变形方程：

$$\rho_s\frac{\partial\eta_i}{\partial t}=-\alpha\omega_s(S_{i*}-S_i) \qquad (3.2.4)$$

式中：Z、Q、A、B 分别为水位、流量、过水面积、水面宽度；β 为动量修正系数；S_f 为摩阻坡降，用曼宁公式计算；q_0 为旁侧入流；S_i 为第 i 组粒径含沙量；S_{i*} 为第 i 组粒径的挟沙能力；ρ_s 为泥沙干容重；η_i 为第 i 组粒径泥沙引起的河道变形；α 为恢复饱和系数；ω_s 为沉降速度；g 为重力加速度。

式（3.2.1）～式（3.2.4）中，水位、流速是断面平均值，当水流漫滩时，平均流速与实况有差异，为了使水流漫滩后，计算的断面过水能力逼近实际的过水能力，需引进动量修正系数 β，β 的数值由式（3.2.5）给出：

$$\beta=\frac{A}{K^2}\sum_i\frac{K_i^2}{A_i} \qquad (3.2.5)$$

式中：A_i 为断面第 i 部分的面积；A 为断面过水面积，$A=A_1+A_2+\cdots+A_n$；K_i 为第 i 部分的流量模数，$K_i=\frac{1}{n}A_iR_i^{2/3}$，$n$ 为曼宁系数，R_i 为第 i 部分的水力半径，$K=K_1+K_2+\cdots+K_n$。

2. 河道断面的冲淤计算模式

河道断面变形计算是水沙输运及其河床演变模拟的重要环节之一。实际断面冲淤变化非常复杂，迄今尚未完全掌握准确的冲淤变化定量规律。但是，河道断面的冲淤变化涉及河道过流断面面积的变化，并且对河道的行洪能力变化具有重要影响。目前，一般采用冲淤量沿横断面湿周等厚度淤积，冲刷时则限制在稳定河宽的范围内等概化方法。类似的这种概化计算模式只能给出断面冲淤变化的宏观效果，不能分辨冲槽淤滩的物理过程。

河道断面的冲淤变化实质上是三维挟沙水流与河床相互作用的产物，但对于大型复杂防洪系统，应重点考察冲槽淤滩的断面变化对系统水沙变化的宏观效应，而不必苛求断面冲淤微观结构的三维数值模拟，且三维挟沙水流的数值模拟的可靠性、成熟性、实用性目前都远未达到应用阶段。此外，广泛使用的个人计算机的性能也不可能实现大范围的三维水沙数值模拟。因此，还必须在一维水沙数值模拟的框架下，研究尽可能反映河道断面冲淤现象和机理的冲淤近似计算模式。对于顺直河段，将断面平均流速转化为断面垂线平均的二维流速分布；对于弯道，将断面平均流速转化成准三维流速分布，再按照垂线位置的水流挟沙能力，结合河床冲淤计算模式，形成可达到一定模拟精度、反映特征河道泥沙冲淤物理过程和计算效率较高的断面泥沙冲淤分布模式。

河道断面二次曲线流速分布公式为

$$u_0 = v_0 + \left[8 - 24 \left(\frac{y}{h'} \right)^2 \right] \sqrt{h'I} \qquad (3.2.6)$$

式中：u_0 为距水面 y 处的流速，m/s；v_0 为断面垂线平均流速，m/s；h' 为断面垂线水深，m；I 为水面坡度。

对于二元均匀稳定水流，可以假定涡动黏性系数 ε 为定值，能够从理论上导出二次曲线的垂线流速分布。实际上，其在全断面上并非定值，它随泥沙的运动状态而不同，因而二次曲线形式的流速分布公式在水力学上尚不够严谨。但这种形式的流速分布公式是作为经验公式发展出来的，因其实用、简便，直到目前仍广泛应用。

利用模型计算得到的断面垂线平均流速 v_0，根据式（3.2.6）计算断面各起点距上垂线各分层处的流速，并由垂线上各层流速得到垂线上的平均流速，进而得到断面流速分布。当河段断面泥沙冲淤变化时，按照断面上各垂线的流速计算水流挟沙能力，并结合河床冲淤计算模式计算断面上不同起点距的冲淤变化。这种断面泥沙冲淤分布计算模式在长江中下游水沙计算中不仅能反映长江枯季泥沙冲刷、洪季泥沙淤积的物理过程，而且可以较好地反映冲槽淤滩的实际状况。

3. 模型率定和验证

1）宜昌至大通模块验证

采用 90 系列（1991~2000 年）水沙资料，在 1998 年河道地形的基础上，验证长江中下游江湖洪水运动和泥沙输移。从表 3.2.1 和表 3.2.2 可以看出，水位、流量、含沙量计算结果较好地反映了长江中下游洪水和泥沙的变化情况。

表 3.2.1　1998 年各站计算值与实测值比较

站名	洪峰水位			洪峰流量			最大含沙量		
	计算/m	实测/m	差值/m	计算/(m³/s)	实测/(m³/s)	误差/%	计算/(kg/m³)	实测/(kg/m³)	误差/%
宜昌站	52.57	52.33	0.24	61 700	60 600	1.82	4.03	4.03	0.00
枝城站	48.91	48.56	0.35	65 187	67 900	—	—	—	—
沙市站	43.09	43.08	0.01	51 142	53 500	-4.41	3.55	3.40	4.41
新厂站	39.60	39.37	0.23	—	—	—	—	—	—
监利站	36.13	36.21	-0.08	43 667	44 600	-2.09	3.59	2.46	45.93
莲花塘站	34.06	33.76	0.30	—	—	—	—	—	—
七里山站	34.16	33.89	0.27	37 735	36 800	2.54	0.75	0.60	25.00
螺山站	33.26	32.96	0.30	71 936	68 500	5.02	1.52	1.10	38.18
汉口站	27.70	27.35	0.35	78 645	72 300	8.78	1.29	0.91	41.76
九江站	—	—	—	78 380	73 200	7.08	—	—	—
大通站	14.37	14.37	0.00	82 752	81 700	1.29	—	—	—

表 3.2.2　1999 年各站计算值与实测值比较

站名	洪峰水位			洪峰流量			最大含沙量		
	计算/m	实测/m	差值/m	计算/(m³/s)	实测/(m³/s)	误差/%	计算/(kg/m³)	实测/(kg/m³)	误差/%
宜昌站	51.98	51.60	0.38	56 700	57 600	-1.56	2.52	2.76	-8.70
枝城站	47.81	47.52	0.29	60 080	59 600	—	—	—	—
沙市站	42.77	42.48	0.29	45 749	46 400	-1.40	1.81	2.15	-15.81
新厂站	38.99	39.14	-0.15	—	—	—	—	—	—
监利站	35.95	36.25	-0.30	39 144	41 600	-5.90	1.64	1.88	-12.77
莲花塘站	33.62	33.49	0.13	—	—	—	—	—	—
七里山站	33.62	33.64	-0.02	35 562	35 000	1.61	0.42	0.43	-2.33
螺山站	32.78	32.62	0.16	68 573	68 300	0.40	0.96	1.11	-13.51
汉口站	26.98	26.78	0.20	68 495	69 600	-1.59	0.49	0.88	-44.32
九江站	—	—	—	69 120	67 200	2.86	—	—	—
大通站	13.93	13.94	-0.01	79 602	82 900	-3.98	—	—	—

2）大通至徐六泾模块验证

大通至徐六泾模块主要获得江阴断面水沙条件，为二维水沙模型提供边界。采用2010年2月27日～3月4日江阴以下河段部分断面的实测资料对模型参数进行率定；采用2010年7月4～16日江阴以下河段部分断面的实测资料对模型进行验证。糙率取值在0.10～0.22，糙率往河口方向略小。

（1）水流模型验证。

江阴以下河段江阴、如皋港、五干河、营船港四个潮位站的计算值与实测值表明，江阴潮位计算值与实测值的平均误差为 0.10 m，如皋港潮位计算值与实测值的平均误差为 0.11 m，五干河潮位计算值与实测值的平均误差为 0.07 m，营船港潮位计算值与实测值的平均误差为 0.15 m。总体而言，各站潮位的计算值与实测值基本一致。

（2）泥沙模型验证。

狼山沙断面和通州沙断面含沙量计算值与实测值的比较见表 3.2.3、表 3.2.4。

表 3.2.3　狼山沙断面含沙量计算值与实测值比较

测量位置	实测值（2010 年 7 月 4 日 14 时～7 月 5 日 19 时）/（kg/m³）					计算值/（kg/m³）
	L1	L2	L3	L4	L5	
狼山沙断面	0.153	0.188	0.155	0.047	0.028	0.215

表 3.2.4　通州沙断面含沙量计算值与实测值比较

测量位置	实测值（2010 年 7 月 4 日 14 时～7 月 5 日 19 时）/（kg/m³）			计算值/（kg/m³）
	T2	TZSXA	TZSXB	
通州沙断面	0.149	0.071	0.127	0.236

可以看出，狼山沙断面和通州沙断面的计算含沙量较断面垂线含沙量的实测值大，计算含沙量分别比最大的实测含沙量大 14%和 58%。验证表明，模型基本满足精度要求。

综上所述，构建的三峡—徐六泾一维水沙数学模型，经过参数率定，可用于为长江口二维水沙数学模型提供边界条件。

3.2.2　基于挟沙能力的长江口二维水沙数学模型

目前，水流运动数学模型得到了广泛的运用。对于水平尺度远大于垂直尺度的河流、湖泊和海洋等水域，当其物理量沿水深方向的变化相对于水平方向的变化小得多时，可将各物理量沿水深积分，得到二维水深积分水流泥沙运动方程。假定：①水流为均质、不可压缩流体；②水流为常密度并服从静水压力分布；③刚盖假定，忽略垂向加速度；④床面切应力采用二次形式，紊动切应力采用 Boussinesq 假定；⑤由流速沿垂线分布不均匀在积分时产生的修正系数为 1.0。利用 Libnitz 积分，可得二维水深积分平均水流运动控制方程。

1. 二维水深积分水流运动基本方程

连续方程：

$$\frac{\partial \zeta}{\partial t} + \frac{\partial [(h+\zeta)u]}{\partial x} + \frac{\partial [(h+\zeta)v]}{\partial y} = 0 \quad\quad (3.2.7)$$

动量方程：

$$\frac{\partial u}{\partial t} + u\frac{\partial u}{\partial x} + v\frac{\partial u}{\partial y} = \frac{\partial}{\partial x}\left(v_e\frac{\partial u}{\partial x}\right) + \frac{\partial}{\partial y}\left(v_e\frac{\partial u}{\partial y}\right) - g\frac{\partial \zeta}{\partial x} + \frac{\tau_{sx}}{\rho_0 H} - \frac{\tau_{bx}}{\rho_0 H} + fv \quad (3.2.8)$$

$$\frac{\partial v}{\partial t} + u\frac{\partial v}{\partial x} + v\frac{\partial v}{\partial y} = \frac{\partial}{\partial y}\left(v_e\frac{\partial v}{\partial y}\right) + \frac{\partial}{\partial x}\left(v_e\frac{\partial v}{\partial x}\right) - g\frac{\partial \zeta}{\partial y} + \frac{\tau_{sy}}{\rho_0 H} - \frac{\tau_{by}}{\rho_0 H} - fu \quad (3.2.9)$$

式中：u、v 为水深平均流速在 x、y 方向的分量，$u = \frac{1}{H}\int_{-h}^{\zeta} u_1 \mathrm{d}z$，$v = \frac{1}{H}\int_{-h}^{\zeta} u_2 \mathrm{d}z$，$u_1$、$u_2$ 为三维空间水平面上 x、y 方向的流速分量；H 为总水深，$H = h + \zeta$，h 为基面以下水深，ζ 为水位；f 为科里奥利力系数，$f = 2\omega \sin\varphi$，ω 为地球自转角速度，φ 为纬度；v_e 为有效黏性系数，$v_e = v_t + v$，v_t 为紊动黏性系数；ρ_0 为水的密度；τ_{bx}、τ_{by} 分别为底部切应力在 x、y 方向的分量，

$$\tau_{bx} = \rho_0 c_f u\sqrt{u^2+v^2}, \quad\quad \tau_{by} = \rho_0 c_f v\sqrt{u^2+v^2} \quad\quad (3.2.10)$$

c_f 为底部摩擦系数，$c_f = n'^2 g / H^{1/3}$，n' 为河底糙率系数；τ_{sx}、τ_{sy} 分别为表面风应力在 x、y 方向的分量，

$$\tau_{sx} = \rho_0 k_s w_{ax}|w_a|, \quad \tau_{sy} = \rho_0 k_s w_{ay}|w_a|, \quad |w_a| = \sqrt{w_{ax}^2 + w_{ay}^2} \quad (3.2.11)$$

w_{ax} 为 x 方向风速分量，w_{ay} 为 y 方向风速分量，k_s 为系数。

2. 笛卡儿坐标系二维泥沙输运方程

1）悬沙不平衡输运方程

$$\frac{\partial HS_i}{\partial t} + \frac{\partial HuS_i}{\partial x} + \frac{\partial HvS_i}{\partial y} = \frac{\partial}{\partial x}\left(H\frac{v_t}{\sigma_s}\frac{\partial S_i}{\partial x}\right) + \frac{\partial}{\partial y}\left(H\frac{v_t}{\sigma_s}\frac{\partial S_i}{\partial y}\right) + \phi_s \quad (3.2.12)$$

式中：S_i 为第 i 组粒径含沙量；σ_s 为 Schmidt 数；ϕ_s 为源汇项。

（1）源汇项的处理。

式（3.2.12）的源汇项：

$$\phi_s = \int_{-h}^{\zeta}\left[\frac{\partial(\omega_s S_i)}{\partial z} + \frac{\partial}{\partial z}\left(\frac{v_t}{\sigma_s}\frac{\partial S_i}{\partial z}\right)\right]\mathrm{d}z = \left(\omega_s S_i + \frac{v_t}{\sigma_s}\frac{\partial S_i}{\partial z}\right)\Bigg|_{z=-h}^{z=\zeta}$$

式中：ω_s 为泥沙沉速。

对于水面 $z = \zeta$，泥沙扩散通量为零：

$$\omega_s S_i + \frac{v_t}{\sigma_s}\frac{\partial S_i}{\partial z} = 0$$

对于底部 $z=-h$，泥沙扩散通量满足：

$$\phi_s = \omega_s s_b + \frac{\nu_t}{\sigma_s}\frac{\partial s_b}{\partial z}$$

式中：s_b 为底床含沙量。

一般认为悬沙粒径很细时，无论泥沙沿水深的分布是否处于平衡状态，含沙量沿水深变化不大，式（3.2.12）表示为

$$\phi_s = \alpha\omega_s(-S+S^*)$$

式中：α 为系数；S 为水体总含沙量；S^* 为水体挟沙能力。此表达式在泥沙输移数学模型计算中得到广泛运用。关于表达式中的系数 α，定义为恢复饱和系数，采用韩其为公式（韩其为，2006）：

$$\alpha = (1-\varepsilon_0)(1-\varepsilon_4)\left[1+\frac{1}{\sqrt{2\pi}(1-\varepsilon_4)}\frac{u_*}{\omega_s}e^{-\frac{1}{2}\left(\frac{\omega_s}{u_*}\right)^2}\right]$$

其数值大多在 0.023～4.510，在数学模型计算中，垂线恢复饱和系数 α 的取值范围为 0.25～1.00，淤积状态取 α=0.25，冲刷状态取 α=1.00。其中，u_* 为平均流速，ε_0、ε_4 为修正系数。

（2）参数处理。

按照窦国仁等（1987）的模式，将非均匀沙按其粒径大小分成 N_0 组，S_i 表示第 i 组粒径的含沙量，P_i 表示此粒径在水体总含沙量 S 中所占的比值：

$$S_i = P_i S, \qquad S = \sum_{i=1}^{N_0} S_i$$

总挟沙能力：

$$S^* = K_s\frac{u^3}{h\omega_m}$$

挟沙能力级配：

$$P_i^* = \frac{(P_i/\omega_{si})^a}{\sum_{i=1}^{N_0}(P_i/\omega_{si})^a}$$

分组挟沙能力：

$$S_i^* = P_i^* S^*$$

$$\omega_m = \sum_{i=1}^{N_0} P_i\omega_{si}$$

式中：K_s 为系数；$0<a<1$；ω_{si} 为第 i 组粒径的沉速；ω_m 为非均匀平均沉速。

2）推移质不平衡输移方程

对于非均匀沙，推移质不平衡输移方程采用如下形式：

$$\frac{\partial HN_i}{\partial t}+\frac{\partial HuN_i}{\partial x}+\frac{\partial HvN_i}{\partial y}=\beta_i\omega_{si}(N_i^*-N_i) \qquad (3.2.13)$$

式中：N_i、N_i^* 分别为第 i 组粒径推移质输沙量和推移质输沙能力折算成相应水深的泥沙浓度；β_i 为第 i 组粒径推移质泥沙恢复饱和系数。

推移质输沙率的计算公式众多，对于非均匀沙的第 i 组粒径泥沙输沙率，考虑隐蔽系数 g_i：

$$g_i = \left(\frac{d_i}{d_{50}}\right)^{0.85}$$

总的输沙能力为

$$q_b = \sum_{i=1}^{m_0} P_{bi} g_i q_{bi}^*$$

式中：d_i 为第 i 组泥沙粒径；d_{50} 为非均匀沙的中值粒径；P_{bi} 为第 i 组粒径泥沙所占的百分比；q_{bi}^* 为第 i 组粒径泥沙推移质输沙率；m_0 为推移质泥沙粒径组数。采用窦国仁推移质输沙率公式（窦国仁，1977），为

$$q_{bi}^* = \frac{k}{C^2} \frac{rr_s}{r_s - r} m_i \frac{(u^2 + v^2)^{3/2}}{g\omega_{si}}$$

其中，

$$m_i = \begin{cases} \sqrt{u^2 + v^2} - V_{ki}, & V_{ki} \leqslant \sqrt{u^2 + v^2} \\ 0, & V_{ki} > \sqrt{u^2 + v^2} \end{cases}$$

$$V_{ki} = 0.265\ln\left(11\frac{H}{\Delta}\right)\sqrt{\frac{r_s - r}{r}gd_i + 0.19\left(\frac{r_0}{r_0'}\right)^{2.5}\frac{\varepsilon_k + gH\sigma}{d_i}}$$

式中：V_{ki} 为第 i 组粒径泥沙临界启动流速；r 为水的容重；r_s 为推移质的容重；r_0 为稳定干容重，$r_0 = 1\,650\ \text{kg/m}^3$；$\varepsilon_k$ 为黏结力参数（天然沙 $\varepsilon_k = 2.56\ \text{cm}^3/\text{s}^2$）；$\sigma$ 为薄膜水厚度，$\sigma = 2.1\times10^{-5}\ \text{cm}$；$r_0'$ 为床面泥沙干容重，对于细沙 $r_0' = r_0$；C 为谢才系数，$C = 2.5\ln\left(11\frac{h}{\Delta}\right)$，$\Delta$ 为床面糙度，

$$\Delta = \begin{cases} 0.5\ \text{mm}, & d_{50} \leqslant 0.5\ \text{mm} \\ d_{50}, & d_{50} > 0.5\ \text{mm} \end{cases}$$

k 为系数，对于沙质推移质 k 取 0.01。这样式（3.2.13）中的 N_i^* 可以写为

$$N_i^* = P_{bi} g_i \frac{k}{C^2} \frac{rr_s}{r_s - r} m_i \frac{(u^2 + v^2)}{gH\omega_{si}}$$

3. 河床变形方程

由悬移质冲淤引起的河床变形方程为

$$r_0' \frac{\partial \eta_{si}}{\partial t} = \alpha_i \omega_{si}(S_i - S_i^*) \tag{3.2.14}$$

式中：η_{si} 为第 i 组粒径悬移质泥沙引起的冲淤厚度；α_i 为第 i 组粒径下的恢复饱和系数；

r_0' 为床面泥沙干容重。

由推移质冲淤引起的河床变形方程为

$$r_0' \frac{\partial \eta_{bi}}{\partial t} = \beta_i \omega_{si} (N_i - N_i^*) \qquad (3.2.15)$$

式中：η_{bi} 为第 i 组粒径推移质泥沙引起的冲淤厚度。

河床总的冲淤厚度：

$$\eta = \sum_{i=1}^{N_0} \eta_{si} + \sum_{i=1}^{m_0} \eta_{bi} \qquad (3.2.16)$$

非均匀沙冲淤将发生河床床面泥沙的分选，床沙的级配将不断调整，河床冲刷会形成床面粗化层，悬沙落淤使床面层细化。这种床面冲淤造成的床沙级配调整可采用吴卫民等（1994）、李义天和胡海明（1994）模式描述：

$$P_{bi} = [\Delta Z_i + (E_m - \Delta Z) P_{obi}] / E_m \qquad (3.2.17)$$

式中：ΔZ_i 为第 i 组泥沙冲淤厚度；ΔZ 为总冲淤厚度；P_{obi}、P_{bi} 分别为第 i 组泥沙时段初和时段末的床沙级配；E_m 为床沙可动层厚度，其大小与河床冲淤状态、冲淤强度及历时有关，当单向淤积时，$E_m = \Delta Z$，当单向冲刷时，E_m 的限制条件是保证床面有足够的泥沙补偿。

4. 模型参数

数学模型计算中涉及诸多计算参数的选择，二维水流数学模型中糙率系数、紊动黏性系数、计算时步长等计算参数的选择影响计算进程和计算结果。由于二维水流数学模型中的糙率系数受工程计算河段综合阻力和数值离散等因素综合影响，除高滩和芦苇处 $n' = 0.030$ 外，本书计算过程中糙率系数 n' 的取值为

$$n' = 0.016\,5 + 0.004\,5 \exp(2.0 - h) \qquad (3.2.18)$$

水流紊动黏性系数的确定根据零方程紊流模型，$v_e = \alpha_0 u^* h$，其中 u^* 为摩阻流速，α_0 为常数，一般河道中 $\alpha_0 = 1 \sim 10$，本书计算时步长 $\Delta t = 3 \sim 10$ s。

5. 模型验证

1）水动力率定与验证

（1）模型地形概化。

数学模型采用 2014 年 7 月江阴利港—浏河口的实测地形，北支及浏河口以下采用 2013 年 8 月的实测地形，外海采用 1:50000 的海图数据。

（2）模型水动力条件验证。

本模型计算参数经过了多年项目研究的检验。本次主要采用 2012 年 8 月北支实测水沙资料对模型进行率定和验证。沿程潮位验证计算值和实测潮位过程基本吻合，可见数学模型计算较好地模拟了潮波传播过程，反映了河道的综合阻力作用，误差在 10% 以内，

潮波传播历时和潮波变形与天然相似。沿程潮位过程验证和工程附近河段多点潮流流速过程验证（表 3.2.5 和表 3.2.6）表明，二维潮流数学模型较好地模拟了工程河段潮波的传播过程和潮流运动规律，验证结果满足相关规范要求。

表 3.2.5　潮位实测值与计算值变化表

测站	时间（年-月-日 时:分）	潮位特征	实测值/m	计算值/m	差值/m
青龙港站	2012-12-15 11:00	低潮位	-1.07	-1.05	0.02
青龙港站	2012-12-15 14:00	高潮位	2.69	2.70	0.01
三条港站	2012-12-15 08:00	低潮位	-1.88	-1.90	-0.02
三条港站	2012-12-15 13:00	高潮位	2.96	2.97	0.01
连兴港站	2012-12-15 07:00	低潮位	-1.72	-1.74	-0.02
连兴港站	2012-12-15 13:00	高潮位	2.93	2.94	0.01

表 3.2.6　流速实测值与计算值变化表

测站	时间（年-月-日 时:分）	流速特征	实测值/（m/s）	计算值/（m/s）	差值/（m/s）	变化率/%
A1	2012-12-14 17:00	低流速	1.27	1.29	0.02	1.57
A1	2012-12-15 00:00	高流速	1.77	1.7	-0.07	-3.95
A3	2012-12-14 17:00	低流速	1.71	1.71	0.00	0.00
A3	2012-12-14 23:00	高流速	1.84	1.77	-0.07	-3.80
A8	2012-12-14 17:00	低流速	1.21	1.18	-0.03	-2.48
A8	2012-12-14 22:00	高流速	1.59	1.53	-0.06	-3.77

2）泥沙及河床冲淤验证

北支含沙量验证采用 2012 年 12 月实测水文资料开展。表 3.2.7 给出了 B1#、B2#、A6#点位含沙量实测值与计算值的对比，总体含沙量误差在 30%以内，数学模型计算大致模拟了泥沙的输移过程。

采用 2012 年 1 月～2013 年 8 月的实测地形对模型进行重复验证（验证地形范围包括北支、南支浏河口以下河段）。结果表明，计算冲淤分布和实测冲淤分布的趋势大致吻合，冲淤量大致相当。表 3.2.8 是 2012 年 1 月～2013 年 8 月实测与计算冲淤量比较表。可以看出，计算冲淤值和实测地形冲淤变化较为吻合，说明了模型参数选取的合理性，数值计算基本反映了工程河段滩槽的冲淤规律。

表3.2.7　含沙量实测值与计算值变化表

B1#				B2#				A6#			
时间 (年-月-日 时:分)	实测值 /(kg/m³)	计算值 /(kg/m³)	变化/%	时间 (年-月-日 时:分)	实测值 /(kg/m³)	计算值 /(kg/m³)	变化/%	时间 (年-月-日 时:分)	实测值 /(kg/m³)	计算值 /(kg/m³)	变化/%
2012-12-14 20:00	1.28	1.17	-8.59	2012-12-14 07:00	5.03	4.47	-11.13	2012-12-14 07:00	2.57	2.36	-8.17
2012-12-14 21:00	0.97	0.92	-5.15	2012-12-14 08:00	3.93	4.71	19.85	2012-12-14 08:00	1.98	1.92	-3.03
2012-12-14 22:00	0.85	0.75	-11.76	2012-12-14 09:00	6.26	5.15	-17.73	2012-12-14 09:00	1.79	1.96	9.50
2012-12-14 23:00	0.52	0.56	7.69	2012-12-14 10:00	5.99	4.87	-18.70	2012-12-14 10:00	2.19	2.41	10.05
2012-12-15 00:00	0.66	0.48	-27.27	2012-12-14 11:00	5.97	4.76	-20.27	2012-12-14 11:00	2.69	2.52	-6.32
2012-12-15 01:00	2.56	1.68	-34.38	2012-12-14 12:00	3.50	4.35	24.29	2012-12-14 12:00	1.86	2.06	10.75
2012-12-15 02:00	4.03	2.92	-27.54	2012-12-14 13:00	3.40	4.12	21.18	2012-12-14 13:00	1.42	1.61	13.38
2012-12-15 03:00	4.95	3.91	-21.01	2012-12-14 14:00	1.15	1.35	17.39	2012-12-14 14:00	1.49	1.42	-4.70
2012-12-15 04:00	5.01	4.14	-17.37	2012-12-14 15:00	4.12	2.95	-28.40	2012-12-14 15:00	1.25	1.55	24.00
2012-12-15 05:00	4.74	3.52	-25.74	2012-12-14 16:00	3.65	3.23	-11.51	2012-12-14 16:00	1.89	1.92	1.59
2012-12-15 06:00	3.52	2.95	-16.19	2012-12-14 17:00	3.90	3.35	-14.10	2012-12-14 17:00	2.93	2.35	-19.80
2012-12-15 07:00	1.99	1.98	-0.50	2012-12-14 18:00	3.32	4.53	36.45	2012-12-14 18:00	3.50	2.54	-27.43
2012-12-15 08:00	1.18	1.11	-5.93	2012-12-14 19:00	8.91	6.28	-29.52	2012-12-14 19:00	3.26	2.50	-23.31

表 3.2.8 2012 年 1 月～2013 年 8 月实测与计算冲淤量比较表

序号	位置	实测值/m³	计算值/m³	误差/%
1	南支	-7.34×10^7	-5.83×10^7	-20.57
2	北支	-1.81×10^7	-2.41×10^7	33.15

注："+"表示淤积，"-"表示冲刷。

总体上，沿程潮位过程验证和工程附近河段多点潮流流速过程验证表明，本书建立的二维潮流数学模型较好地模拟了工程河段潮波传播过程和潮流运动规律；在此基础上，泥沙水文条件的验证也表明了泥沙模型参数选取的合理性，模型能够较好地模拟泥沙的输移运动。

3.2.3 基于切应力的长江口二维水沙数学模型

1. 水流基本方程

模型水动力学方程采用垂向静压假定，在水平方向上采用曲线正交坐标系，在垂直方向上采用 Sigma 坐标变换，沿重力方向分层，来求解三维紊动黏性方程，主要模型方程如下（Dynamic Solutions International，LLC，2017）。

（1）动量方程：

$$\frac{\partial(mHu)}{\partial t}+\frac{\partial(m_yHuu)}{\partial x}+\frac{\partial(m_xHvu)}{\partial y}+\frac{\partial(mwu)}{\partial z}-\left(mf+v\frac{\partial m_y}{\partial x}-u\frac{\partial m_x}{\partial y}\right)Hv$$
$$=-m_yH\frac{\partial(g\zeta+p)}{\partial x}-m_y\left(\frac{\partial h}{\partial x}-z\frac{\partial H}{\partial x}\right)\frac{\partial p}{\partial z}+\frac{\partial}{\partial z}\left(m\frac{1}{H}K_m\frac{\partial u}{\partial z}\right)+Q_u \tag{3.2.19}$$

$$\frac{\partial(mHv)}{\partial t}+\frac{\partial(m_yHuv)}{\partial x}+\frac{\partial(m_xHvv)}{\partial y}+\frac{\partial(mwv)}{\partial z}+\left(mf+v\frac{\partial m_y}{\partial x}-u\frac{\partial m_x}{\partial y}\right)Hu$$
$$=-m_xH\frac{\partial(g\zeta+p)}{\partial y}-m_x\left(\frac{\partial h}{\partial y}-z\frac{\partial H}{\partial y}\right)\frac{\partial p}{\partial z}+\frac{\partial}{\partial z}\left(m\frac{1}{H}K_m\frac{\partial v}{\partial z}\right)+Q_v \tag{3.2.20}$$

$$\frac{\partial p}{\partial z}=-gH\frac{\rho-\rho_0}{\rho_0}=-gHb \tag{3.2.21}$$

（2）连续性方程：

$$\frac{\partial(m\zeta)}{\partial t}+\frac{\partial(m_yHu)}{\partial x}+\frac{\partial(m_xHv)}{\partial y}+\frac{\partial(mw)}{\partial z}=0 \tag{3.2.22}$$

$$\frac{\partial(m\zeta)}{\partial t}+\frac{\partial\left(m_yH\int_0^1udz\right)}{\partial x}+\frac{\partial\left(m_xH\int_0^1vdz\right)}{\partial y}=0 \tag{3.2.23}$$

$$\rho=\rho(p,S,T) \tag{3.2.24}$$

式中：u 和 v 为曲线正交坐标 x、y 方向上的水平速度分量；m_x 和 m_y 为水平坐标变换尺度因子，$m=m_xm_y$；p 为压力；$H=h+\zeta$ 为总水深；f 为科里奥利力系数；K_m 为垂向涡黏系数；Q_u 和 Q_v 为动量源汇项；ρ 为密度；ρ_0 为水的密度；T 为温度。

经过 Sigma 坐标变换后沿垂直方向 z 的速度 w 与坐标变换前的垂向速度 w^* 间的关系为

$$w = w^* - z\left(\frac{\partial\zeta}{\partial t} + u\frac{1}{m_x}\frac{\partial\zeta}{\partial x} + v\frac{1}{m_y}\frac{\partial\zeta}{\partial y}\right) + (1-z)\left(u\frac{1}{m_x}\frac{\partial h}{\partial x} + v\frac{1}{m_y}\frac{\partial h}{\partial y}\right) \quad (3.2.25)$$

采用 Mellor-Yamada（MY）紊流闭合模型，通过紊流动能和混合长方程组从数学上求出紊动涡黏系数，使流速的垂向分布更符合实际。根据对紊流动能和混合长方程组中各项的取舍，MY 紊流闭合模型可分为多种阶数的模型，考虑了紊流动能和混合长的局部变化率、紊流能量的水平和垂直输送，以及紊流能量的垂直扩散。其方程如下：

$$\frac{\partial(mHq^2)}{\partial t} + \frac{\partial(m_y Huq^2)}{\partial x} + \frac{\partial(m_x Hvq^2)}{\partial y} + \frac{\partial(mwq^2)}{\partial z}$$

$$= \frac{\partial}{\partial z}\left(m\frac{1}{H}K_q\frac{\partial q^2}{\partial z}\right) + Q_q + 2m\frac{1}{H}K_m\left[\left(\frac{\partial u}{\partial z}\right)^2 + \left(\frac{\partial v}{\partial z}\right)^2\right] \quad (3.2.26)$$

$$+ 2mgK_b\frac{\partial b}{\partial z} - 2mH\frac{1}{B_1 l}q^3$$

$$\frac{\partial(mHq^2 l)}{\partial t} + \frac{\partial(m_y Huq^2 l)}{\partial x} + \frac{\partial(m_x Hvq^2 l)}{\partial y} + \frac{\partial(mwq^2 l)}{\partial z}$$

$$= \frac{\partial}{\partial z}\left(m\frac{1}{H}K_q\frac{\partial q^2 l}{\partial z}\right) + Q_l + m\frac{1}{H}E_1 K_m\left[\left(\frac{\partial u}{\partial z}\right)^2 + \left(\frac{\partial v}{\partial z}\right)^2\right] \quad (3.2.27)$$

$$+ mgE_1 E_3 lK_b\frac{\partial b}{\partial z} - mH\frac{1}{B_1}q^3\left[1 + E_2\frac{1}{(KL)^2}l^2\right]$$

$$\frac{1}{L} = \frac{1}{H}\left(\frac{1}{z} + \frac{1}{1-z}\right) \quad (3.2.28)$$

式中：q 为紊动强度；l 为紊动长度；B_1、E_1、E_2、E_3 均为经验常数；Q_q 和 Q_l 为附加的源汇项。如子网格水平扩散，垂直耗散系数 K_q 一般取与垂向涡黏系数 K_m 相等，$m = m_x m_y$，K_b 为垂向紊动扩散系数。

垂向涡黏系数 K_m、垂向紊动扩散系数 K_b、模型相关参数为

$$K_m = \phi_v ql = 0.4(1 + 36R_q)^{-1}(1 + 6R_q)^{-1}(1 + 8R_q)ql$$

$$K_b = \phi_b ql = 0.5(1 + 36R_q)^{-1}ql$$

$$R_q = \frac{gH}{q^2}\frac{\partial b}{\partial z}\frac{l^2}{H^2}$$

式中：R_q 为 Richardson 数；ϕ_v 和 ϕ_b 为稳定函数，分别确定稳定和非稳定垂向密度分层环境的垂直混合或输运的增减。紊动强度和紊动长度由紊流闭合方程确定。

2. 泥沙基本方程

1）泥沙输运方程

细颗粒泥沙输送可以由对流扩散方程控制，方程形式如下：

$$\frac{\partial(m_x m_y HS)}{\partial t}+\frac{\partial(m_y HuS)}{\partial x}+\frac{\partial(m_x HvS)}{\partial y}+\frac{\partial(m_x m_y wS)}{\partial z}-\frac{\partial m_x m_y \omega_s S}{\partial z}$$

$$=\frac{\partial}{\partial x}\left(\frac{m_y}{m_x}HK_h\frac{\partial S}{\partial x}\right)+\frac{\partial}{\partial y}\left(\frac{m_x}{m_y}HK_h\frac{\partial v}{\partial y}\right)+\frac{\partial}{\partial z}\left(m_x m_y \frac{K_v}{H}\frac{\partial S}{\partial z}\right)+Q_s \quad （3.2.29）$$

式中：K_v 为垂向扩散系数；K_h 为水平紊动扩散系数；ω_s 为泥沙沉降速度；S 为水体垂线平均含沙量，对于多组分泥沙，S_i 代表第 i 组分的含沙量；Q_s 为外部的源汇项，它对内部的源汇项有影响。

式（3.2.29）是守恒形式的对流扩散方程，悬浮泥沙的全部质量只是通过水域边界的通量而改变（开边界、自由表面边界和底部界面）。开边界和自由表面边界的通量可以用流场数据确定，底部界面的通量则是模型计算出的浓度、水动力和底部泥沙属性的函数。

在潮流运动中，水平输送主要是对流运动，在 Sigma 坐标下，垂向输送大体上由沉速和垂向扩散控制。当水动力作用较强时，底部呈冲刷状态，底部冲刷物质由于扩散向上输送；当水动力作用较弱时，悬浮泥沙垂向沉降，形成底部沉积物。

源汇项部分包括在水平对流扩散时步中。源汇项与水平对流项一样，在离散化连续性方程时，在前后步之间定义一个中间步。水平对流扩散时步采用非扩散迎风格式和多维正定平流输运算法（multidimensional positive definite advection transport algorithm，MPDATA）求解，垂向上通过泥沙的悬浮和沉降计算水体与底床的泥沙交换。

2）冲刷模型

淤泥质底床有两种冲刷形式，即整体冲刷和表面冲刷。整体冲刷主要在底床抗冲刷能力较强，水流强度很大时发生。发生整体冲刷时，底床泥沙成块掀起，地形变化剧烈。一般情况下，较少发生整体冲刷。这里只考虑表面冲刷，即底床泥沙在波流动力作用下逐渐从床面悬扬的过程。

当水流底部的切应力大于临界冲刷应力时，产生冲刷。冲刷率可以表示为

$$\begin{cases}\dfrac{\partial m_e}{\partial t}=E\left(\dfrac{\tau_b}{\tau_{ce}}-1\right)^{\alpha}, & \tau_b \geqslant \tau_{ce}\\[3mm]\dfrac{\partial m_e}{\partial t}=0, & \tau_b < \tau_{ce}\end{cases} \quad （3.2.30）$$

式中：m_e 为冲刷厚度；τ_b 为底部切应力；τ_{ce} 为临界冲刷切应力；E 为冲刷系数，E 依赖于底部泥沙的物理化学特性，可以在实验室中测量得到，取 $E = 5\times10^{-3}$ kg/（m²·s）。对于黏性土，$E = 2\times10^{-4} \sim 4\times10^{-3}$ kg/（m²·s），$\alpha = 1.16$。临界冲刷切应力往往可取为底床泥沙密度的经验函数，采用如下公式：

$$\tau_{ce}=c\rho_{s0}^d$$

其中：ρ_{s0} 为底部泥沙的干密度；c 和 d 为与泥沙类型有关的系数。

3）淤积模型

在假定冲刷和淤积不同时出现时，模型的基本假定是：泥沙颗粒沉降到底部时会以一定的概率沉积下来，其沉积概率在 0～1 变化。单位时间内沉积在单位面积上的泥沙质量由式（3.2.31）计算：

$$
\begin{cases}
\dfrac{\partial m_d}{\partial t} = (S_d \omega_s)\left(1 - \dfrac{\tau_b}{\tau_{cd}}\right), & \tau_b \leqslant \tau_{cd} \\[2mm]
\dfrac{\partial m_d}{\partial t} = 0, & \tau_b > \tau_{cd}
\end{cases}
\tag{3.2.31}
$$

式中：m_d 为淤积厚度；τ_b 为底部切应力；τ_{cd} 为临界淤积切应力；S_d 为接近底床的泥沙浓度。临界淤积切应力一般通过实验室和现场测量资料来确定，其范围为 0.06～1.1 N/m^2。基于实验室对自然淤积的试验，取 $\tau_{cd}=0.2$ N/m^2。

4）沉降速度

对于非黏性泥沙，在悬沙浓度不是特别大的情况下，泥沙沉速可以按照单颗粒泥沙沉降速度确定。对于黏性泥沙，其沉降过程极其复杂，因为黏性泥沙会产生絮凝作用，絮团的沉降与单个颗粒的沉降有很大不同。絮团的形成依赖于悬浮物质的类型、浓度，水体环境的离子特征，水体的紊动强度等。为了获得合理的模拟结果，需要确定絮团的沉降速度。目前，黏性泥沙沉降速度主要采用经验公式确定，将沉速表示为含沙量的函数：

$$
\omega_s = \omega_{s0}\left(\frac{S}{S_0}\right)^{\alpha}
\tag{3.2.32}
$$

式中：ω_{s0} 为参考沉速；S_0 为参考含沙量；S 为水体垂线平均含沙量。根据参考含沙量和 α 的值，式（3.2.32）可以表示沉速随着含沙量的增加而增大或减小。在絮凝沉降阶段，沉速随着含沙量的增大而增大；在制约沉降阶段，沉速随着含沙量的增大而减小。

5）底部切应力

当海面相对平静时，不考虑波浪的作用，作用在海床的切应力主要由潮流引起，在纯潮流作用下的床面切应力可以表示为

$$
\tau_c = c_b |u_1'| u_1'
\tag{3.2.33}
$$

式中：u_1' 为底部网格层流速；c_b 为潮流摩阻系数，可表示为

$$
c_b = \left[\frac{k_0}{\ln(\Delta_1 / 2z_0)}\right]^2
$$

其中：Δ_1 为底部网格层无量纲厚度；z_0 为粗糙高度；k_0 为卡门常数。

因为波流共同作用下可能产生大量泥沙悬扬，所以波流共同作用下的底部切应力计算十分重要。波流共同作用下的底部切应力计算比较复杂，不考虑辐射应力，则底部切应力采用线性模式计算：

$$
\begin{cases}
\tau_{bx} = \tau_c \cos\psi_c + \tau_w \cos\psi_w \\
\tau_{by} = \tau_c \sin\psi_c + \tau_w \sin\psi_w
\end{cases}
\tag{3.2.34}
$$

式中：ψ_c 和 ψ_w 分别为潮流和波浪的传播方向；τ_c 和 τ_w 分别为纯潮流和纯波浪作用下的底部切应力，其中 τ_c 可由式（3.2.33）求得，τ_w 可由式（3.2.35）得到。

$$\tau_w = c_{bw}\left|U_{w\infty}\right|^2 \qquad (3.2.35)$$

式中：c_{bw} 为波浪的摩阻系数，可表示为

$$c_{bw} = \frac{k_0^2}{\sqrt{2}} \frac{\left|U_{w1}+U_{w2}\right|^2}{\left|U_{w\infty}\right|^2}$$

U_{w1} 和 U_{w2} 为复杂常数；$U_{w\infty}$ 为当底层厚度足够大时，波浪引起的流速。

6）泥沙底床的变化过程

泥沙底床是由厚度为 B_k 的离散层构成的，这些层随着时间变化，第 k 层单位面积上的泥沙和水体质量守恒表示为

$$\frac{\partial}{\partial t}\left(\frac{\rho_s B_k}{1+\varepsilon_k}\right) = J_{s:k-} - J_{s:k+} - \delta(k,k_b)J_{sb} \qquad (3.2.36)$$

$$\frac{\partial}{\partial t}\left(\frac{\rho_0 \varepsilon_k B_k}{1+\varepsilon_k}\right) = J_{w:k-} - J_{w:k+} - \delta(k,k_b)\frac{\rho_0}{\rho_s}(\varepsilon_k \max\{J_{sb},0\} + \varepsilon_b \min\{J_{sb},0\}) \qquad (3.2.37)$$

式中：ε_k 为第 k 层的空隙率；ρ_s 和 ρ_0 为泥沙和水的密度；J_s 和 J_w 分别为泥沙和水的质量通量；$k-$ 和 $k+$ 分别为第 k 层的底部和顶部边界；ε_b 为最上层的空隙率；J_{sb} 为最上层泥沙的质量通量；k_b 为泥沙底床的最上层。排除与泥沙沉积和冲刷有关的通量，质量通量在垂直方向被定义成正值。式（3.2.36）的最后一项表示最上层顶部的冲刷和淤积，其中：

$$\delta(k,k_b) = \begin{cases} 1, & k = k_b \\ 0, & k \neq k_b \end{cases}$$

与之相应的通量划分为

$$J_{s:k+} = 0, \qquad k \neq k_b$$

式（3.2.37）的最后一项表示泥沙冲刷时从底床到水体的量，泥沙淤积时从水体到底床的量，最上层顶部的水通量不一定为 0，因为它包括海床固结时附加孔隙水压力和周围的渗流。

3. 模型边界条件及参数

1）边界条件

（1）潮流模型。

模型外海开边界的控制潮位由东海潮流模型给出，上游边界采用江阴水位控制。杭州湾钱塘江的径流采用常值 $1\,000.0\ \mathrm{m^3/s}$。

（2）泥沙模型。

外海开边界依据《渤海 黄海 东海海洋图集 水文》（海洋图集编委员，1993）月平均的数字化资料线性插值得到；江阴边界采用大通—徐六泾一维潮流泥沙数学模型计算出的泥沙浓度。

　　长江口悬沙与床沙的交换剧烈，底床组分的空间分布对河口悬沙及地形冲淤变化的计算影响非常大。本模型将长江口泥沙概化为一组黏性沙、一组非黏性沙；依据实测资料，同时结合已有调查成果，本模型采用的底床组分空间分布如图 3.2.1、图 3.2.2 所示。

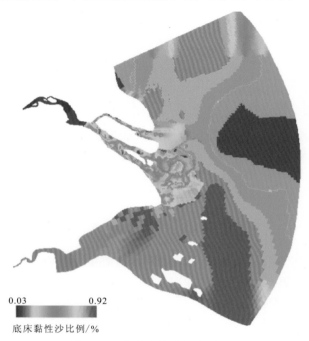

0.03　　　　　0.92

底床黏性沙比例/%

图 3.2.1　底床黏性沙的空间分布

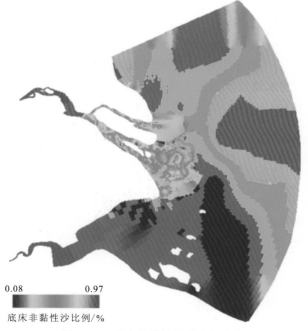

0.08　　　　　0.97

底床非黏性沙比例/%

图 3.2.2　底床非黏性沙的空间分布

2）主要参数

长江口水体异重流主要和潮周期内盐淡水的变化及泥沙的絮凝作用有密切的关系，长江口盐淡水混合以部分混合为主，内部环流发育良好，滞流点主要出现在拦门沙地区。因此，下层水体的泥沙输移表现为上段向海、下段向陆，泥沙在滞流点附近堆积；在内部环流的作用下，受异重流作用，涨落潮同一断面一条垂线上、下层水流的转向时间不一致，出现表、底层方向相反的交错流，形成上升流，这种上升流作用于河床，扰动淤积在河床上的未被固结的泥沙，使泥沙再次进入水体，呈悬浮状态，泥沙在垂直面上循环输移，阻碍泥沙向海输送；同时，盐淡水混合细颗粒泥沙发生絮凝，一定盐度的水流、带有一定电荷的细颗粒泥沙，存在絮凝临界流速，絮凝使悬沙出现垂向分层流，从而改变悬沙垂向浓度梯度，增加泥沙的沉速，大量泥沙集中在下层，并在床上淤积。盐水异重流和絮凝的产生、沉降及对悬沙浓度的影响，是在一定的盐度与动力条件下发生的，长江口径流与潮流的作用力量都很强，在量值上要大很多倍，只有在径流和潮流这两股强劲动力处于相对平衡的时段或河段，盐淡水异重流或絮凝才能显示出其重要的作用，因此模型中适当考虑河口局部地区的泥沙再悬浮作用力及沉降等相关参数，来反映河口异重流对局部区域泥沙淤积的影响。为了在二维水沙模型中考虑异重流的影响，在模型参数的选取上应予以考虑。

模型的底部粗糙高度分区给定，按照离岸的远近给出不同的数值，从浅水到深水逐渐减小，取值为 0.000001～0.00015，从上游往下游逐步递减，北支比南支小。模型水平扩散系数设为常数，取值为 0.15。

黏性泥沙沉速、临界切应力、冲刷系数经优化率定确定，最终采用的沉速为 0.3 mm/s，临界淤积切应力为 0.25 N/m^2，临界冲刷切应力为 0.4 N/m^2，冲刷系数为 0.35 g/（m^2·s）。

非黏性沙底床平衡浓度由 van Rijn 经验公式进行计算，中值粒径取 80 μm，临界 Shields 应力为 0.153 N/m^2，沉速为 0.57 mm/s。

4. 模型验证

1）水动力验证

采用 2012 年 7 月、2012 年 12 月、2014 年 2 月的资料对模型的水动力进行了验证。验证结果表明，各潮位站的高、低潮位及整个涨落潮过程吻合较好，各站高、低潮时间的相位偏差基本在 0.5 h 以内，潮位计算值和实测值吻合较好，计算结果基本反映了河段潮流运动和潮波传播过程，总体验证较好。

主要测流点位垂向平均流速、流向的验证结果表明，各验证流速点的流速过程线的形态基本一致，憩流时间和最大流速出现时间的偏差都基本在 0.5 h 以内，涨、落潮段平均流速偏差基本在 10%以内，基本反映了计算区域内流速的时空分布变化。

2）输沙率及悬沙浓度验证

采用 2012 年 7 月的资料对模型的输沙率进行了验证，白茆河口、北支口、七丫口三个站点的输沙率过程的计算值与实测值基本吻合，基本反映了大、中、小潮周期的三个断面的输沙通量。

采用 2012 年 12 月 8～15 日大、小潮期间北支系统的监测资料对北支悬沙浓度进行验证，计算值与实测值吻合较好，经误差统计分析，各测点含沙量验证误差总体在 30% 以内，基本反映了含沙量的变化趋势。

3）地形冲淤变化验证

采用 2011 年 11 月～2013 年 11 月的实测地形对模型进行了验证。从结果可以看出，总体上模拟计算的冲淤空间分布与实测较为吻合（图 3.2.3、图 3.2.4）。表 3.2.9～表 3.2.11 给出了长江口北支各河段冲淤面积、冲淤体积、冲淤厚度计算值与实测值的比较结果，整体的冲刷面积误差为-6.77%，淤积面积误差为 2.31%；整体的冲刷体积误差为-7.14%，淤积体积误差为-15.13%；整体的冲刷厚度误差为 0.00，淤积厚度误差为-16.07%。这说明所建模型能较好地反映北支的冲淤变化机制，可以用来预测未来北支的冲淤变化。

冲刷
淤积

图 3.2.3　2011 年 11 月～2013 年 11 月实测冲淤空间分布

冲刷
淤积

图 3.2.4　2011 年 11 月～2013 年 11 月计算冲淤空间分布

表 3.2.9　冲淤面积对比

河段	冲刷面积			淤积面积		
	实测值/km²	计算值/km²	误差/%	实测值/km²	计算值/km²	误差/%
青龙港以上	-8.83	-5.65	-36.01	25.57	28.57	11.73
青龙港－红阳港	-39.14	-20.90	-46.60	30.09	48.05	59.69
红阳港－三条港	-20.62	-31.16	51.12	32.87	22.33	-32.07
三条港－连兴港	-60.14	-62.31	3.61	122.39	116.85	-4.53
整体	-128.73	-120.02	-6.77	210.92	215.80	2.31

表 3.2.10　冲淤体积对比

河段	冲刷体积			淤积体积		
	实测值/（亿 m³）	计算值/（亿 m³）	误差/%	实测值/（亿 m³）	计算值/（亿 m³）	误差/%
青龙港以上	-0.15	-0.04	-73.34	0.14	0.15	7.14
青龙港—红阳港	-0.53	-0.31	-41.51	0.09	0.07	-22.22
红阳港—三条港	-0.14	-0.33	135.71	0.18	0.17	-5.56
三条港—连兴港	-0.30	-0.36	20.00	0.78	0.62	-20.51
整体	-1.12	-1.04	-7.14	1.19	1.01	-15.13

表 3.2.11　冲淤厚度对比

河段	冲刷厚度			淤积厚度		
	实测值/m	计算值/m	误差/%	实测值/m	计算值/m	误差/%
青龙港以上	-1.67	-0.68	-59.28	0.56	0.52	-7.14
青龙港—红阳港	-1.36	-1.49	9.56	0.29	0.48	65.52
红阳港—三条港	-0.67	-1.07	59.70	0.55	0.76	38.18
三条港—连兴港	-0.50	-0.58	16.00	0.64	0.69	7.81
整体	-0.87	-0.87	0.00	0.56	0.47	-16.07

3.3　长江口三维盐度及咸潮倒灌数值模型

3.3.1　有限体积海岸海洋模型

有限体积海岸海洋模型（finite volume coastal ocean model，FVCOM）是无结构三角形网格架构、有限体积、自由表面、三维原始方程海洋数值模型（Chen et al.，2006），其原始方程主要包含动量方程、质量连续方程，以及温度、盐度和密度方程，在物理和数学上用垂向湍流闭合模型及 Smagorinsky 水平湍流闭合模型对方程组进行闭合。在垂向上使用 Sigma 坐标系对不规则底部地形进行拟合，在水平上利用无结构三角形网格对水平计算区域进行空间离散。在数值计算上，采用对水平三角形控制体进行通量有限体积积分的方式对控制方程进行离散求解。该有限体积积分方法结合了有限元方法的自由几何拟合特性和有限差分方法离散结构简单及计算高效的特性，从而能综合这两种方法的优点。利用有限体积积分格式，能更好地保证复杂几何结构的河口海湾及海洋计算中质量、动量、盐度、温度和热量的守恒性。FVCOM 的显著特点还有所采用的无结构三角形网格对复杂岛屿、岸线及地形具有非常良好的几何拟合能力，其无结构网格较正交曲线网格对不规则岸线更能做到平滑合理过渡，因此在数值处理方法和岸线地形拟合上的优势使其在河口海岸区域得到了广泛应用。

原始控制方程组由动量方程、连续方程、温度方程、盐度方程、密度方程组成：

$$\frac{\partial u}{\partial t} + u\frac{\partial u}{\partial x} + v\frac{\partial u}{\partial y} + w\frac{\partial u}{\partial z} - fv = -\frac{1}{\rho}\frac{\partial p}{\partial x} + \frac{\partial}{\partial z}\left(K_m\frac{\partial u}{\partial z}\right) + F_u \tag{3.3.1}$$

$$\frac{\partial v}{\partial t} + u\frac{\partial v}{\partial x} + v\frac{\partial v}{\partial y} + w\frac{\partial v}{\partial z} + fu = -\frac{1}{\rho}\frac{\partial p}{\partial y} + \frac{\partial}{\partial z}\left(K_m\frac{\partial v}{\partial z}\right) + F_v \tag{3.3.2}$$

$$\frac{\partial p}{\partial z} = -\rho g \tag{3.3.3}$$

$$\frac{\partial u}{\partial x} + \frac{\partial v}{\partial y} + \frac{\partial w}{\partial z} = 0 \tag{3.3.4}$$

$$\frac{\partial \theta}{\partial t} + u\frac{\partial \theta}{\partial x} + v\frac{\partial \theta}{\partial y} + w\frac{\partial \theta}{\partial z} = \frac{\partial}{\partial z}\left(K_h\frac{\partial \theta}{\partial z}\right) + F_\theta \tag{3.3.5}$$

$$\frac{\partial S}{\partial t} + u\frac{\partial S}{\partial x} + v\frac{\partial S}{\partial y} + w\frac{\partial S}{\partial z} = \frac{\partial}{\partial z}\left(K_h\frac{\partial S}{\partial z}\right) + F_S \tag{3.3.6}$$

$$\rho = \rho(\theta, S) \tag{3.3.7}$$

式中：x、y 和 z 分别为直角坐标系中的东向、北向和垂向坐标，u、v 和 w 分别为 x、y 和 z 三个方向上的流速分量；θ 为温度；S 为盐度；ρ 为密度；p 为压力；f 为科里奥利力系数；g 为重力加速度；K_m 为垂向涡动黏性系数；K_h 为热力垂向涡动摩擦系数；F_u、F_v、F_θ 和 F_S 为水平动量、温度和盐度扩散项。

垂向 Sigma 坐标控制方程：垂向采用 Sigma 坐标变换是为了体现复杂海底地形，Sigma 坐标变换定义为

$$\sigma = \frac{z-\zeta}{h+\zeta} = \frac{z-\zeta}{H} \tag{3.3.8}$$

总的水深 $H = h + \zeta$，h 为基面以下水深，ζ 为水位；z 为垂向坐标。

3.3.2　通用海洋湍流模型垂向湍流封闭模型

在数值模拟长江口盐度的时候，不仅需要考虑自然因素的影响，包括风应力、潮汐、径流等，人为因素包括深水航道工程、北支围垦、南支水库的建设等对盐度的影响也比较大，除此以外，盐度的自身混合也比较重要，其中包括水平方向的混合和垂直方向的混合，海洋中垂向有着明显的层化现象，上、下水体会因为由此造成的密度差异形成密度流，因此对盐度垂向混合的研究也比较重要。垂向涡动黏性系数 K_m 和热力垂向涡动扩散系数 K_h 的求解调用通用海洋湍流模型（general ocean turbulence model，GOTM）湍流模块，该模块已经包含了 FVCOM 默认的湍流模型的功能。

对湍流的研究主要包括直接数值模拟、大涡模拟、统计模拟、经验模拟这几种方法，目前海洋研究中主要应用的是后两种方法，这两种方法比较参数化，不利于对湍流本身的理解，但是能够快速地计算出平均速度场和雷诺应力等。

统计模拟是在对湍流过程提出合理假设的基础上，基于混合长理论，将对 K_m 和 K_h 的求解转化为湍动能 k 和混合长 l 的参数化求解，包括了 $k\text{-}kl$ 模型（即湍流模型）、

k-ε 模型等，ε 表示湍动能的耗散率，可以由 k 和 l 求得。

　　GOTM 是目前用得比较广泛的一维湍流闭合模型，可以用来模拟垂向的物理过程，基本上囊括了大部分的湍流封闭统计模拟方案，最新的版本中也可以使用部分经验模拟方案。除此以外，GOTM 还可以作为一个模块，比较方便地嵌到其他模型中使用。由于 GOTM 是开源的，用户也可以根据自己的需求编写湍流封闭方案进行使用。

3.3.3　模型边界及参数

　　模型输入的径流主要有两处：上游大通站长江径流和杭州湾钱塘江径流。上游径流给出大通站历年实测流量。杭州湾钱塘江的径流由于缺乏实测资料，采用常值 $1\,000.0\ \mathrm{m^3/s}$。

　　东海潮流模型开边界水位主要由 8 个天文分潮 M2、S2、K1、O1、N2、K2、P1、Q1 合成给出：

$$\xi = \xi_0 + \sum_{i=1}^{8} f_i H_i \cos[\omega_i t + (V_i + u_i) - g_i] \qquad (3.3.9)$$

式中：ξ 为潮位；ξ_0 为余水位；f_i 为节点因子；H_i 为振幅；ω_i 为角频率；g_i 为迟角；$V_i + u_i$ 为订正角。

　　流速和水位对外力响应较快，初始场一般取为零；温度、盐度为慢过程，初始场取《渤海　黄海　东海海洋图集　水文》（1993 年）月平均的数字化资料。

　　开边界调和常数的设定对模型的计算影响极大，但是在外海区域实测站点比较少，很难给出实测的数据。通常情况下，对大洋进行数值模拟时，开边界调和常数可以由 topox 工具给出，但是 topox 给出的开边界调和常数的站点空间分布比较稀疏，而且越靠近陆地，精度越低，不便于对本书研究的开边界所在的位置进行插值。为此，本书所用开边界调和常数由东海大区域模型（葛建忠，2011）提供，经过多年的实测验证，该模型提供的开边界调和常数是比较可靠的。

　　模型率定验证所使用的历史风场数据由欧洲中期天气预报中心（European Centre for Medium-Range Weather Forecasts，ECMWF）提供，该数据按月份提供下载，空间分辨率达到 0.125°×0.125°，时间分辨率为 3~6 h，能够满足模型的需求。此外，该数据是实测历史资料同化后的再分析数据，具有比较高的精度，因此模型在率定验证时使用该数据。但是 ECMWF 不提供预报的数据，因此在制作预报系统时，还是要用气象研究与预报（weather research and forecasting，WRF）模式进行计算以提供预报数据。

　　模型的底拖曳系数分区给定，按照离岸的远近给出不同的数值，从浅水到深水逐渐减小。模式水平扩散系数设为常数，大小为 0.1，水平向 Prandtl 数设为 1.0。垂向采用 Sigma 坐标，分为 20 层。

　　在长江口区域风场、潮汐验证良好的基础上，上游大量的淡水对河口区域影响比较大，咸淡水混合机制对盐度的模拟比较重要，具体参数见表 3.3.1。

表 3.3.1　k-ε 模型所用的参数及其数值

参数	数值	参数	数值
c_1	1.44	c_2	1.92
c_3^-	-0.4	c_3^+	1.0
σ_k	1.0	σ_ε	1.3

3.3.4　模型验证

1. 水位的验证

通常来讲，水位采用模型计算结果和天文潮水位（潮汐表上的水位）进行对比验证，本书所使用的长江口 FVCOM 的天文潮水位由相关学者（窦润青 等，2014；范中亚 等，2012；葛建忠，2011）做了大量的验证，具有较高的可信性。本次采用 2012 年 2 月的水位进行验证，各站点水位的数值计算结果与实测水位均拟合得比较好，说明模式在水位验证方面的可靠性比较高。

2. 流场和盐度的验证

华东师范大学河口海岸学国家重点实验室于 2013 年 7 月和 2014 年 1 月在长江口进行了两次大规模的定点水文调查，分别代表长江口洪季和枯季的水文特征，观测站点分布如图 3.3.1 所示，洪季和枯季观测位置一致，覆盖了长江口主要汊道、口门及长江口外等区域。两次水文调查数据无论是从站点空间分布还是从调查时间来看，都具有较好的代表性，基本能够刻画长江口的水文特征。

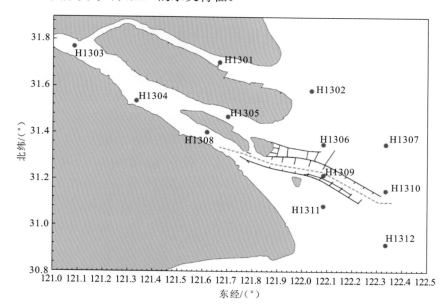

（a）2013年7月洪季观测站点图

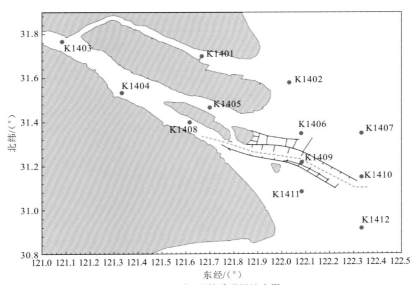

（b）2014年1月枯季观测站点图

图 3.3.1　长江口野外观测站点图

"H1301"表示洪季 2013 年 01 站点，"K1401"表示枯季 2014 年 01 站点，其余类似

　　流速数据采用声学多普勒海流剖面仪（acoustical Doppler current profile，ADCP）观测，数据采用六点分层的方法进行后续处理。盐度数据通过盐度计对现场采取的水样进行滴定得到，同样也是分为表层、$0.2H$、$0.4H$、$0.6H$、$0.8H$、底层。各站点流速、流向计算值与实测值均拟合得比较好，基本反映了区域的流场特征。北支区域主要有崇头、青龙港、三条港及连兴港等站点，南支包含徐六泾、南门、堡镇、吴淞口、外高桥和横沙等站点，此次研究中对 2012 年北支进行加密观测，观测主要聚焦于北支河道，并在关键断面上进行加密测量，这些站点基本覆盖了长江口北支及邻近区域的潮波传播范围，主要站点的水位、盐度模拟结果表明模型较好地刻画了北支及其周边海域的潮波和盐度过程。

　　本书主要使用相关系数 CC、均方根误差 RMSE 和 Willmott Skill（WS）模型对实测数据与模型计算的结果进行统计分析，具体的公式如下：

$$CC = \frac{\sum (X_m - \overline{X_m})(X_o - \overline{X_o})}{\sqrt{\sum (X_m - \overline{X_m})^2 \sum (X_o - \overline{X_o})^2}} \qquad (3.3.10)$$

$$RMSE = \sqrt{\frac{\sum (X_m - \overline{X_o})^2}{N}} \qquad (3.3.11)$$

$$WS = 1 - \frac{\sum (X_m - X_o)^2}{\sum (|X_o - \overline{X_o}| + |X_m - \overline{X_o}|)^2} \qquad (3.3.12)$$

式中：X_m 为模型计算值；X_o 为实测值；上划线"——"代表数据求平均；N 为数据个数。CC 的值越接近 1，两者的相关性越强；RMSE 的值越小，说明模型计算误差越小，RMSE 的单位与对应的物理量的单位一致；当 WS 达到 1 时，表明两者完美吻合，当 WS 接近 0 时，表明模型验证不是很好。表 3.3.2 给出了各站点流速的 CC 和 RMSE 的统计结果，表 3.3.3 给出了各站点盐度的 WS 和 RMSE 的统计结果。

表 3.3.2　各站点流速验证对比统计

站点序号	表层		中层		底层	
	CC	RMSE/（m/s）	CC	RMSE/（m/s）	CC	RMSE/（m/s）
H1303	0.87	0.41	0.87	0.31	0.87	0.31
H1304	0.66	0.29	0.75	0.20	0.75	0.21
H1305	0.92	0.24	0.94	0.18	0.94	0.17
H1306	0.83	0.35	0.74	0.42	0.78	0.38
H1307	0.77	0.27	0.66	0.30	0.82	0.23
H1308	0.73	0.45	0.71	0.32	0.73	0.31
H1309	0.78	0.50	0.68	0.47	0.74	0.43
H1311	0.86	0.33	0.89	0.32	0.90	0.31
H1312	0.81	0.23	0.86	0.22	0.90	0.19
K1403	0.95	0.14	0.96	0.22	0.97	0.20
K1404	0.54	0.37	0.52	0.40	0.55	0.38
K1405	0.91	0.34	0.93	0.21	0.95	0.18
K1406	0.91	0.26	0.85	0.34	0.91	0.25
K1407	0.26	0.44	0.77	0.16	0.69	0.19
K1408	0.81	0.28	0.85	0.18	0.82	0.20
K1409	0.86	0.46	0.83	0.33	0.86	0.30
K1411	0.90	0.23	0.91	0.26	0.93	0.23
K1412	0.92	0.16	0.90	0.26	0.92	0.22

表 3.3.3　各站点盐度验证对比统计

站点序号	表层		中层		底层	
	WS	RMSE/‰	WS	RMSE/‰	WS	RMSE/‰
H1303	0.36	0.27	0.00	0.23	0.00	0.23
H1304	0.17	0.28	0.00	0.26	0.00	0.25
H1305	0.08	0.40	0.04	0.43	0.04	0.43
H1306	0.50	4.00	0.91	3.44	0.82	6.17
H1307	0.82	4.30	0.62	5.51	0.45	6.87
H1308	0.01	0.35	0.02	0.33	0.05	0.32
H1309	0.56	4.00	0.82	4.51	0.78	6.08
H1311	0.97	1.47	0.90	3.34	0.87	4.07
H1312	0.63	4.64	0.59	4.69	0.55	4.96
K1403	0.04	0.16	0.06	0.19	0.06	0.20
K1404	0.01	0.33	0.01	0.33	0.01	0.33
K1405	0.00	1.67	0.00	2.38	0.00	2.47
K1406	0.77	3.47	0.95	2.37	0.89	3.65
K1407	0.68	3.97	0.79	3.23	0.82	3.25
K1408	0.48	1.00	0.41	1.43	0.41	1.45
K1409	0.78	2.60	0.86	3.35	0.84	4.33
K1411	0.61	3.12	0.84	1.95	0.87	1.81
K1412	0.59	2.04	0.60	2.10	0.60	2.14

表 3.3.2 各站点表、中、底层的流速验证中，CC 基本上都能达到 0.75，说明计算值和实测值具有很强的相关性，均方根误差也控制在了较小的范围内。从结果来看，K1404站点的计算值整体偏大，导致 CC 比较低，这可能与观测时的自然条件变化有关，但是计算结果对涨落潮时刻的模拟符合实际情况。

如表 3.3.3 所示，位于南支内的 03、04、05、08 站点的 WS 接近于 0，一方面是由于这些站点在观测时段本身的盐度接近 0 且数据量比较少，不便于计算 WS；另一方面是由于模型本身在计算该区域时，盐度比较低，比较难刻画出盐度的微小变化。剩余站点的 WS 基本控制在了 0.5 以上，通过对这些数据的率定验证，证明了模型对长江口流场、盐度场的模拟精度良好。

3.4　长江口天文潮、风暴潮耦合数学模型

3.4.1　河口高精度天文潮预报模型

潮汐是海水在月球和太阳引潮力作用下发生的周期性运动。外海潮波传入河口后，受到地形及底摩擦影响发生变形，涨潮历时缩短，河口潮汐特性的时空规律是研究河口动力特性的首要课题，也是研究重大工程影响的首要课题。在河口海岸区域，国内普遍应用的适合于大洋和近海水域的潮汐预报方法已难以满足预报精度要求，开发具有更高精度、更符合河口潮位状况的潮汐预报方法势在必行。河口高精度天文潮预报模型包括自动分潮优化天文潮预报模型、考虑径流影响的河口水文站潮位预报模型。

1. 自动分潮优化技术

根据潮汐理论，海洋潮汐可以看成由许多分潮叠加而成，潮位表达式可以写为

$$h(t) = A_0 + \sum_{j=1}^{m} f_j H_j \cos(\sigma_j t + v_{0j} + u_j - g_j) \qquad (3.4.1)$$

式中：m 为分潮数量；t 为时间；σ_j 为分潮角速率；$v_{0j} + u_j$ 和 f_j 为分潮天文初相角和节点因数；A_0 为平均海面；H_j 和 g_j 为振幅和迟角，为待求的分潮调和常数。调和常数 H_j 和 g_j 需要通过实测资料确定。

目前按最小二乘法对潮汐进行分析和预报所依据的原理都是相同的，但分潮的选择、数据的处理、编程技巧等则是因人而异，结果必然不尽相同。就分潮数量来说，大多都是采取 63 个、128 个或 157 个固定分潮。河口地区的潮波变形显著，潮汐变化复杂，需要更高精度的潮汐预报以进行防汛减灾预报。自主开发的自动分潮优化调和分析方法，以 306 个分潮为基础开展工作，自动删除那些作用不大的分潮，形成新的分潮系列，再进行第二次潮汐分析，并统计预报误差。选择位于东海近岸的多站点作为样本，检验国家海洋信息中心发布的《潮汐表》与分潮优化预报结果的差异。表 3.4.1～表 3.4.3 是灯笼山、吕四、连云港站点实测与预报差值的统计结果。采用的资料为全年逐时潮位记录，共计 8760 个（闰年 8784 个）数据。由结果可见，使用自动分潮优化技术，预报精度提高 4%～13.1%。

- 82 -

水沙变异条件下长江口北支治理关键技术

表 3.4.1　自动分潮优化调和分析方法与《潮汐表》预报精度比较（灯笼山，2005 年）

序号	实测与预报差值/cm	《潮汐表》		自动分潮优化调和分析方法		
		次数	比例/%	次数	比例/%	精度提高/%
1	≤±150	8 760	—	8 760	—	—
2	≤±100	8 723	—	8 749	—	—
3	≤±90	8 698	—	8 738	—	—
4	≤±80	8 680	—	8 714	—	—
5	≤±70	8 653	—	8 698	—	—
6	≤±60	8 599	—	8 677	—	—
7	≤±50	8 489	—	8 634	—	—
8	≤±40	8 222	—	8 511	—	—
9	≤±30	7 515	85.8	8 054	91.9	6.1
10	≤±20	6 076	69.4	6 584	75.2	5.8
11	≤±10	3 598	41.1	3 962	42.2	1.1
12	0	159	1.8	196	2.2	0.4
13	最大差值/cm	140 -146		127 -68		±30 cm 以内 平均提高 4%
14	年平均方差/cm	22.9		19.1		提高 3.8

表 3.4.2　自动分潮优化调和分析方法与《潮汐表》预报精度比较（吕四，2003 年）

序号	实测与预报差值/cm	《潮汐表》		自动分潮优化调和分析方法		
		次数	比例/%	次数	比例/%	精度提高/%
1	≤±135	504	—	504	—	—
2	≤±100	497	—	497	—	—
3	≤±90	496	—	495	—	—
4	≤±80	492	—	490	—	—
5	≤±70	482	—	482	—	—
6	≤±60	467	—	471	—	—
7	≤±50	439	—	447	—	—
8	≤±40	382	—	406	—	—
9	≤±30	314	62.3	353	70.0	7.7
10	≤±20	189	37.5	267	53.0	15.5
11	≤±10	77	15.3	131	26.0	10.7
12	0	3	0.6	9	1.8	1.2
13	最大差值/cm	135 -228		132 -84		±30 cm 以内 平均提高 8.8%

表 3.4.3　自动分潮优化调和分析方法与《潮汐表》预报精度比较（连云港，2003 年）

序号	实测与预报差值/cm	《潮汐表》		自动分潮优化调和分析方法		
		次数	比例/%	次数	比例/%	精度提高/%
1	≤±130	8 760	—	—	—	—
2	≤±100	8 710	—	—	—	—
3	≤±90	8 698	—	—	—	—
4	≤±80	8 687	—	8 760	—	—
5	≤±70	8 667	—	8 759	—	—
6	≤±60	8 612	—	8 754	—	—
7	≤±50	8 473	—	8 744	—	—
8	≤±40	8 143	—	8 678	—	—
9	≤±30	7 532	86.0	8 466	96.6	10.6
10	≤±20	6 190	70.7	7 786	88.9	18.2
11	≤±10	3 697	42.2	5 618	64.1	21.9
12	0	182	2.1	336	3.8	1.7
13	最大差值/cm	121 −125		75 −61		±30 cm 以内 平均提高 13.1%
14	年平均方差/cm	26.9		13.1		提高 13.8

2. 河口区北支潮位预报精度分析

根据长江口北支连兴港站、青龙港站两站的潮位资料，用河口高精度天文潮预报模型预报了天文潮位，精度统计结果见表 3.4.4，北支测站非台风期潮位预报误差范围在 30 cm 以内的合格率超过 90%。

表 3.4.4　各站潮位预报精度统计结果

站名	误差范围/cm	合格率/%
连兴港站	≤10	67.0
	≤20	88.0
	≤30	95.0
青龙港站	≤10	53.0
	≤20	83.0
	≤30	93.0

3.4.2　长江口径流、天文潮、风暴潮三碰头耦合数学模型

河口区观测到的水位是天文潮和风暴潮（台风增水）综合作用的结果。本书自主开

发了长江口径流、天文潮、风暴潮三碰头耦合数学模型。

1. 模型框架

（1）潮波数学模型。

东海潮波数学模型——用中国大陆沿岸及台湾多站的潮位过程进行验证。

长江口潮波数学模型——由东海潮波数学模型提供口外的水边界条件，用长江口沿岸各潮位站的资料进行验证。

（2）风暴潮数学模型。

东海风暴潮数学模型——经过多次台风气压场和风场验证，并经过东海沿岸台风增水验证。

长江口风暴潮数学模型——进行长江口台风路径影响分析，以及长江口口外转向型台风和长江口口外登陆型台风风暴潮计算验证。

（3）天文潮和风暴潮耦合数学模型。

东海耦合模型——边界在琉球群岛一线，用 8 个主要天文潮拟合边界处的潮位过程。

用嵌套网格形成长江口下游河段的计算域，由东海耦合模型提供长江下游河段计算域的外海边界条件。

2. 天文潮、风暴潮数值模型

在河口或海岸观测到的水位是天文潮和风暴潮两者综合作用的结果。天文潮是大洋潮波传至近岸所产生的谐振动，风暴潮则是台风在沿海近岸水域引起的增（减）水。对风暴潮进行数值计算的数学模型，应包括周期性的天文潮和台风引起的增水。对这两者的处理，目前通常有两种做法：一种是采用线性叠加，将由潮汐预报给出的测站的天文潮，加上由增水计算给出的增水值，即总的潮位。这种方法明确简便、易于操作，与现行的增水分离方法一致，是目前国内、外普遍采用的方法。例如，海岸风暴潮灾害水位的数值预报、港口码头设计或滨海火、核电厂地坪设计水位的确定都还采用这种方法。此时，作为计算模式，应该是分别建立风暴潮和天文潮的数学模式，在两者独立验证计算的基础上，进行耦合计算。第二种方法是建立天文潮与台风增水的耦合模型，或称综合模型。这种方法目前还多处于研究阶段。

（1）风暴潮增水模型。

在建立潮波风暴潮耦合计算模式时，做了以下考虑。

台风是引起台风暴潮的直接因素，因此，风暴潮数学模型的首要研究内容就是台风风场。风场研究包括三个部分：台风气压场模式的选取、台风参数的确定及台风风场的计算。因为台风在其生成、移动的过程中，气压场不断变化，所以如将台风参数作为常量处理是与事实相悖的。因此，在研制数学模式时，应对台风参数的确定给予充分重视。

台风的影响范围通常都在几百千米，数值计算的计算域相应也比较大。为了适当减少计算量，离散的网格尺寸往往也取得比较大。但过大的网格对曲折复杂岸线的拟合较粗，从而使得计算结果难以反映近岸不同地点的增水差异。合理的方法是采用嵌套网格，即近岸感兴趣的区域网格细密些,其他部分的网格粗疏些。

　　近海水域的水深一般较浅,无论是外海潮波在河口区诱发的谐振动,还是在台风强劲风力作用下产生的水体大范围输移,都可以近似假定为上、下层均匀一致,因此可以采用沿水深积分(或平均)的二维模式。

　　完整的沿水深积分的二维全流潮波风暴潮耦合数学模型的基本方程为

$$\begin{cases} \dfrac{\partial \zeta}{\partial t}+\dfrac{\partial M}{\partial x}+\dfrac{\partial N}{\partial y}=0 \\ \dfrac{\partial M}{\partial t}+\dfrac{\partial}{\partial x}\left(\dfrac{M^2}{D}\right)+\dfrac{\partial}{\partial y}\left(\dfrac{MN}{D}\right)=-gD\dfrac{\partial(\zeta-\overline{\zeta}-\zeta_0)}{\partial x}+\dfrac{\tau_s^x-\tau_b^x}{\rho_w}+fN \\ \dfrac{\partial N}{\partial t}+\dfrac{\partial}{\partial x}\left(\dfrac{MN}{D}\right)+\dfrac{\partial}{\partial y}\left(\dfrac{N^2}{D}\right)=-gD\dfrac{\partial(\zeta-\overline{\zeta}-\zeta_0)}{\partial x}+\dfrac{\tau_s^y-\tau_b^y}{\rho_w}-fM \end{cases} \quad (3.4.2)$$

$$\tau_s=\rho_a\gamma_a^2\cdot|\boldsymbol{W}|\cdot\boldsymbol{W}, \qquad \tau_b=\rho_w\gamma_b^2\cdot|\boldsymbol{V}|\cdot\boldsymbol{V}-\beta\tau_s \quad (3.4.3)$$

式中:M、N 为全流分量, $M=\displaystyle\int_{-h(x,y)}^{\zeta(x,y)}u(x,y,t)\mathrm{d}z$, $N=\displaystyle\int_{-h(x,y)}^{\zeta(x,y)}v(x,y,t)\mathrm{d}z$, $\zeta(x,y)$ 为 (x,y) 处水位, $h(x,y)$ 为 (x,y) 处水深, u、v 分别为流速在 x、y 方向的分量;D 为全水深;g 为重力加速度;ρ_w 为海水密度;ρ_a 为空气密度;$\boldsymbol{\tau}_s$ 为风应力, τ_s^x 为风应力 x 方向分量, τ_s^y 为风应力 y 方向分量; $\boldsymbol{\tau}_b$ 为底应力, τ_b^x 为底应力 x 方向分量, τ_b^y 为底应力 y 方向分量;$\boldsymbol{W}$ 为海面风速矢量;$\boldsymbol{V}$ 为海水流速矢量;f 为科里奥利力系数;γ_a 为拖曳系数;γ_b 为底摩阻系数;β 为底摩阻与水面风曳力有关的系数;$\overline{\zeta}$ 为天文潮静力潮位,取 $\overline{\zeta}=-\dfrac{\Omega}{g}$, 其中 Ω 为引潮力势;ζ_0 为由台风气压降引起的海面静压升高,当气压分布取高桥公式时, $\zeta_0=\dfrac{10^3\Delta p}{\rho_w g}$, $\Delta p=p_\infty-p_0$, p_∞ 为台风外围气压, p_0 为台风中心气压。

　　式(3.4.2)左端中的第二、三项,是反映流场非均匀程度的对流项,也称非线性项。根据数值计算经验, $\zeta/D>0.7$ 时,必须考虑非线性影响。目前一些风暴潮数学模型,由于水深较大,网格较粗,略去了非线性项,成为线性模型。本书采用嵌套网格划分计算域,对大网格区域采用线性模型,对小网格区域采用非线性模型。

　　独立考虑台风引起的台风增水模型忽略了天文潮静力潮位,取 $\overline{\zeta}=0$,此时式(3.4.2)转换成式(3.4.4)的形式,其为台风暴潮增水模型基本方程。

$$\begin{cases} \dfrac{\partial \zeta}{\partial t}+\dfrac{\partial M}{\partial x}+\dfrac{\partial N}{\partial y}=0 \\ \dfrac{\partial M}{\partial t}+\dfrac{\partial}{\partial x}\left(\dfrac{M^2}{D}\right)+\dfrac{\partial}{\partial y}\left(\dfrac{MN}{D}\right)=-gD\dfrac{\partial(\zeta-\zeta_0)}{\partial x}+\dfrac{\tau_s^x-\tau_b^x}{\rho_w}+fN \\ \dfrac{\partial N}{\partial t}+\dfrac{\partial}{\partial x}\left(\dfrac{MN}{D}\right)+\dfrac{\partial}{\partial y}\left(\dfrac{N^2}{D}\right)=-gD\dfrac{\partial(\zeta-\zeta_0)}{\partial x}+\dfrac{\tau_s^y-\tau_b^y}{\rho_w}-fM \end{cases} \quad (3.4.4)$$

(2)初始条件和边界条件。

初始条件：

$$\begin{cases} M(x,y,0) = 0 \\ N(x,y,0) = 0 \\ \zeta(x,y,0) = \zeta_0(x,y) \end{cases}$$

边界条件如下。

岸边界：取法向全流为零，即 $M = N = 0$。

水边界：取静压水位叠加天文潮位。台风中心的移动，相当于水边界的上空存在气旋低压的移行性扰动，该扰动因气压降产生的静压升高为

$$\zeta_0(x,y) = \frac{10^3(p_\infty - p_0)}{\rho_w g(1 - \bar{V}_0 / \sqrt{gh})} \tag{3.4.5}$$

式中：$\bar{V}_0$ 为台风中心移速；h 为水深；ρ_w 为海水密度。对于水深浅于 10.0 m 的水域（长波波速约为 35.6 km/h），为简单起见，边界条件直接取静压水位。由于计算域足够大，不会发生因台风移速等于长波波速出现的共振现象。

（3）基本方程离散。

风暴潮增水模型基本方程式（3.4.4）的求解，可根据需要选用不同的离散格式和计算方法，如常用的显式差分、显隐交替、隐式差分或有限体积法、剖开算子法等。为了体现台风风场的中尺度影响范围与近岸微地形的台风暴潮影响，便于用嵌套网格进行空间、时间的衔接，模型采用显式差分格式进行方程离散。时间采用前差，空间采用四边形交错网格。为使计算稳定，离散时运动方程式中的对流项采用上风差分，差分式应满足柯朗条件。

（4）嵌套网格的空间、时间衔接。

风暴潮增水模型要满足台风影响范围大而近岸局部微地形影响显著的要求，采用嵌套网格进行处理。设大小网格的尺寸比为 1∶3。为使交界面两侧的计算要素能顺利地衔接，在网格剖分时，特安排大网格区域越过交界面时在小网格区域多划一个网格（同样地，必要时小网格区域也可越过交界面在大网格区域多取一个网格）。这样多出的一个大网格包含九个小网格。计算中，按"小网格的水位提供给大网格，大网格的流量提供给小网格"的方法，不难实现交界面两侧计算要素的空间及时间衔接，使计算在大小网格区域都能逐时步向前进行。由于已特意安排大网格区域越过交界面时在小网格区域多划一个网格，可以进行多出的这个大网格的流量计算，大小网格区域在交界面上妥善地进行水位和流量的交接，各区域的计算可以逐时步独立地向前推进。当柯朗条件被满足时，计算稳定且收敛。

（5）气压模式和台风参数。

描述台风区域气压分布的模式有以下五个。

高桥：

$$p(r) = p_\infty - \frac{\Delta p}{1 + r / R_0} \tag{3.4.6}$$

梅尔斯：

$$p(r) = p_\infty - (1 - \mathrm{e}^{-\frac{R_0}{r}})\Delta p \tag{3.4.7}$$

藤田：

$$p(r) = p_\infty - \frac{\Delta p}{\sqrt{1 + (r / R_0)^2}} \tag{3.4.8}$$

捷氏：

$$\begin{cases} p(r) = p_0 + \dfrac{1}{4}\Delta p \left(\dfrac{r}{R_0}\right)^3, & r \leqslant R_0 \\[3mm] p(r) = p_\infty - \dfrac{3}{4}\dfrac{\Delta p}{\dfrac{r}{R_0}}, & r > R_0 \end{cases} \tag{3.4.9}$$

毕尔克：

$$p(r) = p_\infty - \frac{\Delta p}{1 + \left(\dfrac{r}{R_0}\right)^2} \tag{3.4.10}$$

式中：$\Delta p = p_\infty - p_0$，$p_\infty$ 为台风外围气压，p_0 为台风中心气压；r 为计算点至台风中心的距离；R_0 为台风参数最大风速半径。

以上这些气压分布模式，都假定气压的等压线呈同心圆分布，并用 R_0 表征台风的范围。不同的公式，R_0 是不同的。而且对同一次台风，随台风中心的移动、气压场结构的变化，R_0 也不断变化。从台风中心向外，气压逐渐增加。对于高桥、梅尔斯、藤田、捷氏四种模式，R_0 分别代表自中心向外气压增加至 $0.5\Delta p$、$0.368\Delta p$、$0.293\Delta p$ 和 $0.25\Delta p$ 的距离。一般地，高桥 R_0 > 梅尔斯 R_0 > 藤田 R_0 > 捷氏 R_0。确定 R_0 的方法，一种是从天气图上估量六级大风的半径，这样给出的 R_0 不能适用于不同的气压模式。另一种方法是由各地气压实测资料反推 R_0。由于实际气压场分布的非对称性，不同地点的气压实测值反推出的 R_0 往往相差很大，故选用它们的平均值。

（6）台风风场计算。

台风区域内每一点的风速由两部分组成：一是与台风中心移动速度有关的风速；二是与台风气压梯度有关的对称梯度风速。

设台风中心的移速为 $\overline{V}_0$，假设离中心 500 km 处由台风中心移动引起的风速衰减为 $\exp\left(-\dfrac{\pi \cdot r}{500}\right)$，则各网格点与台风中心移动速度有关的风速取为

$$F = C_1 \cdot \overline{V}_0 \cdot \exp\left(-\frac{\pi \cdot r}{500}\right) \tag{3.4.11}$$

其中，C_1 为移动风场系数；与台风气压梯度有关的梯度风速由单位空气质点绕台风做圆周运动的离心力、压强梯度力、科里奥利力的平衡求出，即

$$\frac{U_{gr}^2}{r_1} + 2\omega\sin\phi \cdot U_{gr} - \rho_w \frac{\mathrm{d}p}{\mathrm{d}x} = 0 \tag{3.4.12}$$

求解式（3.4.12），得梯度风速，为

$$U_{gr} = r_1 \cdot \omega \cdot \left(\sqrt{ \sin^2\phi + \frac{1}{\rho_a r_1 \omega^2 \dfrac{\mathrm{d}p}{\mathrm{d}r_1} } } - \sin\phi \right) \tag{3.4.13}$$

式中：ω 为地球自转角速度；r_1 为等压线曲率半径；ϕ 为地理纬度；ρ_a 为空气密度。
考虑到摩擦影响，梯度风的方向由等压线的切线方向向台风中心一侧左偏 20°～30°。
图 3.4.1（a）为台风风场中质点的受力示意图，显示没有考虑摩擦时的梯度风，以及考虑了摩擦后风向偏向风中心一侧的空气质点的受力情况；图 3.4.1（b）示意在台风中心移动情况下的海上风。由图 3.4.1 可见，在等压线不同点上的风速和风向是不同的。显然，沿着等压线，当梯度风（海上风）方向与风场移动的方向一致或相反时，其合成风速代表离台风中心某一距离的最大或最小风速。

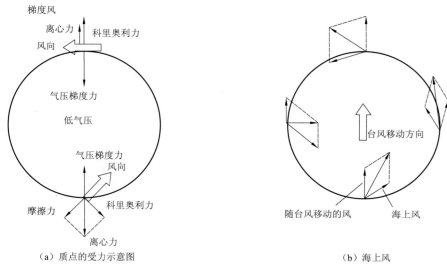

（a）质点的受力示意图　　　　　　　　（b）海上风

图 3.4.1　台风区域梯度风（海上风）和总合成风向

在直角坐标系上，将台风的移动速度和梯度风速分解为相应的坐标分量。当式（3.4.13）中的气压取高桥公式、流入角为 20° 时，计算域上任一点风速的东分量和北分量（单位为 m/s）为

$$W_x = C_1 \cdot V_x \cdot \exp\left(-\frac{\pi r}{500} \right) - C_2 \cdot \frac{f}{2}\left(\sqrt{1 + \frac{4}{1.293} \cdot \frac{Z^2 \cdot \Delta p \cdot 10^{-4}}{f^2 \cdot r \cdot R_0^2} } - 1 \right) \cdot (0.342x + 0.940y) \cdot 10^3$$

$$\tag{3.4.14}$$

$$W_y = C_1 \cdot V_y \cdot \exp\left(-\frac{\pi r}{500} \right) + C_2 \cdot \frac{f}{2}\left(\sqrt{1 + \frac{4}{1.293} \cdot \frac{Z^2 \cdot \Delta p \cdot 10^{-4}}{f^2 \cdot r \cdot R_0^2} } - 1 \right) \cdot (0.940x - 0.342y) \cdot 10^3$$

$$\tag{3.4.15}$$

式中：$Z = \dfrac{1}{1 + r/R_0}$；$f = 2\omega\sin\phi$；V_x、V_y 为台风中心的移速分量；r 为计算点至台风中心的距离；C_2 为修正系数。

气压场取捷氏模式时，风场计算如下。

当 $0 < r \leqslant R_0$ 时，

$$\begin{cases} W_x = V_x \cdot \dfrac{r}{R_0 + r} - W_R \left(\dfrac{r}{R_0} \right)^{3/2} \cdot \dfrac{1}{r}(0.342x + 0.940y) \\[3mm] W_y = V_y \cdot \dfrac{r}{R_0 + r} + W_R \left(\dfrac{r}{R_0} \right)^{3/2} \cdot \dfrac{1}{r}(0.940x - 0.342y) \end{cases} \tag{3.4.16}$$

当 $r > R_0$ 时，

$$\begin{cases} W_x = V_x \cdot \dfrac{R_0}{R_0 + r} - W_R \left(\dfrac{r}{R_0} \right)^{1/2} \cdot \dfrac{1}{r}(0.342x + 0.940y) \\[3mm] W_y = V_y \cdot \dfrac{R_0}{R_0 + r} + W_R \left(\dfrac{r}{R_0} \right)^{1/2} \cdot \dfrac{1}{r}(0.342x - 0.940y) \end{cases} \tag{3.4.17}$$

式中：R_0 为最大风速半径；W_R 为最大风速。参照高桥等模式关于移动风场系数 C_1、修正系数 C_2 的做法，令

$$\begin{cases} C_1 = \dfrac{r}{R_0 + r}, C_2 = \left(\dfrac{r}{R_0} \right)^{3/2}, & 0 < r \leqslant R_0 \\[3mm] C_1 = \dfrac{R_0}{R_0 + r}, C_2 = \left(\dfrac{r}{R_0} \right)^{1/2}, & r > R_0 \end{cases} \tag{3.4.18}$$

以相对距离（r / R_0）为横轴，图 3.4.2 给出了移动风场系数 C_1、修正系数 C_2 随与台风中心相对距离 r / R_0 的变化曲线。图 3.4.2 显示，捷氏模式的风场分布特点为：在台风中心处，风速为零；在最大风速半径以内，风速随与台风中心相对距离的增大急剧增加；过了最大风速半径，风速逐渐减小。

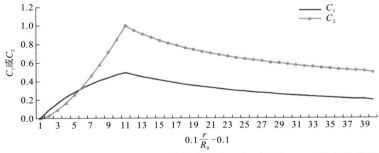

图 3.4.2　捷氏模式系数 C_1、C_2 随与台风中心相对距离 r / R_0 的变化曲线

（7）台风增水模型检验。

台风是热带气旋性低压，台风内部结构复杂，气压场、风场随台风生成、发育、运移和消亡的过程不断变化。用来描述台风气压场分布的模式有高桥、梅尔斯、藤田和捷氏四个。用 90 多个测站八次（7615、7707、7708、7805、7806、7810、7910 和 8114）台风的气压资料，分别按四种气压模式进行了检验，表 3.4.5 是 7806、7910 和 8114 号台风的检验结果。分析结果可知，高桥模式最适合东海海区。因此，采用高桥模式计算台风气压场。

表 3.4.5　东海海区台风的 R_0

台风	模式	日期	7 月 30 日			7 月 31 日				8 月 1 日			
		时间	8	14	20	2	8	14	20	2	8	14	20
7806	高桥	R_0/km	178.6	221.8	197.6	258.7	230.0	296.1	263.7	382.6	337.1	—	—
		均方差	1.90	1.75	1.99	1.08	1.30	1.50	1.36	1.11	0.74	—	—
	梅尔斯	R_0/km	149.6	171.8	159.9	195.5	181.3	220.3	206.3	274.7	255.4	—	—
		均方差	1.85	2.04	1.99	1.33	1.33	1.89	1.44	1.36	1.00	—	—
	藤田	R_0/km	132.1	147.5	139.2	166	156.4	187.0	177.6	231.1	217.8	—	—
		均方差	1.85	2.23	2.04	1.52	1.44	2.10	1.54	1.50	1.15	—	—
	捷氏	R_0/km	166.9	177.2	171.0	196.6	188.4	219.4	215.4	266.5	259.5	—	—
		均方差	1.87	2.57	2.21	2.04	1.82	2.60	1.83	1.97	1.57	—	—

台风	模式	日期	8 月 22 日			8 月 23 日				8 月 24 日			
		时间	8	14	20	2	8	14	20	2	8	14	20
7910	高桥	R_0/km	44.6	70.3	53.6	62.3	35.0	49.8	63.1	90.1	78.5	98.9	103.6
		均方差	0.39	0.66	1.30	1.92	2.45	2.80	3.09	2.53	2.80	2.77	2.27
	梅尔斯	R_0/km	43.4	67.3	51.8	59.5	34.1	47.5	58.7	78.9	66.7	74.6	75.6
		均方差	0.39	0.66	1.29	1.92	2.44	2.78	2.99	2.34	2.59	3.3	2.75
	藤田	R_0/km	42.3	64.6	50.1	57.2	33.3	45.5	55.2	71.2	59.2	64.8	65.0
		均方差	0.39	0.66	1.29	1.92	2.43	2.75	2.92	2.22	2.57	3.52	2.95
	捷氏	R_0/km	56.3	85.8	66.6	76.0	44.4	60.5	72.9	91.4	73.8	74.1	74.0
		均方差	0.39	0.66	1.29	1.92	2.43	2.75	2.89	2.14	2.62	4.67	3.91

台风	模式	日期	8 月 30 日			8 月 31 日				9 月 1 日			
		时间	8	14	20	2	8	14	20	2	8	14	20
8114	高桥	R_0/km	103.5	107.3	85.1	87.0	78.6	98.0	97.7	114.4	113.5	123.4	112.7
		均方差	2.53	1.81	2.93	1.79	2.95	2.85	3.98	2.27	3.47	1.50	3.13
	梅尔斯	R_0/km	93.5	99.7	78.9	81.0	72.9	87.2	84.8	90.3	89.3	94.2	90.1
		均方差	2.25	1.81	2.65	1.76	2.88	2.76	3.73	2.30	3.36	2.79	3.28
	藤田	R_0/km	85.5	93.6	73.2	76.1	68.2	79.5	76.0	78.2	77.9	81.6	78.8
		均方差	2.09	1.32	2.49	1.73	2.83	2.72	3.60	2.52	3.38	3.08	3.35
	捷氏	R_0/km	110.2	123.7	94.9	100.6	90.0	103.5	97.3	91.1	91.5	96.2	94.7
		均方差	1.99	1.82	2.36	1.72	2.81	2.69	3.52	3.52	4.40	4.52	4.16

　　对 7708、7910、8114、8923、9216 和 9417 六次台风的风速、气压进行了验证计算。结果表明，采用的台风气压、风速模式的计算值与实测值吻合良好。模型计算给出了吴淞、镇海、乍浦、澉浦、健跳、海门、龙湾、瑞安和鳌江等各个测站的对应台风增水过

程。实测的水位是由周期性的天文潮和台风增水两部分组成的，而观测时刻的增水值无从确定。为了检验增水计算的准确性，采用国内通常用的增减水分离方法，即将实测水位减去预报的潮水位，得到的数值就认为是实测的台风增水值。实测的增水过程除了反映出与台风运动相应的台风增水过程外，还出现了许多短周期的小波动。这些小波动的峰值一般都与低潮时刻相对应，也就是说，实测增水曲线的这些小波动在一定程度上是由增水分离人为造成的。因此，在将计算增水与实际增水进行比较时，可以不必过分考虑实测值的这些小波动。

从图 3.4.3 中计算增水和实测增水的比较结果可以看出，两者所反映的增水过程的趋势是一致的，增水振幅也相当，健跳、海门、龙湾、瑞安和鳌江等测站的计算减水值大于实测值。

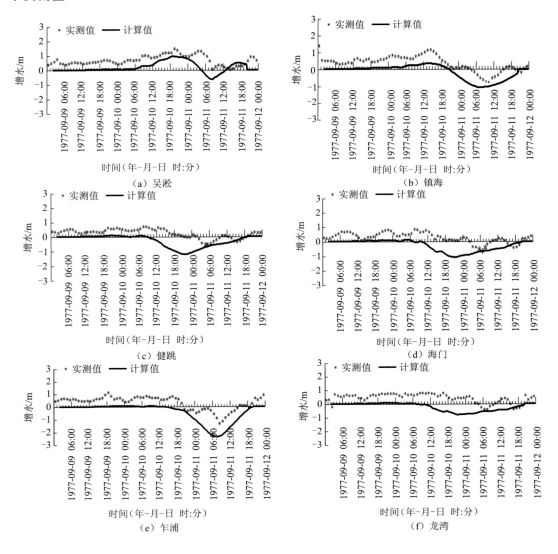

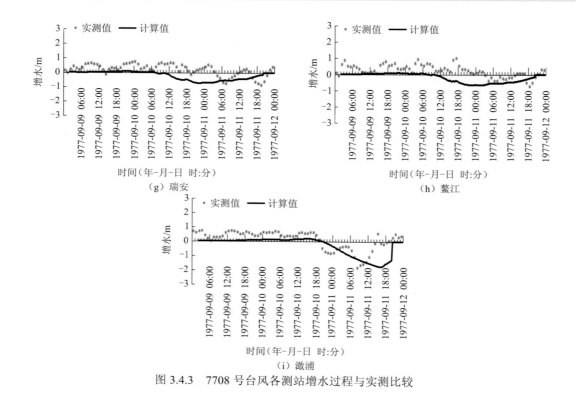

图 3.4.3　7708 号台风各测站增水过程与实测比较

3.4.3　长江下游河段风暴潮耦合模拟验证

1. 外海边界

模型东起鸡骨礁附近，西至天生港，南北距离约为 136.757 km，空间网格步长为 300 m。

长江下游综合模型的外边界取在-20 m 等深线处，此处水域开阔，外海潮波传至此处时方向产生一定的偏转，所以在东边界上潮位相和潮位值都有变化。同样，同一次台风过境时，外海边界的增水变化也很悬殊。因此，用外海边界附近个别岛屿的实测水位作为边界条件是不适宜的。

台风增水模型的外海边界由东海台风增水模型提供。计算域的水边界南起中国广东汕头的南澳，经澎湖列岛至中国台湾西岸的布袋，再从中国台湾东岸苏澳经琉球群岛至日本九州，穿过对马海峡至韩国的釜山。计算域南起 23°30′ N，北至 40°30′ N，南北间距 17 个纬距，西起 117° E，东至 131° E，东西横跨 14 个经距。增水计算采用二级网格嵌套，大范围的粗网格为线性计算域，网格大小为 0.2 个纬距，约为 19.295 km×22.168 km。对山东半岛以南、123° E 以西的水域加密网格，并按非线性进行计算，网格尺寸为粗网格的 1/3，约为 6.432 km×7.389 km。

天文潮波计算的外海边界由东海潮波模型结合连兴港实测潮位提供。

2. 上游边界

上游用天生港实测潮位控制。

3. 模型验证

本书对长江口最大增水超过 1 m 的 9608、9711、0008、0012、0216 五次台风的增水进行了验证计算，其中 9711 号台风是长江口洪水、天文大潮、风暴潮遭遇的经典台风，造成了长江口沿程各站有资料记载的年最高潮位。图 3.4.4～图 3.4.8 为长江口各测站增水验证过程线图。由图 3.4.4～图 3.4.8 可见，模型的增水计算值及天文潮和风暴潮耦合计算的潮位与实测值吻合良好，各次增水过程线都非常平稳，从而说明所建的长江口径流、天文潮、风暴潮三碰头耦合数学模型计算稳定，结果可靠。

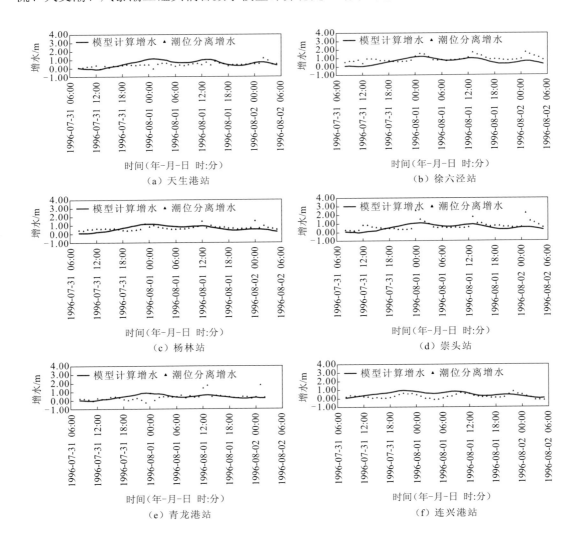
（a）天生港站　　（b）徐六泾站　　（c）杨林站　　（d）崇头站　　（e）青龙港站　　（f）连兴港站

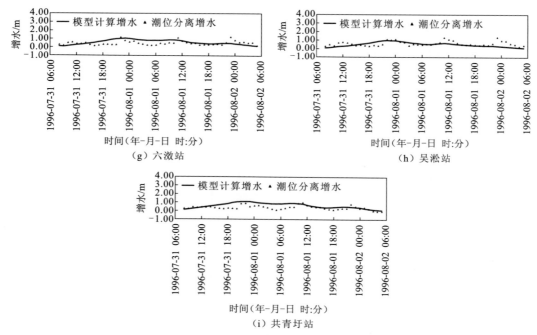

图 3.4.4　9608 号台风期间各测站增水验证过程线

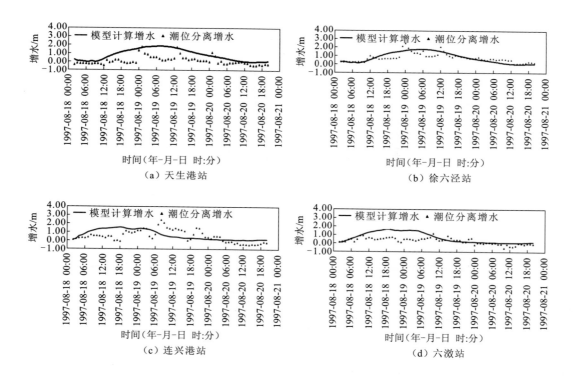

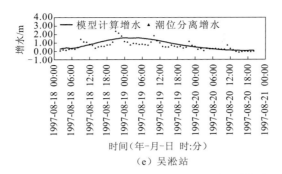

图 3.4.5　9711 号台风期间各测站增水验证过程线

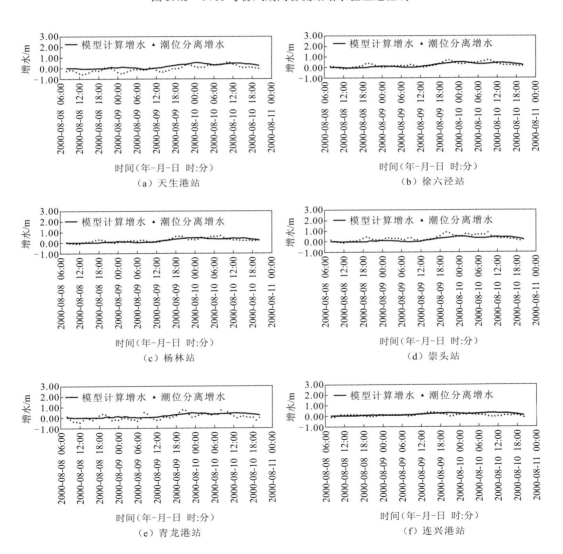

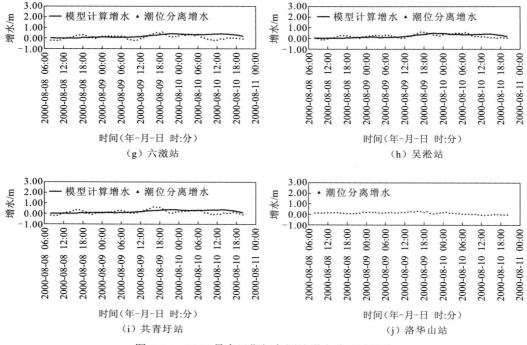

图 3.4.6　0008 号台风期间各测站增水验证过程线

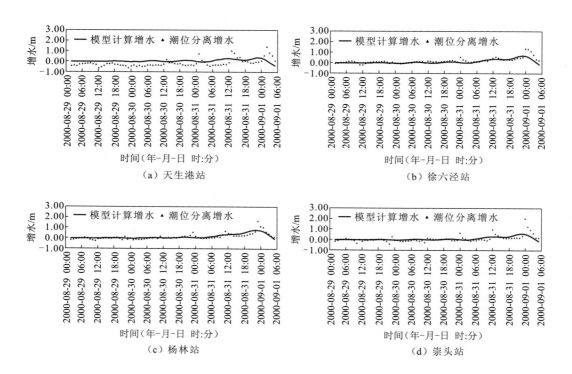

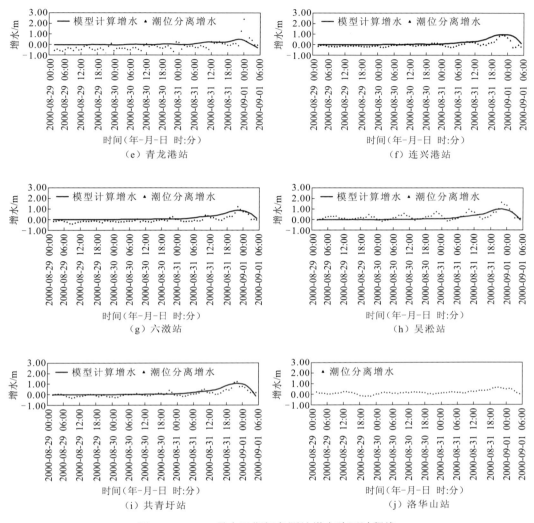

图 3.4.7　0012 号台风期间各测站增水验证过程线

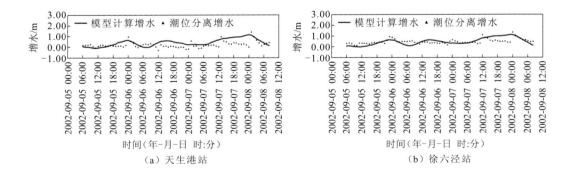

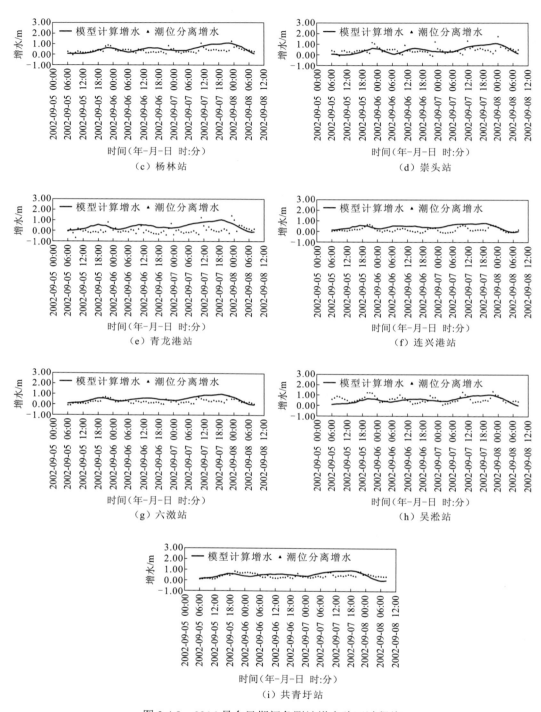

图 3.4.8　0216 号台风期间各测站增水验证过程线

第 4 章

北支河道演变趋势预测

4.1　长江口来水来沙变化趋势预测

4.1.1　大通站来水来沙变化趋势预测

上游的水沙变异主要来自上游以三峡水库为核心的控制性水库群运用后的水沙条件，因此本书以长江中下游 1991～2000 年 10 年典型的三峡水库建库前的水沙系列为基础，分别考虑采用仅三峡水库调度（1991～2000 年 10 年）及三峡水库与上游水库群联合调度（1991～2000 年 10 年）共 20 年长时间系列条件，利用三峡—徐六泾一维水沙数学模型，计算出 20 年长时间系列的大通站、江阴站的水沙系列过程，以供后续长江口二维水沙数学模型长系列计算方案使用。

图 4.1.1 给出了大通站 90 系列 20 年流量、含沙量过程的计算结果，可以看出，以三峡水库为核心的控制性水库群对洪水的调控作用比较明显，原 1998 年的洪峰持续近 2 个月，调度后洪峰流量得到明显的下降。

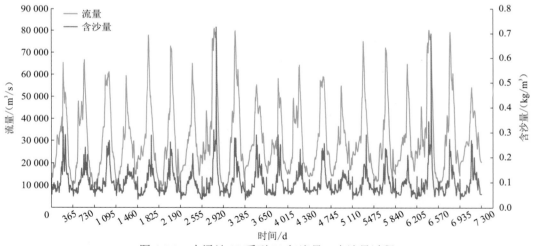

图 4.1.1　大通站 90 系列 20 年流量、含沙量过程

因为长江口水沙模型网格较多，计算时间序列也比较长，所以本书基于 20 年长时间系列的大通站水沙过程，通过逐级流量及含沙量的频率分析（表 4.1.1），将 10 年或 20 年的流量平均值出现最大值的那一日，作为一年中最大流量出现的时间，分别统计上半年和下半年各流量级出现的频率与可能出现的天数，构造该流量级下的流量过程，使该流量级下的均值与统计的均值相等，从而构造出大通站 10 年或 20 年流量概化的一年的综合过程（图 4.1.2～图 4.1.4），含沙量概化过程与流量过程类似，以供后续长时间系列方案滚动计算使用。

表 4.1.1　大通站 20 年时间系列流量分级频率分析

流量分级/（万 m³/s）	频率/%	一年中可能出现的天数	流量分级下的均值/（m³/s）	含沙量均值/（kg/m³）
＞8	0.40	1	80 600	0.455
（7，8]	1.52	6	75 600	0.295
（6，7]	1.97	7	63 200	0.259
（5，6]	6.16	23	55 100	0.225
（4，5]	14.86	54	44 300	0.167
（3，4]	17.29	63	35 100	0.131
（2，3]	22.73	83	24 400	0.089
（1.5，2]	16.38	60	17 500	0.071
（1，1.5]	16.79	61	12 500	0.069
≤1	1.90	7	9 460	0.062

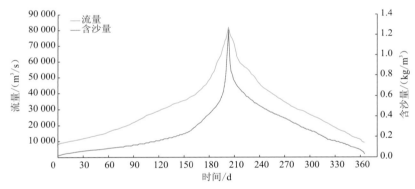

图 4.1.2　天然的大通站流量、含沙量年概化过程

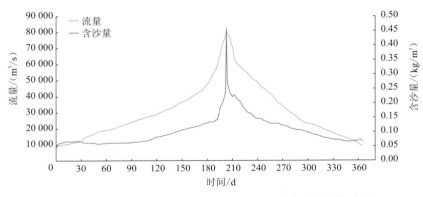

图 4.1.3　仅三峡水库调度的大通站流量、含沙量年概化过程

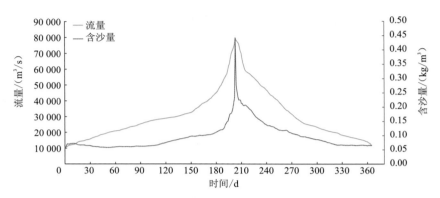

图 4.1.4　上游梯级水库群调度的大通站流量、含沙量年概化过程

4.1.2　江阴站来水来沙变化趋势预测

与大通站类似，分别考虑采用前 10 年仅三峡水库调度及后 10 年三峡水库与上游水库群联合调度共 20 年长时间系列条件，模型提取了江阴站的计算结果，图 4.1.5 给出了江阴站 90 系列 20 年流量、含沙量过程。

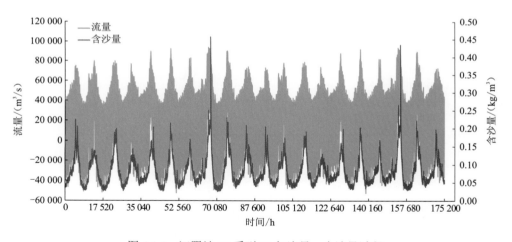

图 4.1.5　江阴站 90 系列 20 年流量、含沙量过程

根据大通站的年流量、含沙量的综合概化过程，采用大通至徐六泾模块，计算出江阴站年流量、含沙量的综合概化过程（图 4.1.6～图 4.1.8），以供后续长时间系列方案滚动计算使用。

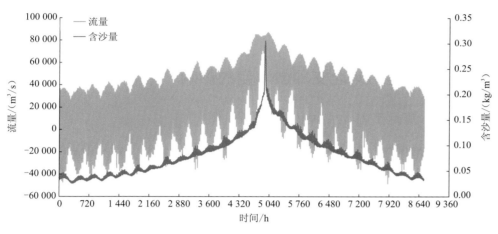

图 4.1.6　天然的江阴站流量、含沙量年概化过程

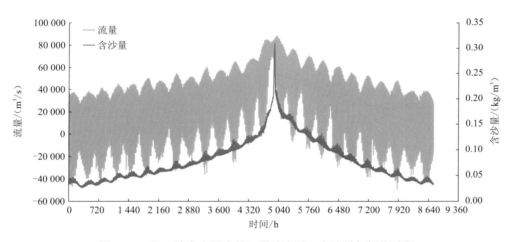

图 4.1.7　仅三峡水库调度的江阴站流量、含沙量年概化过程

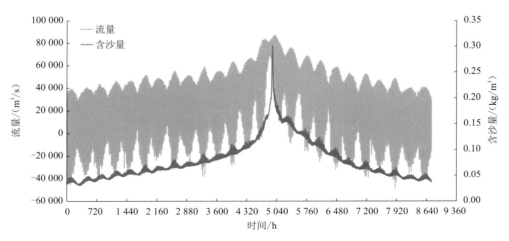

图 4.1.8　上游梯级水库群调度的江阴站流量、含沙量年概化过程

4.2 水库群运用对北支演变趋势的影响分析

4.2.1 水库群运用对北支冲淤演变的影响

1. 三峡水库运用对北支冲淤演变的影响

基于 90 系列水沙条件，采用第 3 章中的概化方法将三峡水库运用前后的大通站水沙过程概化为一年（图 4.2.1），在此基础上采用大通至徐六泾模块，计算出概化为一年的江阴站水沙过程，并将其作为长江口来水来沙的边界条件，分析三峡水库运用对长江口北支冲淤演变的影响。

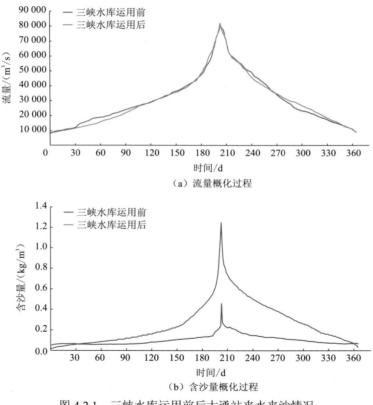

（a）流量概化过程

（b）含沙量概化过程

图 4.2.1 三峡水库运用前后大通站来水来沙情况

图 4.2.2、图 4.2.3 给出了三峡水库运用前后长江口北支的冲淤分布，从总体来看，北支进口至青龙港段处于淤积的状态，青龙港以下处于略冲的状态，三峡水库运用前后对整体的冲淤分布影响不大。图 4.2.4 给出了三峡水库运用对长江口北支冲淤分布的影响，可以看出，三峡水库运用后，由于来水来沙量的减少，长江口北支的冲淤幅度都有所下降，整体冲刷和淤积的趋势都有所减缓。

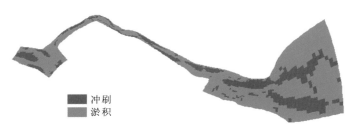

图 4.2.2　三峡水库运用前长江口北支冲淤分布

图 4.2.3　三峡水库运用后长江口北支冲淤分布

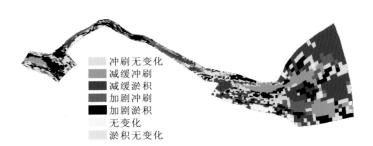

图 4.2.4　三峡水库运用前后冲淤分布的变化

　　表 4.2.1～表 4.2.3 给出了三峡水库运用前后长江口北支冲淤面积、冲淤体积、冲淤厚度的统计结果，与图 4.2.4 表现的趋势一致，可以看出，三峡水库运用后，由于来水来沙量的减少，长江口北支的冲淤幅度都有所下降，整体冲刷和淤积的趋势都有所减缓，但各河段略有不同。总体上，北支冲刷面积三峡水库运用前为 298.330 5 km²，运用后为 298.682 0 km²，增加了 0.351 5 km²，运用前淤积面积为 688.587 3 km²，运用后为 669.457 5 km²，减少了 19.129 8 km²；从冲淤体积上来看，整个北支三峡水库运用前冲刷体积为 1.351 6 亿 m³，运用后为 1.337 3 亿 m³，减少了 0.014 3 亿 m³，运用前淤积体积为 1.806 1 亿 m³，运用后为 1.770 6 亿 m³，减少了 0.035 5 亿 m³；在冲淤厚度上，整个北支三峡水库运用前冲刷厚度为 0.453 1 m，运用后为 0.447 7 m，减少了 0.005 4 m，运用前淤积厚度为 0.262 3 m，运用后为 0.264 5 m，增加了 0.002 2 m。

表 4.2.1　三峡水库运用前后长江口北支冲淤面积对比

地点	冲刷面积/km²			淤积面积/km²		
	运用前	运用后	差值	运用前	运用后	差值
分流口门	32.673 7	32.542 9	-0.130 8	80.426 6	80.692 1	0.265 5
崇头—青龙港	9.366 3	9.685 8	0.319 5	18.671 8	13.730 3	-4.941 5
青龙港—红阳港	21.823 1	21.767 9	-0.055 2	29.790 4	29.625 3	-0.165 1
红阳港—三条港	17.480 5	17.583 7	0.103 2	33.536 6	33.205 5	-0.331 1
三条港—连兴港	48.696 9	45.779 0	-2.917 9	108.378 6	101.204 8	-7.173 8
连兴港—顾园沙	168.290 0	171.322 7	3.032 7	417.783 3	410.999 5	-6.783 8
整体	298.330 5	298.682 0	0.351 5	688.587 3	669.457 5	-19.129 8

表 4.2.2　三峡水库运用前后长江口北支冲淤体积对比

地点	冲刷体积/（亿 m³）			淤积体积/（亿 m³）			净冲淤体积/（亿 m³）		
	运用前	运用后	差值	运用前	运用后	差值	运用前	运用后	差值
分流口门	0.336 2	0.334 8	-0.001 4	0.534 2	0.539 8	0.005 6	0.198 0	0.205 0	0.007 0
崇头—青龙港	0.067 5	0.070 1	0.002 6	0.074 5	0.073 6	-0.000 9	0.007 0	0.003 5	-0.003 5
青龙港—红阳港	0.365 2	0.368 5	0.003 3	0.248 0	0.249 9	0.001 9	-0.117 2	-0.118 6	-0.001 4
红阳港—三条港	0.079 4	0.080 0	0.000 6	0.134 7	0.132 9	-0.001 8	0.055 3	0.052 9	-0.002 4
三条港—连兴港	0.122 3	0.114 2	-0.008 1	0.153 8	0.145 6	-0.008 2	0.031 5	0.031 4	-0.000 1
连兴港—顾园沙	0.381 0	0.369 7	-0.011 3	0.660 9	0.628 8	-0.032 1	0.279 9	0.259 1	-0.020 8
整体	1.351 6	1.337 3	-0.014 3	1.806 1	1.770 6	-0.035 5	0.454 5	0.433 3	-0.021 2

表 4.2.3　三峡水库运用前后长江口北支冲淤厚度对比

地点	冲刷厚度/m			淤积厚度/m		
	运用前	运用后	差值	运用前	运用后	差值
分流口门	1.028 8	1.028 9	0.000 1	0.664 2	0.669 0	0.004 8
崇头—青龙港	0.720 8	0.723 3	0.002 5	0.398 8	0.535 9	0.137 1
青龙港—红阳港	1.673 4	1.692 7	0.019 3	0.832 4	0.843 5	0.011 1
红阳港—三条港	0.454 4	0.454 7	0.000 3	0.401 8	0.400 4	-0.001 4
三条港—连兴港	0.251 2	0.249 5	-0.001 7	0.141 9	0.143 8	0.001 9
连兴港—顾园沙	0.226 4	0.215 8	-0.010 6	0.158 2	0.153 0	-0.005 2
整体	0.453 1	0.447 7	-0.005 4	0.262 3	0.264 5	0.002 2

2. 三峡水库及上游水库群运用对北支冲淤演变的影响

同样，基于 90 系列水沙条件，采用第 3 章中的概化方法将三峡水库及上游水库群运用后的大通站水沙过程概化为一年（图 4.2.5），在此基础上采用大通至徐六泾模块，计算出概化为一年的江阴站水沙过程，并将其作为长江口来水来沙的边界条件，分析三峡水库及上游水库群运用对长江口北支冲淤演变的影响。

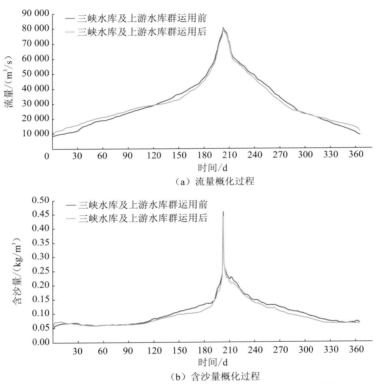

（a）流量概化过程

（b）含沙量概化过程

图 4.2.5　三峡水库及上游水库群运用前后大通站来水来沙情况

图 4.2.6 给出了三峡水库及上游水库群运用后长江口北支的冲淤分布，从总体来看，北支进口至青龙港段处于淤积的状态，青龙港以下处于略冲的状态，三峡水库及上游水库群运用前后对整体的冲淤分布影响不大。图 4.2.7 给出了三峡水库及上游水库群运用对长江口北支冲淤分布的影响，可以看出，三峡水库及上游水库群运用后，除口门处冲刷和淤积的趋势都有所减缓外，与仅三峡水库运用相比，整体冲淤分布变化不大。

图 4.2.6　三峡水库及上游水库群运用后长江口北支冲淤分布

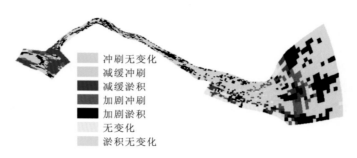

图 4.2.7　三峡水库及上游水库群运用后冲淤分布的变化

　　表 4.2.4～表 4.2.6 给出了三峡水库及上游水库群运用后长江口北支冲淤面积、冲淤体积、冲淤厚度的统计结果，与图 4.2.7 表现的趋势一致，可以看出，三峡水库及上游水库群运用后，与仅三峡水库运用相比，整体冲淤分布变化不大，但各河段略有不同。总体上，北支冲刷面积三峡水库运用后为 298.682 0 km²，三峡水库及上游水库群运用后为 296.933 3 km²，减少了 1.748 7 km²，三峡水库运用后淤积面积为 669.457 5 km²，三峡水库及上游水库群运用后为 673.486 6 km²，增加了 4.029 1 km²；从冲淤体积上来看，整个北支三峡水库运用后冲刷体积为 1.337 3 亿 m³，三峡水库及上游水库群运用后为 1.326 6 亿 m³，减少了 0.010 7 亿 m³，三峡水库运用后淤积体积为 1.770 6 亿 m³，三峡水库及上游水库群运用后为 1.780 1 亿 m³，增加了 0.009 5 亿 m³；在冲淤厚度上，整个北支三峡水库运用后冲刷厚度为 0.447 7 m，三峡水库及上游水库群运用后为 0.446 8 m，减少了 0.000 9 m，三峡水库运用后淤积厚度为 0.264 5 m，三峡水库及上游水库群运用后为 0.264 3 m，减少了 0.000 2 m。

表 4.2.4　三峡水库及上游水库群运用后长江口北支冲淤面积

地点	冲刷面积/km²			淤积面积/km²		
	三峡水库	三峡水库及上游水库群	差值	三峡水库	三峡水库及上游水库群	差值
分流口门	32.542 9	32.668 0	0.125 1	80.692 1	80.163 6	-0.528 5
崇头—青龙港	9.685 8	9.510 5	-0.175 3	13.730 3	15.367 3	1.637 0
青龙港—红阳港	21.767 9	21.621 5	-0.146 4	29.625 3	29.612 4	-0.012 9
红阳港—三条港	17.583 7	17.583 7	0.000 0	33.205 5	33.313 6	0.108 1
三条港—连兴港	45.779 0	45.032 2	-0.746 8	101.204 8	96.582 0	-4.622 8
连兴港—顾园沙	171.322 7	170.517 4	-0.805 3	410.999 5	418.447 7	7.448 2
整体	298.682 0	296.933 3	-1.748 7	669.457 5	673.486 6	4.029 1

表 4.2.5　三峡水库及上游水库群运用后长江口北支冲淤体积

地点	冲刷体积/（亿 m³）			淤积体积/（亿 m³）			净冲淤体积/（亿 m³）		
	三峡水库	三峡水库及上游水库群	差值	三峡水库	三峡水库及上游水库群	差值	三峡水库	三峡水库及上游水库群	差值
分流口门	0.334 8	0.332 2	-0.002 6	0.539 8	0.532 1	-0.007 7	0.205	0.199 9	-0.005 1
崇头—青龙港	0.070 1	0.068	-0.002 1	0.073 6	0.073 7	0.000 1	0.003 5	0.005 7	0.002 2
青龙港—红阳港	0.368 5	0.365 8	-0.002 7	0.249 9	0.251 7	0.001 8	-0.118 6	-0.114 1	0.004 5
红阳港—三条港	0.080 0	0.079 1	-0.000 9	0.132 9	0.134 3	0.001 4	0.052 9	0.055 2	0.002 3
三条港—连兴港	0.114 2	0.114 3	0.000 1	0.145 6	0.147 0	0.001 4	0.031 4	0.032 7	0.001 3
连兴港—顾园沙	0.369 7	0.367 2	-0.002 5	0.628 8	0.641 3	0.012 5	0.259 1	0.274 1	0.015 0
整体	1.337 3	1.326 6	-0.010 7	1.770 6	1.780 1	0.009 5	0.433 3	0.453 5	0.020 2

表 4.2.6　三峡水库及上游水库群运用后长江口北支冲淤厚度

地点	冲刷厚度/m			淤积厚度/m		
	三峡水库	三峡水库及上游水库群	差值	三峡水库	三峡水库及上游水库群	差值
分流口门	1.028 9	1.016 9	-0.012 0	0.669 0	0.663 7	-0.005 3
崇头—青龙港	0.723 3	0.715 2	-0.008 1	0.535 9	0.479 8	-0.056 1
青龙港—红阳港	1.692 7	1.691 7	-0.001 0	0.843 5	0.850 1	0.006 6
红阳港—三条港	0.454 7	0.449 8	-0.004 9	0.400 4	0.403 2	0.002 8
三条港—连兴港	0.249 5	0.253 8	0.004 3	0.143 8	0.152 2	0.008 4
连兴港—顾园沙	0.215 8	0.215 4	-0.000 4	0.153 0	0.153 3	0.000 3
整体	0.447 7	0.446 8	-0.000 9	0.264 5	0.264 3	-0.000 2

4.2.2　现状工程下北支冲淤演变趋势

为更好地分析北支长时间系列的冲淤演变趋势，本书基于 90 系列水沙条件，以及三峡水库运用后 10 年的大通站水沙过程，采用大通至徐六泾模块演算出 10 年的江阴站长系列水沙过程，并将其作为长江口来水来沙的边界条件，预估三峡水库运用后长江口北支冲淤演变的趋势。

图 4.2.8 给出了三峡水库运用后未来 10 年长江口北支各段的冲淤分布情况，表 4.2.7 给出了三峡水库运用后未来 10 年长江口北支各段的冲淤对比情况，总体上，未来 10 年内北支冲刷面积为 304.58 km²，淤积面积为 635.87 km²，净冲淤面积为 331.29 km²；从冲淤体积上来看，整个北支冲刷体积为 7.62 亿 m³，淤积体积为 9.04 亿 m³，净冲淤体积为 1.42 亿 m³；在冲淤厚度上，整个北支冲刷厚度为 2.50 m，淤积厚度为 1.42 m，净冲淤厚度为 0.14 m。

图 4.2.8　三峡水库运用后未来 10 年长江口北支各段的冲淤分布

表 4.2.7　冲淤对比

地点	冲淤面积/km²			冲淤体积/（亿 m³）			冲淤厚度/m		
	冲刷	淤积	净冲淤	冲刷	淤积	净冲淤	冲刷	淤积	净冲淤
分流口门	56.18	56.92	0.74	2.14	1.49	-0.65	3.81	1.42	-0.57
崇头—青龙港	6.43	18.78	12.35	0.26	0.55	0.29	4.08	2.93	0.84
青龙港—红阳港	19.93	31.45	11.52	1.12	1.19	0.07	5.60	3.78	0.14
红阳港—三条港	23.73	27.02	3.29	0.66	0.82	0.16	2.77	3.02	0.31
三条港—连兴港	51.08	98.38	47.30	1.20	0.99	-0.21	2.34	1.01	-0.11
连兴港—顾园沙	147.23	403.32	256.09	2.24	4.00	1.76	1.52	0.99	0.29
整体	304.58	635.87	331.29	7.62	9.04	1.42	2.50	1.42	0.14

4.2.3　演变的影响分析

从三峡水库运用前后概化的一年综合过程来看，整体上长江口北支淤积要大于冲刷，深槽内略有冲刷，滩地略有淤积，整体趋势为略有淤积，但由于来水来沙量的减少，长江口北支的冲淤幅度都有所下降，整体冲刷和淤积的趋势都有所减缓，各河段略有不同。

从 90 系列水沙条件下，三峡水库运用后 10 年的长江口北支的冲淤趋势来看，总体上同样是长江口北支淤积大于冲刷，呈略有淤积的趋势，但总体变化不大，北支各河段冲淤分布略有不同，分流口门处冲刷略大于淤积；崇头—青龙港、青龙港—红阳港、红阳港—三条港、三条港—连兴港基本处于冲淤平衡的状态；口外连兴港—顾园沙属于淤积比较大的河段，整体淤积程度要大于冲刷程度，整个北支的冲刷体积为 7.62 亿 m³，淤积体积为 9.04 亿 m³，净冲淤体积为 1.42 亿 m³，这也与之前一年概化综合过程中三峡水库运用后长江口北支的冲淤分布趋势一致。

4.3　规划整治工程对北支演变趋势的影响分析

4.3.1　规划整治工程实施后水动力变化分析

1. 潮位变化

规划整治工程实施后，工程区域附近洪、枯季潮位发生相应的调整，具体见表 4.3.1、表 4.3.2。

表 4.3.1　洪季大潮落潮高低水位变化　　　　　（单位：m）

位置	洪季高潮位			洪季低潮位		
	现状	规划	变化	现状	规划	变化
肖山	4.42	4.41	−0.01	1.40	1.43	0.03
九龙港	4.03	4.03	0.00	0.65	0.70	0.05
六干河	3.34	3.34	0.00	0.40	0.48	0.08
望虞河	3.40	3.41	0.01	0.20	0.31	0.11
徐六泾	3.25	3.23	−0.02	0.28	0.40	0.12
白茆河	3.06	3.02	−0.04	0.12	0.21	0.09
浪港	2.90	2.91	0.01	0.02	0.16	0.14
浏河口	2.90	2.94	0.04	−0.01	0.09	0.10
吴淞口	2.89	2.89	0.00	−0.23	−0.22	0.01
如皋港	4.38	4.34	−0.04	1.04	1.08	0.04
营船港	3.35	3.35	0.00	0.40	0.49	0.09
苏通大桥	3.21	3.19	−0.02	0.22	0.31	0.09
崇头	2.99	2.99	0.00	0.12	0.23	0.11
庙港	2.88	2.89	0.01	0.02	0.16	0.14
南门港	2.89	2.95	0.06	−0.12	−0.28	−0.16
堡镇港	2.87	2.86	−0.01	−0.26	−0.36	−0.10
六滧港	2.84	2.78	−0.06	−0.32	−0.4	−0.08
牛棚港	3.22	3.08	−0.14	1.50	1.51	0.01
鸽笼北港	3.41	3.34	−0.07	−0.13	−0.01	0.12
前进港	3.45	3.51	0.06	−1.80	−1.84	−0.04
堡镇港北	3.43	3.53	0.10	−1.96	−2.09	−0.13
四滧港北	3.42	3.48	0.06	−2.27	−2.43	−0.16
六滧港北	3.39	3.42	0.03	−2.48	−2.62	−0.14
八滧港北	3.30	3.31	0.01	−2.40	−2.61	−0.21
顾园沙南	3.12	3.13	0.01	−2.79	−2.88	−0.09
崇明东滩	2.92	2.94	0.02	−2.93	−2.97	−0.04

位置	洪季高潮位			洪季低潮位		
	现状	规划	变化	现状	规划	变化
青龙港	3.23	3.08	−0.15	0.07	0.15	0.08
大新河	3.41	3.34	−0.07	−0.08	0.11	0.19
灵甸港	3.35	3.35	0.00	−0.80	−0.74	0.06
三和港	3.44	3.37	−0.07	−1.26	−1.22	0.04
启东港	3.43	3.53	0.10	−1.91	−1.97	−0.06
三条港	3.43	3.50	0.07	−2.12	−2.25	−0.13
吴沧港	3.41	3.45	0.04	−2.36	−2.49	−0.13
戤滧港	3.32	3.34	0.02	−2.36	−2.51	−0.15
连兴港	3.21	3.23	0.02	−2.45	−2.60	−0.15
顾园沙北	3.06	3.07	0.01	−2.56	−2.66	−0.10

表 4.3.2　枯季大潮落潮高低水位变化　　　（单位：m）

位置	枯季高潮位			枯季低潮位		
	现状	规划	变化	现状	规划	变化
肖山	2.96	2.94	−0.02	−0.22	−0.19	0.03
九龙港	3.34	3.30	−0.04	−0.42	−0.36	0.06
六干河	2.88	2.82	−0.06	−0.59	−0.48	0.11
望虞河	2.70	2.67	−0.03	−0.65	−0.50	0.15
徐六泾	2.56	2.56	0.00	−0.66	−0.52	0.14
白茆河	2.49	2.46	−0.03	−0.72	−0.55	0.17
浪港	2.40	2.40	0.00	−0.75	−0.62	0.13
浏河口	2.41	2.39	−0.02	−0.75	−0.63	0.12
吴淞口	2.51	2.53	0.02	−0.70	−0.71	−0.01
如皋港	3.32	3.25	−0.07	−0.39	−0.28	0.11
营船港	2.75	2.68	−0.07	−0.48	−0.36	0.12
苏通大桥	2.54	2.53	−0.01	−0.70	−0.55	0.15
崇头	2.49	2.44	−0.05	−0.70	−0.54	0.16
庙港	2.40	2.40	0.00	−0.76	−0.62	0.14
南门港	2.40	2.39	−0.01	−0.81	−1.19	−0.38
堡镇港	2.45	2.48	0.03	−0.76	−0.91	−0.15
六滧港	2.52	2.48	−0.04	−0.68	−0.79	−0.11
牛棚港	2.88	2.69	−0.19	1.52	1.45	−0.07
鸽笼北港	3.23	3.03	−0.20	−0.52	−0.61	−0.09
前进港	3.42	3.40	−0.02	−1.93	−2.02	−0.09
堡镇港北	3.39	3.47	0.08	−2.05	−2.22	−0.17

续表

位置	枯季高潮位			枯季低潮位		
	现状	规划	变化	现状	规划	变化
四滧港北	3.39	3.44	0.05	-2.31	-2.53	-0.22
六滧港北	3.35	3.38	0.03	-2.51	-2.65	-0.14
八滧港北	3.27	3.29	0.02	-2.45	-2.63	-0.18
顾园沙南	3.1	3.12	0.02	-2.81	-2.91	-0.10
崇明东滩	2.91	2.92	0.01	-2.96	-2.98	-0.02
青龙港	2.89	2.70	-0.19	-0.39	-0.60	-0.21
大新河	3.23	3.02	-0.21	-0.47	-0.57	-0.10
灵甸港	3.21	3.15	-0.06	-1.03	-1.12	-0.09
三和港	3.39	3.28	-0.11	-1.41	-1.45	-0.04
启东港	3.42	3.45	0.04	-2.05	-2.16	-0.11
三条港	3.39	3.45	0.06	-2.15	-2.35	-0.20
吴沧港	3.37	3.41	0.04	-2.42	-2.55	-0.13
戤滧港	3.29	3.31	0.02	-2.41	-2.55	-0.14
连兴港	3.19	3.21	0.02	-2.49	-2.64	-0.15
顾园沙北	3.05	3.06	0.01	-2.58	-2.67	-0.09

从洪季大潮落潮高低水位变化可以看出，随着规划整治工程的实施，徐六泾河段高潮位有所降低，降低幅度一般在 0.05 m 以内。低潮位的变化主要表现为徐六泾以上河段有所抬升，口门及外海则有所降低；随着扁担沙的实施，徐六泾附近的低潮位增加约 0.12 m，浪港附近的低潮位增加约 0.14 m；南门港、堡镇港附近则有所降低，降低幅度在 0.15 m 左右。

北支沿程潮位变化总体表现为中上段降低，中下段及口门处抬升。其中，进口青龙港附近的高潮位降低较大，约为 0.15 m，启东港附近增加约 0.10 m。低潮位则表现为北支进口段沿线水位抬升，中下段水位降低。其中，青龙港附近水位抬升约 0.08 m，中下段戤滧港、连兴港附近水位则有所降低，降低幅度约为 0.15 m。

2. 流速变化

洪季、枯季大潮规划整治工程实施后涨落潮最大流速变化见图 4.3.1~图 4.3.4。从图 4.3.1~图 4.3.4 可以看出，随着北支进口的疏浚引流，北支进口疏浚航槽右侧流速有所增加，增加幅度约为 0.10 m/s，相应地左侧有所减小。大河港—红阳港附近的流速略有增加，增幅一般在 0.05 m/s 以内。随着北支中下段中缩窄方案的实施，戤滧港以下流速呈现减小的趋势，减小幅度一般为 0.05~0.15 m/s。南支河段，随着扁担沙整治工程的实施，白茆沙整治工程的效果有所减弱，白茆沙南、北水道流速略有减小；新桥通道下段流速略有增加，横沙东滩附近流速有所减小。涨潮条件下，北支口门处流速有所减小，启东大桥—戤滧港一线流速略有增加，增加一般在 0.1 m/s 以内。北支进口段流速变化与落潮流速变化趋势基本一致。

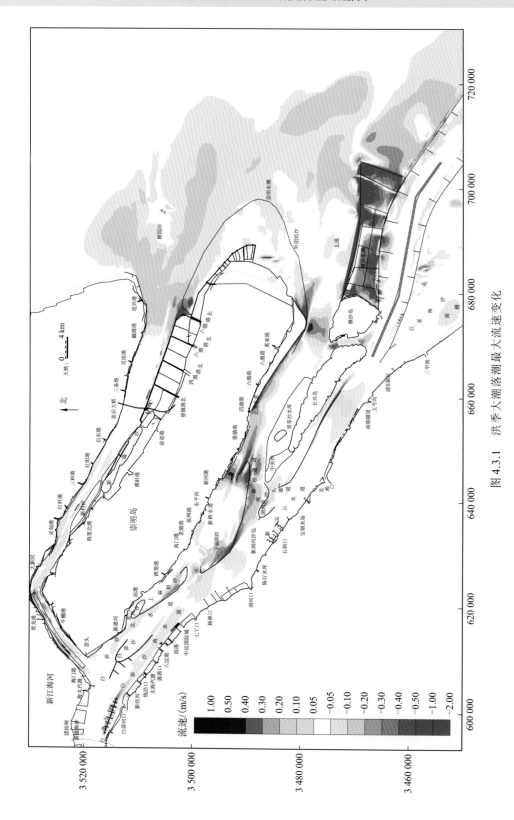

图 4.3.1　洪季大潮落潮最大流速变化

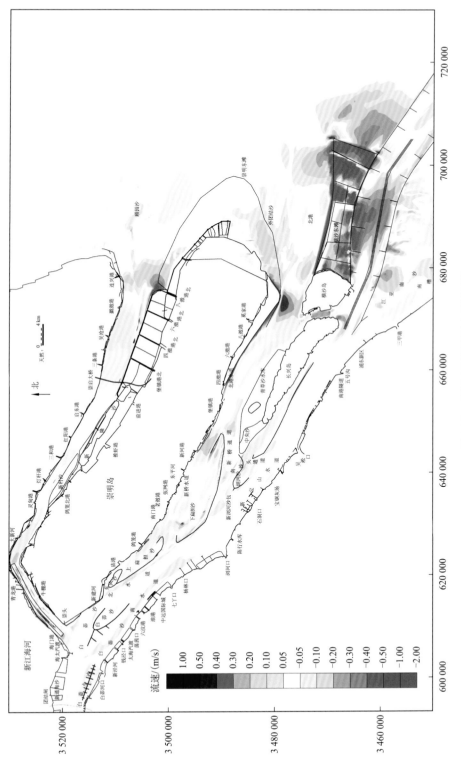

图 4.3.2　洪季大潮涨潮最大流速变化

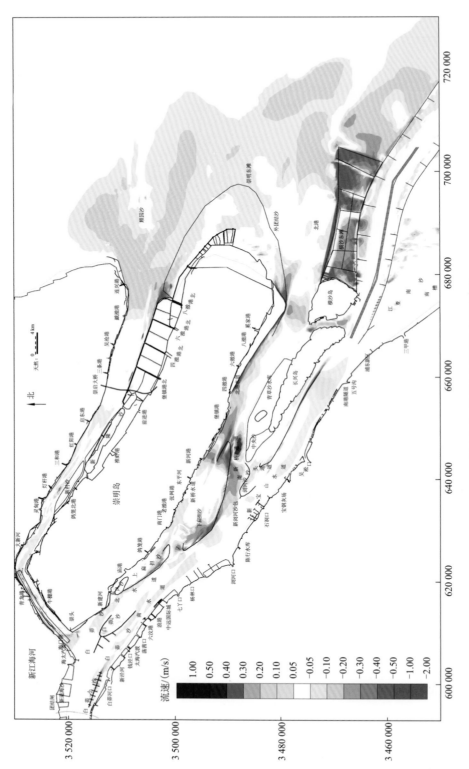

图 4.3.3　枯季大潮落潮最大流速变化

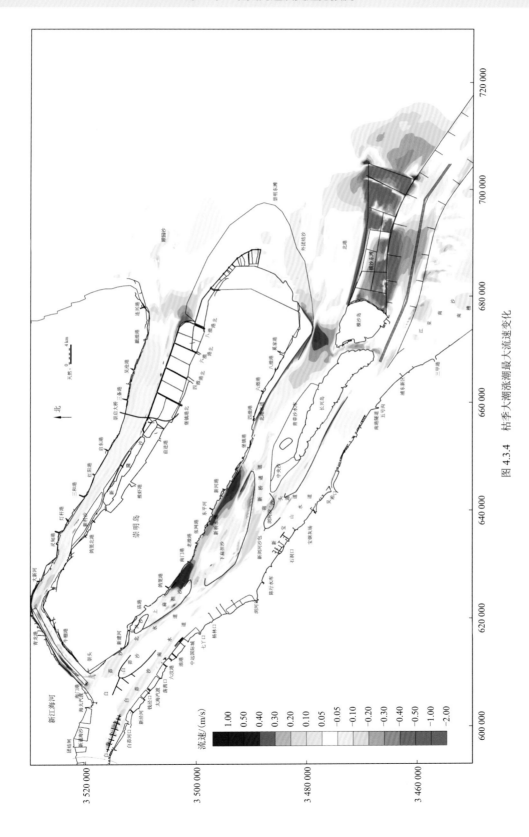

图 4.3.4　枯季大潮涨潮最大流速变化

　　枯季条件下，随着北支进口的疏浚引流，北支进口疏浚航槽右侧流速的增加幅度约为 0.10 m/s，相应地左侧有所减小。大河港—海门港附近流速的增幅在 0.05 m/s 以内。随着北支中下段中缩窄方案的实施，戤滧港以下流速的减小幅度一般为 0.05～0.12 m/s。南支河段，涨落潮变化趋势与洪季变化趋势基本一致。洪季落潮、枯季涨潮流场图见图 4.3.1、图 4.3.4，从图 4.3.1、图 4.3.4 可以看出，随着规划整治工程的实施，工程局部流场有所调整。

3. 沿程潮量及分流比变化

　　规划整治工程的实施，使得工程河段的潮量及相应汊道的分流有所调整。工程前后沿程各主要断面涨落潮量的变化见表 4.3.3，定床条件及 10 个水沙年后的地形下南北支分流比变化见表 4.3.4。

表 4.3.3　洪季、枯季大潮各断面涨落潮量变化

断面	洪季落潮			洪季涨潮		
	现状/m³	规划/m³	变化/%	现状/m³	规划/m³	变化/%
徐六泾	6.26×10^9	6.18×10^9	-1.28	-1.46×10^9	-1.39×10^9	-4.79
吴淞口	7.98×10^9	7.84×10^9	-1.75	-2.85×10^9	-2.78×10^9	-2.46
青龙港	1.76×10^8	2.23×10^8	26.70	-1.62×10^8	-1.78×10^8	9.88
三条港	1.11×10^9	1.12×10^9	0.90	-9.08×10^8	-8.80×10^8	-3.08
连兴港	2.65×10^9	2.23×10^9	-15.85	-2.10×10^9	-1.85×10^9	-11.90

断面	枯季落潮			枯季涨潮		
	现状/m³	规划/m³	变化/%	现状/m³	规划/m³	变化/%
徐六泾	3.45×10^9	3.35×10^9	-2.90	-2.72×10^9	-2.61×10^9	-4.04
吴淞口	5.71×10^9	5.58×10^9	-2.28	-4.63×10^9	-4.52×10^9	-2.38
青龙港	8.88×10^7	1.03×10^8	15.99	-1.98×10^8	-2.20×10^8	11.11
三条港	1.05×10^9	1.02×10^9	-2.86	-9.46×10^8	-9.54×10^8	0.85
连兴港	2.56×10^9	2.15×10^9	-16.02	-2.17×10^9	-1.93×10^9	-11.06

表 4.3.4　不同地形下南北支分流比变化　　（单位：%）

断面	洪季落潮分流比		枯季落潮分流比	
	现状	定床变化	现状	定床变化
南支进口	97.05	-0.95	97.89	-0.73
北支进口	2.95	0.95	2.11	0.73

断面	洪季涨潮分流比		枯季涨潮分流比	
	现状	定床变化	现状	定床变化
南支进口	93.10	-0.91	93.57	0.21
北支进口	6.90	0.91	6.43	-0.21

从表 4.3.3 可以看出，随着规划整治工程的实施，洪季落潮条件下徐六泾断面落潮量减小约 1.28%；吴淞口附近落潮量减小约 1.75%。北支进口段，随着北支进口的疏浚开挖，青龙港附近落潮量增加约 26.70%；随着中下段缩窄方案的实施，连兴港附近落潮量有所减小，减小幅度约为 15.85%。

枯季条件下，徐六泾断面落潮量减小约 2.90%；吴淞口附近落潮量减小约 2.28%。北支进口段，随着北支进口的疏浚开挖，青龙港附近落潮量增加约 15.99%；随着中下段缩窄方案的实施，连兴港附近落潮量有所减小，减小幅度约为 16.02%。徐六泾断面涨潮量减小约 4.04%；吴淞口附近涨潮量减小约 2.38%。北支进口段青龙港附近涨潮量增加约 11.11%；连兴港附近涨潮量有所减小，减小幅度约为 11.06%。

为了更好地分析规划整治工程实施后分流比的调整，本节计算了本底条件及系列年后的地形条件下分流比的变化，分流比变化见表 4.3.4。从表 4.3.4 可以看出，随着规划整治工程的实施，特别是北支进口疏浚工程的实施，北支进口涨落潮量略有增加，分流比也相应有所增加，增加幅度一般在 0.95% 以内。

4.3.2　规划整治工程实施后北支冲淤演变趋势

1. 河床冲淤变化分析

现状条件下工程河段河床总体呈现冲淤交错的态势（图 4.3.5）。徐六泾主槽内冲淤交替，苏通大桥主通航孔桥墩上下游有所淤积，主通航孔内则有所冲刷；新通海沙围垦前沿有所冲刷；白茆小沙下沙体仍有所冲刷，但冲刷幅度较小。白茆沙整治工程实施后，白茆沙掩护区域内总体有所淤积，沙体渐趋稳定。白茆沙南水道进口有所冲刷，中下段（太海汽渡—六汊港一线）有所淤积，且淤积幅度较大；白茆沙北水道内进口及潜堤的左缘也有所冲刷，新建河对开附近有所淤积。浏河口以下新宝山水道、新桥通道、南沙头通道、南港及北港等水道内河床总体有冲有淤。长江口深水航道丁坝掩护区域内总体有所淤积，航槽内有冲有淤。

北支进口海太汽渡附近有所淤积；海门港—青龙港一线冲淤较小；青龙港附近有所淤积；大洪河—大新河一线航槽左缘有所冲刷，右侧略有淤积；随着新村沙后圈围断面有所缩窄，灵甸港—红阳港一线北支总体有所冲刷；启东港—三条港一线河床总体有所淤积；北支中下游右缘四滧港—八滧港附近总体有所淤积；戤滧港以下冲淤交替，总体冲淤与实测冲淤趋势基本一致。

长江口综合整治规划方案实施后，工程河段河床总体仍然呈现冲淤交错的态势（图 4.3.6）。徐六泾主槽内冲淤交替，苏通大桥主通航孔桥墩上下游有所淤积，主通航孔内则有所冲刷；新通海沙围垦前沿有所冲刷；随着白茆小沙护滩工程的实施，白茆小沙掩护区域内流速总体有所减小，河床有所淤积。白茆沙整治工程实施后，白茆沙掩护区域内总体有所淤积，沙体渐趋稳定。白茆沙南水道进口有所冲刷，中下段（太海汽渡—六汊港一线）有所淤积，且淤积幅度较大；白茆沙北水道内进口及潜堤的左缘也有所冲

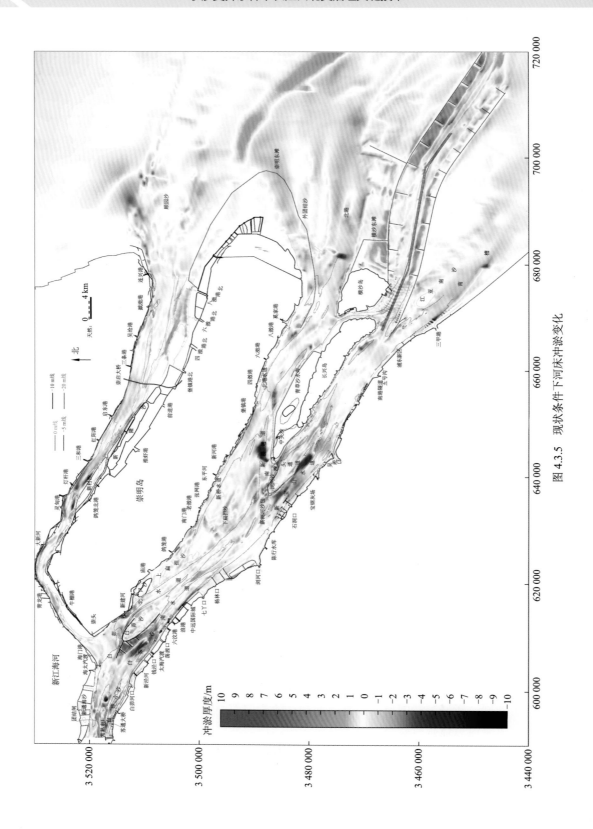

图 4.3.5　现状条件下河床冲淤变化

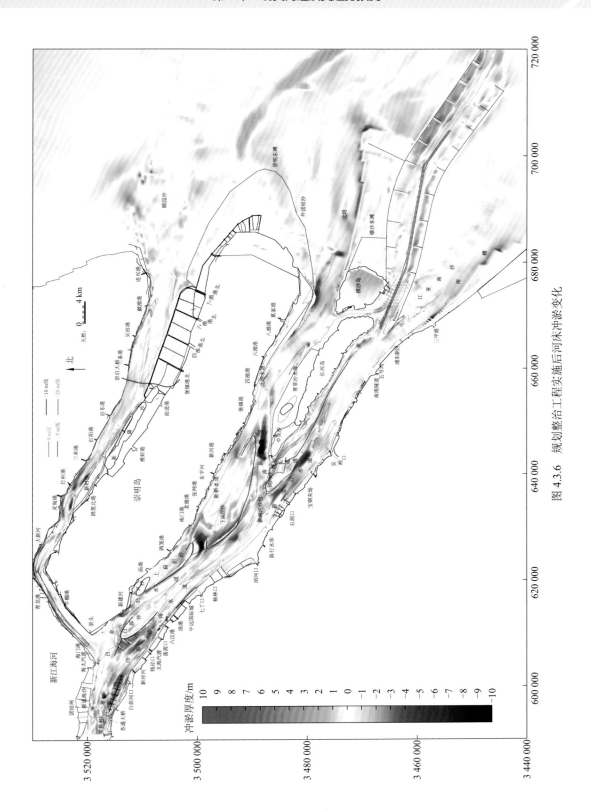

图 4.3.6　规划整治工程实施后河床冲淤变化

刷，新建河对开附近有所淤积。随着扁担沙潜堤工程的实施，潜堤掩护区域内有所淤积；上段、下段潜堤连接处总体有所冲刷，且冲刷幅度较大。新桥通道中下段冲刷幅度较现状地形下的冲刷有所增加；浏河口以下新宝山水道、南沙头通道、南港及北港等水道内河床总体有冲有淤。长江口横沙东滩圈围区域内总体有所淤积，长江口深水航道丁坝掩护区域内总体有所淤积，航槽内有冲有淤。

北支进口海太汽渡附近依旧有所淤积；海门港—青龙港一线，由于疏浚开挖，潮量有所增加，但航槽内流速略有减小，航槽开挖疏浚区则有所回淤；大洪河—大新河一线航槽左缘有所冲刷，右侧略有淤积；新村沙后圈围断面有所缩窄，灵甸港—红阳港一线北支总体有所冲刷；启东港—三条港一线河床总体有所淤积。戤激港以下冲淤交替，总体冲淤与实测冲淤趋势基本一致。

现状条件下，北支进口延续了近年来的河床冲淤变化趋势。北支进口段海太汽渡附近总体有所淤积，淤积的幅度一般在 1.5 m 以内。北支出口很宽，经历系列年后北支出口段总体处于微冲状态，河床冲淤幅度一般在 2 m 以内。规划整治工程实施后，北支进口疏浚航槽内有所淤积，淤积幅度一般在 0.5～2.5 m，回淤率一般约为 80%。随着进口挖槽疏浚，引流作用有所增强，进口段局部流速有所增加，河床略有冲刷。随着中下段中缩窄方案的实施，潜堤边缘有所冲刷，北支出口段略有淤积，但幅度较小。

2. 北支沿程断面变化初步分析

为了更好地研究规划方案实施后河床地形的变化，为此选取北支崇头、青龙港、灯杆港、头兴港、三条港及戤激港六个断面进行研究，工程前后地形变化见图 4.3.7。

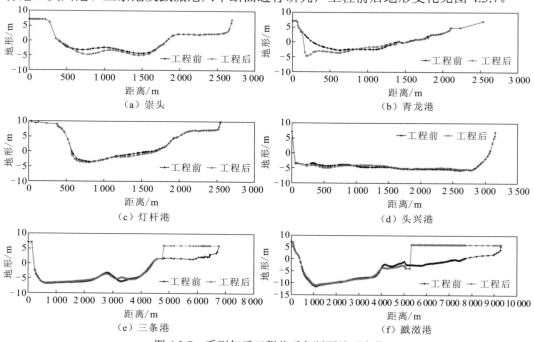

图 4.3.7　系列年后工程前后各断面地形变化

　　从断面地形变化可以看出，随着规划方案的实施，北支沿程各断面河床地形有所调整。青龙港附近随着疏浚开挖的实施，系列年后航槽虽有所回淤，但仍然呈现刷深的态势，断面面积有所增加。灯杆港、头兴港断面面积变化较小。三条港、戤滧港附近断面，随着中缩窄方案的实施，断面面积减幅较大，围垦的边缘总体有所冲刷。

3. 北支沿程冲淤量统计

　　为了更好地分析规划整治工程实施后河床冲淤的变化，本节针对工程河段选取了 12 个区域进行统计，区域划分见表 4.3.5。

表 4.3.5　系列年水沙条件下河床冲淤变化量统计

断面	现状			规划方案			
	淤积/m³	冲刷/m³	合计/m³	淤积/m³	冲刷/m³	合计/m³	变化/(万 m³)
徐六泾—白茆河口	2.50×10^7	3.21×10^7	-7.10×10^6	2.87×10^7	3.42×10^7	-5.50×10^6	160
白茆河口—浪港	7.42×10^7	6.41×10^7	1.01×10^7	8.35×10^7	6.39×10^7	1.96×10^7	950
浪港—浏河口	2.68×10^7	3.62×10^7	-9.40×10^6	3.34×10^7	3.68×10^7	-3.40×10^6	600
浏河口—中央沙头	4.33×10^7	1.13×10^8	-6.97×10^7	6.70×10^7	1.14×10^8	-4.70×10^7	2 270
北港	1.49×10^7	1.22×10^8	-1.071×10^8	3.85×10^7	2.09×10^8	-1.705×10^8	-6 340
南港	6.04×10^7	8.49×10^7	-2.45×10^7	7.47×10^7	1.01×10^8	-2.63×10^7	-180
北支口—青龙港	6.21×10^6	2.77×10^6	3.44×10^6	1.16×10^7	8.06×10^6	3.54×10^6	10
青龙港—灯杆港	9.76×10^6	2.41×10^7	-1.434×10^7	8.45×10^6	2.80×10^7	-1.955×10^7	-521
灯杆港—头兴港	2.68×10^6	3.58×10^7	-3.312×10^7	3.37×10^6	3.91×10^7	-3.573×10^7	-261
头兴港—三条港	1.90×10^7	2.40×10^6	1.66×10^7	2.04×10^7	1.78×10^6	1.862×10^7	202
三条港—戤滧港	9.10×10^6	8.25×10^6	8.50×10^5	1.26×10^7	8.85×10^6	3.75×10^6	290
戤滧港—顾园沙	2.78×10^7	1.49×10^8	-1.212×10^8	2.93×10^7	1.42×10^8	-1.127×10^8	850

　　从统计表可以看出，现状条件系列年后工程河段总体处于冲刷状态。其中，徐六泾—白茆河口为 -7.10×10^6 m³，白茆河口—浪港为 1.01×10^7 m³，浪港—浏河口为 -9.40×10^6 m³，浏河口—中央沙头为 -6.97×10^7 m³，北港为 -1.071×10^8 m³，南港为 -2.45×10^7 m³。

　　北支口总体处于微冲刷环境，其中，北支口—青龙港为 3.44×10^6 m³，青龙港—灯杆港为 -1.434×10^7 m³，灯杆港—头兴港为 -3.312×10^7 m³，头兴港—三条港为 1.66×10^7 m³，三条港—戤滧港为 8.50×10^5 m³，戤滧港—顾园沙为 -1.212×10^8 m³。

　　规划方案实施系列年后工程河段仍总体处于冲刷状态，冲刷量略有增加。其中，徐六泾—白茆河口为-5.50×10⁶ m³，白茆河口—浪港为 1.96×10⁷ m³，浪港—浏河口为-3.40×10⁶ m³，浏河口—中央沙头为-4.70×10⁷ m³，北港为-1.705×10⁸ m³，南港为-2.63×10⁷ m³。

随着规划方案的实施，北支口—青龙港进口段由于挖槽疏浚回淤，总体仍处于淤积环境，但断面面积相对于现状条件有所增加，淤积量约为 3.54×10⁶ m³；青龙港—灯杆港为-1.955×10⁷ m³，灯杆港—头兴港为-3.573×10⁷ m³；随着中缩窄方案的实施，口门附近涨落潮动力有所减弱，口门附近淤积略有增加，头兴港—三条港为 1.862×10⁷ m³，三条港—戬溆港为 3.75×10⁶ m³，戬溆港—顾园沙为-1.127×10⁸ m³。

4.3.3　演变的影响分析

系列年水沙条件下规划方案引起的冲淤变化见图 4.3.8。系列年后工程引起的冲淤变化主要在工程区域附近。规划方案实施后，徐六泾以上河段工程引起的冲淤变化较小。白茆小沙护滩工程实施后，齿坝掩护区内流速有所减小，河床有所淤积；白茆沙护滩工程左缘主槽内有所冲刷，白茆小沙夹槽总体也略有冲刷。随着扁担沙潜堤工程的实施，白茆沙整治工程的效果有所减弱；白茆沙南水道总体有所淤积，淤积幅度一般在 0.5～2.0 m；白茆沙北水道进口略有淤积。扁担沙潜堤掩护区内总体有所淤积；上下潜堤交接处总体有所冲刷；新桥通道的下段总体有所冲刷，冲刷幅度较大；南港、北港下段均呈现冲刷的趋势，但幅度较小。长江口 12.5 m 深水航道内变化较小。

北支河床沿程呈现冲淤交替的趋势。随着北支进口挖槽引流的作用，北支进口海太汽渡对开河床有所冲刷；北支进口段航槽疏浚范围内总体有所淤积，淤积幅度一般在 0.5～2.5 m；大洪河—三河港附近河床总体有所冲刷，有利于改善北支淤积、萎缩环境。随着北支中缩窄方案的实施，圈围边缘有所冲刷；戬溆港以下河槽内流速有所减小，河床总体略有淤积，对北支下段航道的影响较小。

总体而言，规划方案实施遏制了白茆小沙、白茆沙的冲刷后退，河势得以进一步稳定。同时，工程实施，特别是扁担沙潜堤工程的实施，使得长江南京以下深水航道一期工程的整治效果有所削弱，潮流作用有所减弱，径流作用有所加强。北支河段总体冲淤趋势没有大的调整，北支进口随着疏浚开挖，引流作用有所加强，疏浚开挖区总体有所淤积，断面面积相对于现状有所增加；中上段河床总体有所冲刷，口外段淤积略有增加。

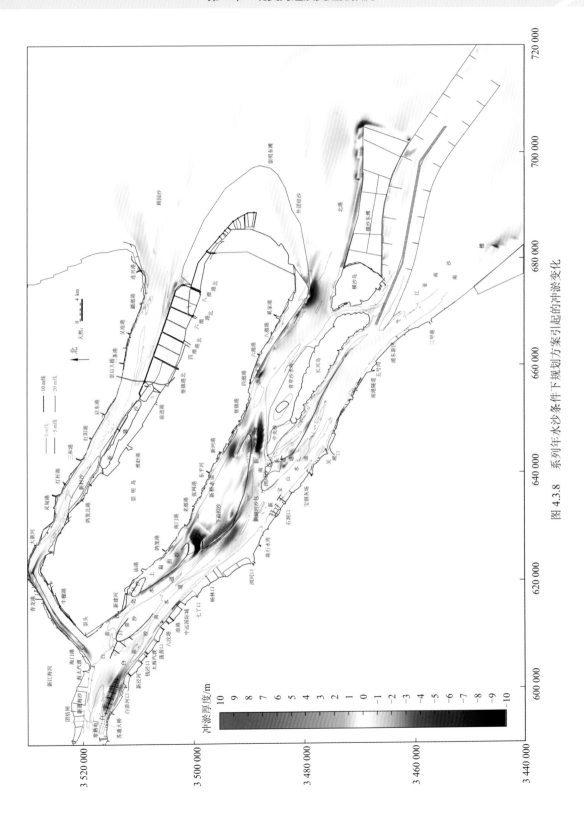

图 4.3.8　系列年水沙条件下规划方案引起的冲淤变化

第 5 章

平面形态改善治理技术

5.1　治导线研究

5.1.1　治理思路

近年来，进入北支的径流比例逐渐减小，外海潮汐作用增强，北支逐渐演变为涨潮流占优势的河道。由于北支特殊的上窄下宽喇叭口平面形态，外海潮波在上溯过程中发生强烈变形，尤其在大、中潮期，北支高潮位高于南支，低潮位低于南支，潮差大于南支，潮动力强劲，高含沙量、高含盐量的潮流倒灌南支。同时，由于北支涨潮流占优，其涨潮动力大于落潮动力，涨潮流上溯挟带的泥沙在落潮时不能全部带出，河道不断淤积萎缩。涨落潮动力条件是北支淤积萎缩和水沙盐倒灌南支的根本因素。因此，改善北支涨落潮动力条件成为北支治理的关键，需要尽可能增加北支的落潮分流比，同时改善北支喇叭口形态，缩减北支下段河宽，减小北支涨潮量，削弱潮波变形程度。

受北支沿岸经济社会发展对岸线整治需求增加的影响，近年来北支陆续实施了多处岸线整治和洲滩并岸工程，其中，大部分位于三条港以上河段，岸线整治工程实施后北支各段河道断面面积均有不同程度的减小。1984～2011年崇头断面面积（0 m以下）减小约60%，灯杆港断面面积减小约57%，连兴港断面面积减小约18%，北支中上段断面缩窄较大。1984年北支进口断面与戤滧港断面面积比为1∶4.1，至2001年断面面积比减小到1∶17。2005年北支进口断面与连兴港断面面积比为1∶17.7，2011年断面面积比略有增加，为1∶14.6。整体看来，2001年后北支进出口断面面积比基本维持在1∶18～1∶14，进出口断面面积相差较大。

目前，北支进口段河床高程平均为-2.5～-2.0 m，远高于北支中下段河床高程，进口段高程偏高阻碍了落潮流进入北支。同时，北支进口河宽约为2.5 km，受两岸堤防限制，北支进口河宽增加的可能性不大。徐六泾节点河势控制工程实施后，徐六泾节点段河势已基本稳定，其主流顶冲白茆沙北水道新建闸附近，在今后一段时期内北支进口的进流条件难有根本性改善。北支涨落潮汇潮点位于北支上段青龙港附近，受涨落潮汇流区影响，北支上段河槽呈淤积趋势，这也不利于北支进流条件的改善。长江口综合整治规划研究了北支上段疏浚对北支分流比的影响。研究结果表明，疏浚工程可使北支落潮分流比增加0.5%～1%，北支进流条件改善明显。但北支上段疏浚工程涉及江苏省和上海市，该方案协调难度较大；同时，上段疏浚区位于北支汇潮区，疏浚后泥沙回淤较快，淤积问题难以解决。

在北支进口分流条件难以改善的情况下，要减轻或消除北支的水沙盐倒灌和河道淤积，研究重点就转移到北支下段喇叭口平面形态的改善上。

在长江口规划修订过程中，对于北支中下段缩窄，研究了大、中、小三个缩窄方案。规划研究结果表明，无论是控制咸潮倒灌的效果，还是减轻北支淤积的效果，大缩窄方案均优于中缩窄、小缩窄方案，但考虑到省市分界线等原因，规划推荐中缩窄方案。

目前，北支咸潮倒灌南支依然严重。根据对陈行水库含氯度的统计，近年来，长江口地区咸潮入侵现象仍然严重，1999～2009 年平均每年咸潮入侵 8 次，2010 年开始，虽然每年的咸潮入侵次数降低至 5 次左右，但每次咸潮入侵的时间并未减少，在 2014 年甚至达到历史最长的 13 天 23 小时。同时，北支总体呈现的淤积萎缩趋势没有改变，2003～2013 年北支-2 m 以下河槽容积减小 2.17 亿 m³，以年均 2.2%的速率减小。

考虑北支咸潮倒灌南支和河道淤积萎缩的事实，需要在北支中缩窄方案基础上继续研究北支下段缩窄方案，以减小北支出口段河道的放宽率，改善北支喇叭口形态，消减潮波变形程度，同时减小北支涨潮量，减轻北支水沙盐倒灌南支的程度，减缓北支淤积萎缩速率。

5.1.2　整治河宽

平面冲积河流或潮汐河口的河床形态是流域来水来沙、海域来水来沙与河床边界相互作用的结果。从较长时段看，一般河流都处于相对平衡的状态，其纵剖面形状、平面断面形态均与一定的水力因素、泥沙因素及河床边界条件相适应。因此，河床形态也就与上述因素存在定量关系。建立的河床形态定量关系可以研究来水来沙和边界条件变化后河床形态的变化，为防洪、排涝、防潮和通航等治理开发任务的规划设计提供依据，对河道或河口整治具有重要意义。

河相关系式反映多年平均的平衡断面特征与动力因素（径流、潮量及含沙量等）的相互关系。当前，河相关系分为两大类：一是基于实测数据，建立经验关系式；二是基于水流、泥沙方程和某种假说（最小活动性、最小能耗等），推求理论公式。前者受实测资料、各条河流基本条件相差较大等影响，在不同河流间应用时误差较大；后者也存在部分参数难以准确率定等问题。但相对而言，由于后者有一定的理论基础，在实际中应用更为广泛。其中，在长江口地区应用最广的是窦国仁公式。窦国仁（1964）在总结前人研究成果的基础上，从流域、河流和河口的整体观点出发，应用河流动力学的基本规律和方法，根据河床最小活动性假说，从理论上建立了潮汐河口的河相关系式，并利用包括钱塘江、射阳河、长江、黄河等在内的无潮河流和潮汐河口实测资料进行验证，公式具有广泛的适用性。

窦国仁公式包括水深和河宽两个独立关系式，具体如下：

$$H = \left(\frac{7b}{2}\right)^{1/3}\left(\frac{k\alpha^2 U_{cb}^2 Q}{\beta^2 g U_{cs} S}\right)^{1/3} \tag{5.1.1}$$

$$B = \left(\frac{2}{7b}\right)^{4/9}\left(\frac{\beta^8 g U_{cs} S Q^5}{k\alpha^8 U_{cb}^8}\right)^{1/9} \tag{5.1.2}$$

式中：b 为比例系数，取 0.15；g 为重力加速度；β 为涌潮系数，无涌潮段取 1；S 为冲淤平衡期平均落潮含沙量；Q 为冲淤平衡期平均落潮流量；U_{cs} 为悬沙止动流速，$U_{cs} = 9.01d_{cs}^{1/2}$，$d_{cs}$ 为悬沙代表粒径，用悬沙 d_{50} 代替；k 为水流挟沙能力系数，

$k=0.055\gamma_s\eta(\sqrt{g}/C)\varGamma$，$\gamma_s$ 为泥沙颗粒容重，η 为河底流速与平均流速的比值，C 为谢才系数，$\varGamma$ 为饱和状态下平均含沙量与河底含沙量的比值；α 为河岸与河底土壤的相对稳定系数，取 1.0；U_{cb} 为底沙止动流速，$U_{cb}=9.01d_{cb}^{1/2}$，d_{cb} 为底沙代表粒径，用底沙 d_{50} 代替。

除河相关系，在潮汐河口整治和航道整治中，研究者提出了一种更适应工程整治的研究，即治导线研究。本质上，治导线研究也是确定河相关系，但由于其用于河道、航道整治等人为活动影响的工程，有时候研究可以大大简化。近年来，长江口治导线研究主要体现在深水航道整治研究中。在长江口深水航道整治研究中，陈志昌和乐嘉钻（2005）提出近似地运用一维非恒定流悬沙输沙方程来模拟形态在平面上比较平顺、断面相对规则、断面平均水深沿程又没有太大起伏的河槽。假定：①地形经调整已达到相对稳定状态；②泥沙冲淤数量能够相互抵偿；③断面平均水深沿程相同，沿程断面平均单宽流量相等，潮汐河口理想河槽的宽度可以表示为

$$B=B_0\left[\exp\left(-\frac{1}{q}\frac{\Delta h}{\Delta t}x\right)\right] \tag{5.1.3}$$

式中：Δh 为平均落潮流时段的潮差；Δt 为平均落潮流历时；q 为单宽落潮流量；B_0 为起始断面河宽；x 为与起始断面的距离。

式（5.1.3）是在若干简化的条件下取得的，它仅仅表达了整治航槽的潮汐水力学的主要特征关系，实际上河口的泥沙及河床情况要复杂得多。因此，根据整治段落潮流时段的潮差和历时，以及平均单宽流量，其只能用来初步确定航槽宽度。

罗肇森（2004）基于窦国仁平原河流及潮汐河口河相形态关系式[式（5.1.1）、式（5.1.2）]，结合潮容积关系公式，推导出河口治导线放宽率计算式：

$$\frac{(1+e)^{9/8}-1}{2+e}=\frac{500\eta_c\lambda\Delta H}{T_e}\frac{K_3^{9/8}}{H^{9/8}S_e^{9/8}B_0^{1/8}} \tag{5.1.4}$$

式中：e 为放宽率；η_c 为潮容积折算成潮量的系数（根据有关潮汐河口全潮流量测验的结果，$\eta_c=0.95\sim0.98$）；λ 为治导线工程的潮蓄系数，与整治建筑物高程和布置有关，当整治建筑物高程达到高、中和低潮位时，λ 分别为 1、0.5 和 0.25；ΔH 为整治河段的平均潮差；T_e 为整治河段的平均落潮历时；K_3 为与泥沙特性、河床和河岸相对可动性等有关的参数；H 为整治河段水深；S_e 为整治河段平均落潮含沙量；B_0 为整治段起始断面宽度。

式（5.1.3）含有的参数较少，计算较为简单，但是要求有稳定的单宽流量，过于理想化。罗肇森（2004）依据窦国仁的平原河流及潮汐河口的河相关系式[式（5.1.1）、式（5.1.2）]，根据潮容积计算落潮流量，推导出相应整治水位下治导线放宽率的计算式[式（5.1.4）]。式（5.1.1）、式（5.1.2）中的河床形态参数是平均落潮流量 Q 与平均落潮含沙量 S 的函数，不同的平均落潮流量 Q 与平均落潮含沙量 S 对应不同的河床形态参数。式（5.1.4）考虑的参数较多，公式中较难确定的是治导线内的平均水深 H 及系数 K_3，需要根据实测资料或类似工程获取。同时，式（5.1.3）、式（5.1.4）在推导过程中

均没有考虑整治段上下游断面的落潮历时和断面平均水深之间的差异。为此，唐洪武等（2008）依据输沙平衡关系，运用水流挟沙能力公式推导了另一河口放宽率公式。

$$500(B_c + B_L)\lambda\Delta hL = W_{Ld}\left[1 - \frac{B_c}{B_L}\left(\frac{T_{0d}}{T_{Ld}}\right)^{\frac{2m}{2m+1}}\left(\frac{h_0}{h_L}\right)^{\frac{3m}{2m+1}}\right]\qquad(5.1.5)$$

式中：B_c 为起始断面治导线宽度；B_L 为下游断面治导线宽度；L 为下游断面距离；W_{Ld} 为下游断面落潮量；T_{0d} 为起始断面落潮历时；T_{Ld} 为下游断面落潮历时；m 为水流挟沙能力指数；h_0 为起始断面平均水深；h_L 为下游断面平均水深。

式（5.1.3）～式（5.1.5）均选用落潮参数来研究河相关系。长江口深水航道整治工程位于长江口南支，以落潮动力为主，因此，对于长江口航道整治工程治导线研究，落潮参数是适用的。但长江口北支涨潮动力强劲，研究长江口北支治导线该选用落潮参数还是涨潮参数仍值得讨论。同时，式（5.1.3）～式（5.1.5）均需选择一个起始断面，工程实际中，起始断面多为自然条件下较稳定平衡的断面或人为建设的与水沙条件相适应的断面，该类断面的选取值得探讨。

第 2 章河道演变分析表明，近年来北支整体呈现淤积萎缩态势，但不同河段河槽冲淤变化趋势有所不同。北支上段（崇头至大新河段）滩淤槽冲，总体淤积；北支中段（大新河至三条港段）先淤后冲，河槽容积变化不大，2001～2013 年变化率不超过 8%，河段可认为基本处于冲淤平衡状态；北支下段（三条港至连兴港段）受崇明岛北沿持续淤涨影响，河槽容积明显减小。

进一步分析北支中段各典型横断面可以看出，北支中段各典型横断面年际变化较大。受新村沙整治工程影响，北支中段灵甸港至红阳港段断面形态由分汊河道变为单一河道，不宜用于河相关系分析。红阳港至三条港段近年来基本未受工程影响，河道横断面形态较为稳定，同时考虑该段河槽基本处于冲淤平衡状态，选取位于其中的启东港断面开展河相关系分析。

下面将基于实测水文资料，利用式（5.1.1）、式（5.1.2）计算启东港断面河宽和水深来判定该用涨潮参数还是落潮参数。

长江口北支未设置常年观测水文站，多年平均潮流泥沙特征值无法直接获得。本书通过近年来北支实测水文测验资料来估算多年平均潮流泥沙特征值。为提高计算精度，水文测验资料选取至少包含一个大、小潮周期的资料。资料主要包含 2008 年 9 月、2012 年 12 月和 2016 年 3 月等一个完整潮周期的资料。部分测验未直接测量启东港断面的水文资料，此时通过其上、下游资料分析得出。分析实测资料得出，启东港大潮涨潮平均流量为 18 800～23 400 m³/s，大潮落潮平均流量为 13 200～16 400 m³/s，小潮落潮平均流量为 3 500～8 000 m³/s；大潮涨潮平均含沙量为 2.0～2.6 kg/m³，大潮落潮平均含沙量为 1.7～2.2 kg/m³，小潮落潮平均含沙量为 0.15～0.6 kg/m³；大、小潮期间悬沙粒径和床沙粒径变化不大，悬沙中值粒径为 0.007～0.008 mm，床沙中值粒径为 0.02～0.04 mm。

利用大潮涨潮、大潮落潮、小潮落潮期平均流量、平均含沙量和泥沙特征数据分别计算启东港断面河宽与水深，具体结果见图 5.1.1。

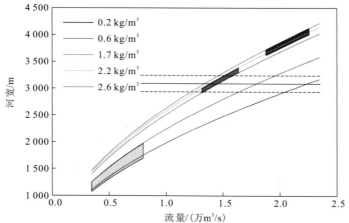

（a）不同含沙量条件下启东港断面河宽随涨落潮流量的变化图

水平实线表示现状启东港断面河宽，虚线表示现状河宽的±5%变化，
灰色区域表示小潮落潮，红色区域表示大潮落潮，蓝色区域表示大潮涨潮

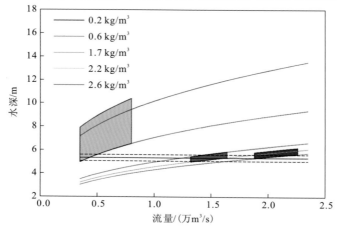

（b）不同含沙量条件下启东港断面水深随涨落潮流量的变化图

水平实线表示现状启东港断面平均潮位下的水深，虚线表示现状水深的±5%变化，
灰色区域表示小潮落潮，红色区域表示大潮落潮，蓝色区域表示大潮涨潮

图 5.1.1　不同含沙量条件下启东港断面河宽与水深随涨落潮流量的变化图

　　基于小潮落潮期流量、泥沙数据计算的河宽为 1.1～1.9 km，远小于现状河宽；基于大潮涨潮数据计算的河宽为 3.6～4.1 km，比现状河宽稍大；基于大潮落潮数据计算的河宽为 2.9～3.4 km，与现状河宽较为一致。基于小潮落潮期流量、泥沙数据计算的水深为 4.9～10.3 m，此时水深变幅较大；基于大潮涨潮数据计算的水深为 5.3～6.2 m，比现状水深略大；基于大潮落潮数据计算的水深为 4.9～5.9 m，与现状水深基本相当。

　　可以看出，基于大潮落潮期平均潮流泥沙特征数据计算得到的河相指标（河宽、水深）与现状较为一致。因此，认为利用大潮落潮期数据计算北支中下段河相指标是合适的。

　　根据近年来实测水文资料，连兴港断面大潮落潮平均流量为 32 000～37 000 m³/s，平均含沙量为 1.4～2.1 kg/m³，悬沙中值粒径为 0.007～0.008 mm，床沙中值粒径为 0.01～

0.02 mm。

　　利用式（5.1.1）、式（5.1.2），不同含沙量条件下连兴港断面河宽、水深随流量的变化关系见图 5.1.2。从图 5.1.2 可以看出，连兴港断面现状河宽远大于计算河宽。考虑连兴港所在断面崇明岛北缘不断淤积，断面整体萎缩的事实，可推断连兴港断面实际河宽大于现状水沙条件所需河宽，该断面存在进一步缩小的空间。断面缩窄后，河道水沙条件会随之发生变化，进而影响断面的河宽和水深。

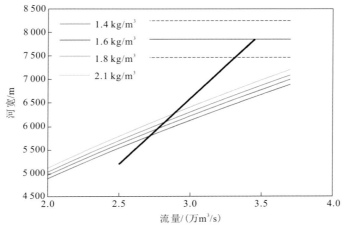

（a）　不同含沙量条件下连兴港断面河宽随涨落潮流量的变化图
水平实线表示现状连兴港断面河宽，虚线表示现状河宽的±5%变化，
黑实线为连兴港断面河宽与落潮平均流量的关系

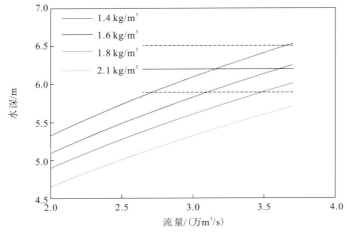

（b）　不同含沙量条件下连兴港断面水深随涨落潮流量的变化图
水平实线表示现状连兴港断面平均潮位下的水深，虚线表示现状水深的±5%变化

图 5.1.2　不同含沙量条件下连兴港断面河宽与水深随涨落潮流量的变化图

　　连兴港现状断面宽 7.85 km，对应的落潮平均流量为 34 500 m³/s（为方便讨论，取 32 000～37 000 m³/s 的中间值）。根据数值模型和物理模型的相关结果，连兴港河宽缩窄至 6.5 km，落潮平均流量减少约 13%。这里假定河宽缩窄与涨潮量减少呈线性关系。

图 5.1.2 所示黑实线为连兴港断面河宽与落潮平均流量的关系，随着断面河宽缩窄，落潮平均流量减少。落潮平均流量减小，则断面所需的河宽减小（彩色实线），河宽减小继续导致落潮平均流量减小，落潮平均流量与河宽相互反馈。最终，黑实线与彩色实线的交点即连兴港缩窄后的最佳河宽。可以读出，连兴港断面最佳河宽为 5.8～6.3 km。

连兴港断面距启东港断面约 25.4 km，计算得到的连兴港至启东港段的放宽率为 2.6%～2.9%。以此放宽率为基础，计算得出顾园沙头部所在断面的合理河宽，为 6.3～6.9 km。

为进一步分析合理河宽与式（5.1.3）～式（5.1.5）计算结果的关系，利用式（5.1.3）～式（5.1.5）计算连兴港和顾园沙所在断面的河宽。

根据近年来的实测水文数据，启东港至顾园沙段落潮平均潮差约为 3.04 m，落潮历时约为 7.03 h，单宽落潮流量为 4.27～5.31 m²/s，启东港起始断面河宽约为 3.1 km。由式（5.1.3）可得，连兴港断面河宽为 5.3～6.1 km，顾园沙头部断面河宽为 5.7～6.7 km。

根据近年来实测水文数据，启东港至顾园沙段落潮平均含沙量为 1.55～2.15 kg/m³，整治段平均水深为 6.5 m，整治段平均潮差为 3.04 m，落潮历时为 7.03 h，K_3 根据相关参数确定为 3.40。由式（5.1.4）可得，启东港至顾园沙段放宽率为 2.2%～3.2%，连兴港断面河宽为 5.2～6.7 km，顾园沙断面河宽为 5.6～7.4 km。

根据近年来实测水文数据，落潮量为 5.8 亿～6.2 亿 m³，起始断面水深为 5.35 m，下游断面水深为 7.5 m，起始断面落潮历时为 7.06 h，下游断面落潮历时为 6.86 h，水流挟沙能力指数取 0.5。由式（5.1.5）可得，下游断面宽度为 6.8～8.5 km。

可以看出，式（5.1.3）、式（5.1.4）的计算值比合理河宽略小，式（5.1.5）的计算值比最优河宽偏大。三种计算结果也从侧面反映了合理河宽成果的合理性。

5.1.3 平面形态改善方案

2010～2017 年，上海市组织开展了北支中下段中缩窄整治工程的前期研究工作，而中下段北岸深泓贴岸，沿线布置有众多造船厂、码头等国民生产设施，进一步实施整治的难度较大，北支治导线方案的关键是根据长江口规划的遗留问题，开展北支出口平面形态改善方案研究，以进一步减小北支涨潮量，减轻北支咸潮倒灌南支。根据北支出口河道演变分析结果，近年来顾园沙两侧深槽呈轻微冲刷发展态势，且随着崇明岛北缘和连兴港边滩的淤涨，两侧深槽可能进一步发展，顾园沙在今后较长的一段时间内都将独立存在，不会与崇明岛或启东边滩连为一体。近年来，尽管顾园沙东北侧有所冲刷，但其他方向略有淤涨，-2 m 等高线以上沙体面积稳定在 36 km² 左右。同时，结合 5.1.2 小节整治河宽研究结果，提出三种治导线布置方案（图 5.1.3）。

方案一（顾园沙成岛方案）：目前顾园沙南、北两侧河槽较深且呈现冲刷趋势，中缩窄工程实施后顾园沙南侧进一步冲刷，顾园沙沙体则略有淤积，有单独圈围成岛的可能。顾园沙成岛方案基本沿-2 m 等高线布置治导线，新建围堤。该方案实施后顾园沙断面河宽为 12.0 km，0 m 以下过流断面面积减小 5.9%。

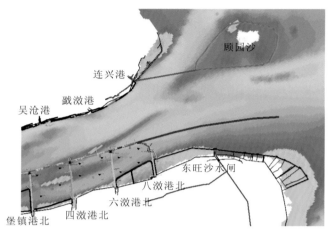

（a）顾园沙并北岸

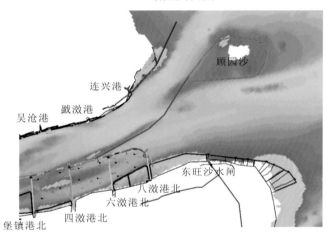

（b）顾园沙并南岸

图 5.1.3　长江口北支下段治导线方案

　　方案二（顾园沙并北岸方案）：基于顾园沙成岛方案，在顾园沙北侧深槽修建阻水坝，阻断北侧水流，阻水坝轴线沿顾园沙头部与连兴港外堤线的连线；顺崇明岛北缘-4 m 等高线布置治导线，修建导流堤，导流堤长约 16.8 km。该方案实施后顾园沙断面河宽为6.5 km，0 m 以下过流断面面积减小 44%。

　　方案三（顾园沙并南岸方案）：基于顾园沙成岛方案，在顾园沙南侧深槽修建阻水坝，阻断南侧水流，阻水坝轴线走向与北岸岸线保持一致，北岸连兴港外修建导流堤，长约6.0 km。该方案实施后顾园沙断面河宽为 5.5 km，0 m 以下过流断面面积减小 60%。

5.2　对水沙输移规律的影响

5.2.1　对潮流水沙输移的影响机制

1. 水沙条件

为充分反映工程修建对长江口潮流、往复流条件下河道水沙输移的影响，在工程河段大潮、小潮条件下分别进行模拟计算，计算条件见表 5.2.1。在该大潮、小潮条件下，连兴港潮位变幅分别为 -2.17～2.93 m，-1.28～1.23 m。

表 5.2.1　工程影响计算水流条件表

序号	水流条件	大通站流量 / (m³/s)	进口含沙量 / (kg/m³)	外海水位边界（85 基准）/m
1	小潮条件（2012-12-08 06:00～2012-12-10 06:00）	20 700	0.122	由调和常数法得到 2 天的潮位边界
2	大潮条件（2012-12-13 23:00～2012-12-15 23:00）	19 000	0.113	由调和常数法得到 2 天的潮位边界

注：根据水文测验报告，潮位边界与测量应"保证两涨两落，满足潮流闭合要求"。为充分满足该条件，本节采用调和常数法得到了 2 天的完整外海潮位过程。在计算时，在下游边界处将 2 天的潮位进行循环得到长时段的大潮过程系列，以满足数学模型计算所需。

本节分别在大潮、小潮条件下进行北支中下段中缩窄基础方案、顾园沙成岛方案（方案一）、顾园沙并北岸方案（方案二）、顾园沙并南岸方案（方案三）对周围水流、泥沙扰动的长江口二维水沙数学模型计算和分析。为确保能得到稳定的计算结果（潮位、流量、输沙率过程不再发生变化），在下游边界处将 2 天的潮位进行循环得到 20 天的大潮过程长系列，进行计算直至计算结果稳定（一般计算 2～3 个周期时，计算结果的变化已不再明显，基本与计算的初始条件无关）。在泥沙计算中，考虑泥沙的输移及河床冲淤产生的源项，但将河床变形强制设为 0，以免其对计算结果产生扰动。

为方便工程前后水位、流量、输沙量和含沙量的对比分析，在长江口徐六泾站、崇头站、青龙港站、三条港站、连兴港站、南门站、堡镇站、石洞口站、吴淞站、高桥站、长兴站、横沙站、六滧站、中浚站等潮位站进行潮位的监测。此外，在长江口河道范围内选取并布设共计 8 个监测断面，以得到河道断面流量、输沙量和含沙量的数学模型计算数据，监测断面的具体位置见图 5.2.1（江阴站位于徐六泾站上游约 84 km，未画出）和表 5.2.2。

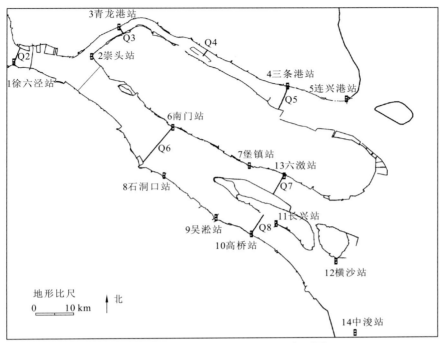

图 5.2.1　流量监测断面、潮位站布置图

表 5.2.2　流量监测断面位置分布表

序号	名称	断面位置	序号	名称	断面位置
1	Q1	江阴	5	Q5	三条港
2	Q2	徐六泾	6	Q6	南门港
3	Q3	青龙港	7	Q7	北港水道
4	Q4	三和港	8	Q8	南港水道

2. 工程对潮流水沙输移的影响机制

1）工程形成的人工扰动

北支平面形态改善工程位于长江口北支出口口外附近，在该区域潮流运动受上游河道径流与外海潮汐的共同影响，潮流流向、流态具有复杂多变的特征。长江口潮汐在口外为正规半日潮，在口内为非正规半日潮；潮流在口内为往复流，出口门后向旋转流过渡，旋转方向为顺时针方向。与内河涉水建筑物单一方向的阻水作用不同，在入海河口口门外附近修建的涉水建筑物的阻水作用将随着潮流方向的变化而时刻改变，十分复杂。

北支出口平面形态改善工程（围堤、导流堤）对附近区域内潮流运动的影响主要体现在阻水、束窄、使潮波发生变形等几个方面。其一，口门外围堤、导流堤将产生复杂的、随潮流方向变化而时刻改变的阻水作用。其二，导流堤束窄了北支口门宽度，减小了长江口北支出口段的过流能力，将部分原来从北支进出的潮水挤向其他流路或水域。

现状顾园沙上游头部直线过流断面的宽度约为 17 km；方案一实施后，北支出口两部分过流断面宽度之和为 10~12 km；方案二实施后，北支出口过流断面宽度为 6.2~6.6 km；方案三实施后，北支出口过流断面宽度为 4.2~5.5 km。由此可见，方案二、三将急剧减小长江口北支出口段的过流能力。其三，围堤、导流堤将调整北支口门附近的涨落潮水流方向。其四，围堤、导流堤在涨落潮时的阻水作用、滞流作用、调整涨潮流流向作用等将引起长江口南北支、附近海域范围内潮波的变形。而且，在不同潮流强度（如大潮、小潮）条件下，潮波的变形程度是不同的。其五，由于工程位于入海河口口门外附近，工程还会对涨落潮过程中出现的近岸流（平行于海岸）产生影响，且不同的工程布置对近岸流将产生不同的扰动。

因此，考虑到工程可能引起的上述各个方面的影响，工程对长江口潮流水沙输移的影响机制是十分复杂的。在不同潮流强度、工程布置方案条件下，工程影响将可能使长江口南、北支的涨落潮过程呈现出不同的改变，进而使长江口南、北支涨落潮水沙输移发生不同的改变。下面将结合长江口潮流的特性、工程设计方案的特点，对工程可能产生的主要影响进行逐个分析。

2）工程扰动下潮波变形的基本规律

（1）工程形成的滞留作用。工程对长江口北支潮流扰动的一般规律解析如下。在北支平面形态改善方案实施后，由于工程产生的阻水、束窄等作用，北支口门段的过流能力减小。涨潮过程中，在工程的阻碍下，原本可以从较宽的北支口门（现状条件）涌入的部分潮水被滞留在口门外排队等候。这些被滞留的潮水中，一部分在稍晚时刻随涨潮流依次穿过北支口门并进入北支内，另一部分潮水则来不及进入北支口门而随落潮引起的近岸流流向远方。在落潮过程中，由于工程的阻水、束窄等作用，北支出流也将滞后，而且原本从北支流入大海的部分潮水也将被挤入南支并从南支流入大海。

（2）工程作用下的潮波变形规律。根据大潮条件下数学模型的计算结果，以距离工程较近的北支三条港断面的流量过程曲线为例来分析工程的影响。断面处开始涨潮的时刻，在工程扰动条件下比无工程条件下晚 0.1~0.3 h；断面处开始落潮的时刻，在工程扰动条件下比无工程条件下晚 0.5~0.8 h；断面处涨落潮流量的峰值时刻，在工程扰动条件下比无工程条件下晚 0.5~0.7 h。这种涨落潮过程的变化与具体工程方案关系密切，不同的开口宽度、导流堤朝向所引起的潮流滞后响应程度不同，方案三条件下潮流的滞后程度最强。

（3）潮波所带来的影响。上述北支涨落潮发展的滞后影响意味着：工程调整了在长江口北支及其附近海域范围内的潮流形态，该范围内的潮波发生了变形，并且对南支产生了次生影响。考虑到长江口河道边界与地形条件的复杂性，在工程扰动下长江口南北支、附近海域范围内的潮波变形也是非常复杂的。北支潮波变形将带来多个方面的后果，下面将基于北支沿程各断面流量随时间变化的过程曲线进行分析。其一，根据分析与计算结果，工程实施后北支断面流量过程曲线的相位将出现滞后。其二，由于导流堤束窄了北支口门的宽度、减小了长江口北支出口段的过流能力，工程实施后北支断面的流量过程曲线一般朝着扁平的趋势发展。其三，随着潮波变形，涨落潮时北支断面的流量峰值、进出断面的水量也将发生改变，且它们的变化规律与具体的工程布置、潮流条件均有关系。

3）工程对潮流扰动的影响分析

在无工程条件下，涨潮初期，潮流基本朝西向顺畅流入北支口门，这种流场形态一直持续到涨潮中期。在涨潮中后期，顾园沙附近北面海域的边界首先形成落潮，此时，在北支口门处涨潮流流向开始由西向北偏转（即顺时针旋转），并形成北向的近岸流（平行于海岸的向北的沿岸流），这种北向的近岸流将持续较长的时间。在接下来的落潮期，北支口门处潮流流向开始由北向东偏转。

拟建围堤、导流堤在涨落潮时的阻水作用、滞流作用、调整方向作用等将引起长江口北支潮波的变形，产生涨潮中前期北支断面流量减小、涨潮中后期断面流量增加的基本变化规律。这个基本变化规律是在没有考虑工程附近近岸流的条件下得到的。然而，不同的工程布置将会对近岸流产生不同的扰动，根据定性分析，拟建工程与近岸流的相互作用对于涨潮中后期北支断面的流量过程是有潜在影响的。下面将围绕拟建工程与近岸流的相互作用这一问题进行分析和讨论。

如果采用偏南朝向开口的导流堤（方案二），在涨潮中后期，从北支口门处涨潮流开始由西向北偏转直至涨潮结束，导流堤将部分北向的近岸流导入北支口门内，并使它们沿北支向上游运动。偏南朝向导流堤工程与近岸流的相互作用将形成涨潮中后期的"涨潮增流"、落潮时期的"落潮增峰"等许多特有现象，下面将分涨潮、落潮两个阶段分别进行分析，阐明它们的形成机理。

（1）近岸流引起的"涨潮增流"现象。

在涨潮阶段，偏南朝向导流堤导流入北支的作用延长了北支涨潮的历时，增加了涨潮过程中进入北支的水量，将由这种导流入北支作用所形成的流量增量称为"涨潮增流"，并将由它形成的潮水槽蓄增量称为"涨潮槽蓄增量"。

偏南朝向导流堤导流入北支的作用是口门处涨潮流由西向北偏转之后才出现的，即"涨潮增流"主要存在于涨潮的中后期。根据数学模型的初步计算结果，由"涨潮增流"所形成的流量增量的上溯范围可达到北支上段，由它产生的"涨潮槽蓄增量"存在于北支各段，它们均具有上小下大的分布特征。此外，由"涨潮增流"所形成的流量增量沿北支向上游的传播滞后于涨潮中前期的流量峰值，它对于增加北支沿程各断面涨潮流量峰值的作用不大。需要指出的是：由于北支具有上窄下宽的喇叭口形态且地形条件复杂，由"涨潮增流"所形成的流量增量在向上游传播的过程中将随潮波一起发生剧烈变形，从而引起北支上段局部断面处涨潮流量峰值增加的特殊现象。

偏南朝向导流堤导流入北支的作用与它的束窄作用的效果是相反的，前者延长北支涨潮历时、增加北支涨潮水量，后者起滞流、减少北支涨潮水量的作用。在涨潮时期，对于北支中的某一给定断面，其流量峰值、水流通量变化取决于导流堤的束窄作用引起的减小值、"涨潮增流"引起的增加值的相对大小。例如，对于北支中下段，由于在涨潮过程中断面流量过程受潮波变形的影响相对值较小，再加上较大的、持续时间较长的"涨潮增流"作用,通过该断面的涨潮水量通量可能大于在无工程条件下的断面涨潮水量通量。对于北支上段,有工程条件下河段断面在涨潮初期所通过的水量通量相对于无工程条件下大幅减小,再加上较小的、持续时间较短的"涨潮增流"作用,通过该断面的涨潮水量通量仍可能小于无工程条件下的涨潮水量通量。

（2）近岸流引起的"落潮增峰"现象。

在落潮阶段,"涨潮槽蓄增量"将随落潮流一起流出北支口外,这在一定程度上会加大落潮的瞬间流量,称为偏南朝向导流堤的"落潮增峰"现象。由于"涨潮槽蓄增量"在北支各段具有上小下大的分布特征,它主要分布在北支的中下段,故"落潮增峰"现象一般也仅出现在北支的中下段。

偏南朝向导流堤的导流入北支作用与它的束窄作用的效果是相反的,前者形成"涨潮槽蓄增量"增加北支落潮水量现象,后者起滞流、减少北支落潮水量的作用。在落潮时期,对于北支中的某一给定断面,其流量峰值、水流通量变化取决于偏南朝向导流堤的束窄作用引起的减小值、"涨潮槽蓄增量"引起的增加值的相对大小。例如,对于北支中下段,河段由于在涨潮过程中累积的潮水槽蓄量受涨潮波变形影响较小,再加上较大的"涨潮槽蓄增量",该河段总槽蓄量可能大于无工程条件下的河段总槽蓄量,常常在河道断面处形成相对于无工程条件下增加的落潮水量通量。对于北支上段,有工程条件下河段在涨潮初期所积累的潮水槽蓄量相对于无工程条件下大幅减小,再加上较小的"涨潮槽蓄增量",该河段的总槽蓄量可能小于无工程条件下该河段的总槽蓄量,在河道断面处仍然形成相对于无工程条件下减小的落潮水量通量。

（3）潮流条件、导流堤朝向的影响。

在不同的潮流条件下,涨落潮的各要素是不同的,在长江口口门外形成持续时间长短不同、强度不同的近岸流。因此,工程在不同潮流条件下对近岸流的扰动是不同的,伴随着不同强度的"涨潮增流""落潮增峰"现象。

在涨潮中后期,流量增量来自两部分:原本被滞留在工程外等待进入的水流、受工程导流而进入北支口内的近岸流。如果采用偏北朝向开口的导流堤（方案三）,导流堤不具备截获在涨潮中后期北支出口附近北向近岸流的能力。在涨潮中后期,进入长江口北支口门内的流量增量仅剩下上述两部分流量增量来源中的第一部分。因此,在偏北朝向导流堤布置下,后续也不会形成在偏南朝向导流堤布置下特有的"涨潮增流""落潮增峰"现象。在偏北朝向导流堤布置下,导流堤的束窄作用将占绝对主导地位,北支沿程断面的涨落潮流量峰值、水量通量均将减小。

4）工程对泥沙输移的影响分析

工程实施后,北支出口段的过流能力减小、北支潮波变形等作用将在改变北支泥沙输移规律方面起主导地位,它们将减小北支的泥沙输移强度,进而对南支的泥沙输移产生次生影响。

（1）工程实施后北支输沙强度的变化规律。

工程作用下,潮波发生变形,使得北支沿程断面的流量过程曲线朝着扁平趋势发展。

由于水流挟沙能力对流速十分敏感，流量过程的平坦化将减小北支河道沿程的水流挟沙能力。在涨潮过程中，流量过程的平坦化将直接减小从北支中下段冲起的泥沙数量，并减小在北支水流中泥沙浓度的积累。在涨潮期，北支水流中泥沙输移强度的减小具有如下特征。北支水流中泥沙浓度的减少量从下游往上游是一个逐步累积增加的过程，即越往上游，河段水流中泥沙浓度、断面的泥沙通量减少越多。由此可见，工程减弱北支泥沙输移强度的作用是从下游往上游逐步增加的。

（2）北支泥沙输移强度减小的后果。

在涨潮期，北支水流中泥沙输移强度的减小，将带来如下几个方面的后果。其一，使在涨潮过程中北支沿程各断面的输沙率、泥沙通量减小。其二，使在涨潮过程中在北支水体中聚集的泥沙槽蓄量减小，从而减小在落潮过程中北支沿程各断面的输沙率、泥沙通量。其三，减少向北支上段输移的泥沙数量，从而减缓北支上段的泥沙淤积。其四，减少了倒灌入南支的沙量，对南支的泥沙输移产生次生影响。此外，在工程作用下，北支沿程各断面水流通量的变化也将引起该断面泥沙通量的相应变化。

（3）工程后南支输沙强度的变化规律。

在涨潮时期，在上游来沙一定的条件下，工程后，北支中下段过流能力减小产生的挤压、南支自身潮波变形（流量过程曲线的变化幅度微弱增加）引起的南支河床冲淤将增强南支的泥沙输移强度；与此同时，工程后，北支向南支倒灌泥沙的减弱将减小南支水流的泥沙浓度和泥沙通量。上述两个方面的影响是相反的，它们之间的强弱关系直接决定了南支各段泥沙输移强度减弱或增强的发展趋势；而且，这两个方面的影响在南支上、下游沿程各段上的强弱对比关系也是不同的。

在落潮时期，在上游来沙一定的条件下，工程后，当北支倒灌减弱的影响占主导地位时，南支输沙强度将受到消减，南支的输沙率、断面泥沙通量将减小；当北支出口工程挤压、南支潮波变形等引起的河床冲淤增加占主导地位时，南支输沙强度将增强，南支的输沙率、断面泥沙通量将增加。

此外，随落潮流输移至南支口门及附近海域的绝大部分泥沙，在下一个涨潮期又随涨潮流输移到南支口门内及上段。因此，南支涨、落潮时期的水体含沙量的变化方向具有一致性，在落潮期南支输沙强度的变化将引起其在涨潮期输沙强度的同向变化。

5.2.2　工程对水沙输移影响的计算分析

1. 工程对潮位的影响分析

长江口区域潮流水位是由上游径流、外海潮汐共同决定的，其变化规律十分复杂。平面形态改善工程（围堤、导流堤）对附近区域内潮流运动的影响主要体现在阻水、束窄（减小长江口北支出口段的过流能力）、调整在北支口门附近涨落潮的水流方向、使潮波发生变形、扰动口外近岸流等多个方面。工程修建不仅会形成局部壅水作用，还会产生潮波变形，并借此调整南、北支沿程河道断面潮位过程曲线的相位及峰值。表 5.2.3

和表 5.2.4 分别为大潮、小潮条件下工程前后各监测站点潮位的变化情况，图 5.2.2 和图 5.2.3 分别为大潮、小潮条件下工程前后长江口各监测站点的潮位过程线。

表 5.2.3　大潮条件下工程前后监测站点潮位变化值　　　　（单位：cm）

河段	站名	基础方案最高潮位	最高潮位变化值			基础方案最低潮位	最低潮位变化值		
			方案一	方案二	方案三		方案一	方案二	方案三
上段	徐六泾站	295.5	1.3	2.5	2.3	-82.9	0.1	0.4	0.7
	崇头站	286.0	1.8	3.7	3.7	-94.1	0.1	0.8	1.4
北支	青龙港站	339.8	-1.4	8.3	-11.4	-142.8	-1.0	-0.1	-2.1
	三条港站	315.7	1.6	21.7	-35.4	-201.3	0.3	19.6	11.4
	连兴港站	293.3	2.0	23.4	-38.3	-195.8	0.4	22.8	14.4
南支	南门站	281.8	1.4	-2.1	-0.8	-103.3	0.1	1.0	0.8
	堡镇站	268.6	1.5	1.7	5.5	-107.1	0.3	1.1	1.1
	石洞口站	274.5	2.0	-1.4	0.0	-84.4	0.2	1.0	1.1
	吴淞站	278.6	1.1	1.5	4.2	-92.9	0.4	1.2	1.6
	高桥站	270.3	1.2	0.6	4.7	-92.8	0.4	1.3	1.5
	长兴站	273.6	1.5	0.4	5.4	-95.1	0.4	1.4	1.5
	横沙站	267.3	1.3	0.7	6.3	-116.5	0.5	1.7	1.3
	六滧站	274.9	1.6	3.4	4.4	-108.0	0.2	1.0	1.4
	中浚站	263.1	1.7	-0.1	9.0	-119.5	0.1	1.7	0.0

表 5.2.4　小潮条件下工程前后监测站点潮位变化值　　　　（单位：cm）

河段	站名	基础方案最高潮位	最高潮位变化值			基础方案最低潮位	最低潮位变化值		
			方案一	方案二	方案三		方案一	方案二	方案三
上段	徐六泾站	163.4	0.0	-0.2	0.5	-58.3	0.0	0.4	0.5
	崇头站	156.3	0.0	-0.5	0.7	-70.7	0.0	0.7	0.9
北支	青龙港站	172.9	0.0	14.9	10.7	-104.9	0.1	0.8	-3.7
	三条港站	172.6	0.0	8.6	2.7	-122.0	0.6	5.5	-1.3
	连兴港站	160.5	0.3	6.7	0.0	-111.6	0.5	4.6	-0.9
南支	南门站	145.6	0.3	-1.9	-0.5	-73.6	0.1	0.4	0.9
	堡镇站	141.0	0.2	-2.6	-0.7	-75.5	0.2	0.6	1.0
	石洞口站	141.1	0.5	-2.3	-1.0	-61.0	0.0	0.3	0.6
	吴淞站	141.8	0.3	-2.0	-0.5	-65.4	0.1	0.4	1.1

续表

河段	站名	基础方案最高潮位	最高潮位变化值			基础方案最低潮位	最低潮位变化值		
			方案一	方案二	方案三		方案一	方案二	方案三
南支	高桥站	138.7	0.2	-1.2	-0.1	-64.9	0.1	0.5	1.2
	长兴站	140.0	0.1	-1.3	-0.5	-66.3	0.1	0.5	1.3
	横沙站	132.7	0.3	-0.9	-0.3	-76.7	0.0	0.6	1.7
	六滧站	138.1	0.5	-0.2	2.1	-74.8	0.1	0.5	1.0
	中浚站	126.1	0.6	-0.9	2.5	-69.2	0.2	0.7	1.7

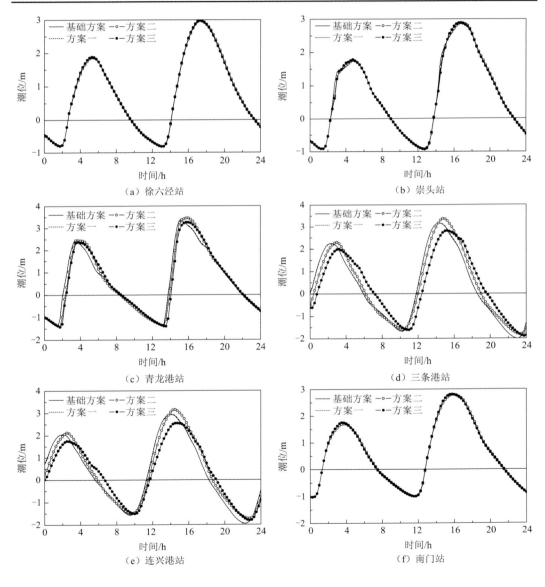

（a）徐六泾站　　　　　　　　　　（b）崇头站

（c）青龙港站　　　　　　　　　　（d）三条港站

（e）连兴港站　　　　　　　　　　（f）南门站

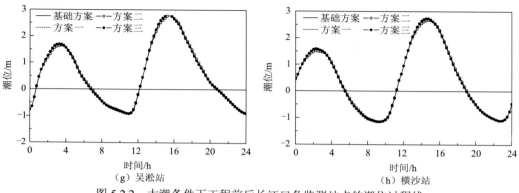

图 5.2.2　大潮条件下工程前后长江口各监测站点的潮位过程线

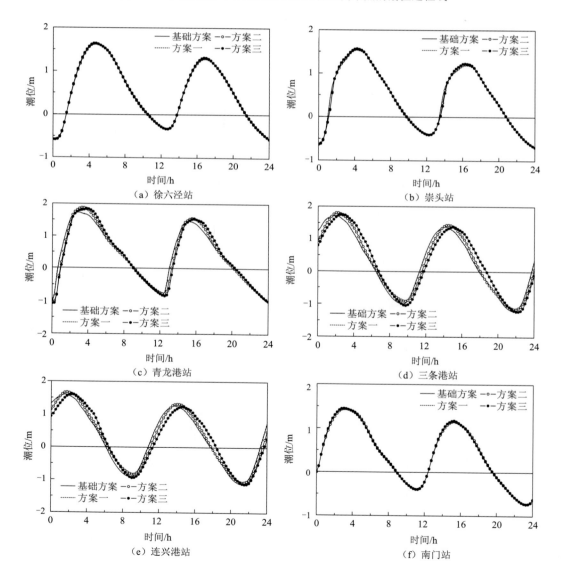

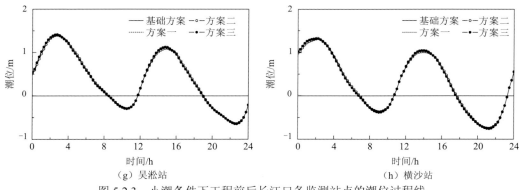

（g）吴淞站　　　　　　　　　　（h）横沙站

图 5.2.3　小潮条件下工程前后长江口各监测站点的潮位过程线

由图 5.2.2 和图 5.2.3、表 5.2.3 和表 5.2.4 可见，工程后，长江口各监测站点潮位的变化主要受工程阻水、潮波变形的影响。一般而言，徐六泾站及以上河道的最高潮位变化不明显，在大潮条件下，徐六泾站及以上河道最高潮位的变化值在 2.5 cm 以内；在小潮条件下，徐六泾站及以上河道最高潮位的变化值在 0.5 cm 以内。工程影响主要集中在长江口北支，并对南支产生次生影响。

在大潮条件下，长江口北支最高潮位的变化情况如下：在方案一条件下，河道断面最高潮位变化不显著，变化值在-1.4~2.0 cm；在方案二条件下，河道断面最高潮位出现一定幅度的增加，变化值在 8.3~23.4 cm；在方案三条件下，河道断面最高潮位出现较大幅度的减少，变化值在-38.3~-11.4 cm。长江口南支最高潮位的变化情况如下：在方案一条件下，河道断面最高潮位变化不显著，变化值在 1.1~2.0 cm；在方案二条件下，河道断面最高潮位出现微幅的增加或减少，变化值在-2.1~3.4 cm；在方案三条件下，河道断面最高潮位主要呈现出增加趋势，变化值在-0.8~9.0 cm。

在小潮条件下，长江口北支最高潮位的变化情况如下：在方案一条件下，河道断面最高潮位变化不显著，变化值在 0.3 cm 以内；在方案二条件下，河道断面最高潮位出现一定幅度的增加，变化值在 6.7~14.9 cm；在方案三条件下，河道断面最高潮位出现一定幅度的增加，变化值在 0.0~10.7 cm。长江口南支最高潮位的变化情况如下：在方案一条件下，河道断面最高潮位变化不显著，变化值在 0.6 cm 以内；在方案二条件下，河道断面最高潮位主要呈现出减少趋势，变化值在-2.6~-0.2 cm；在方案三条件下，河道断面最高潮位出现微幅的增加或减少，变化值在-1.0~2.5 cm。

由上述分析可见，在大潮条件下，拟建河道整治工程对长江口南北支的潮位最高值影响较大。在大潮条件下，徐六泾站及以上河道、长江口南支最高潮位增加值一般在 2.5 cm 以内；工程影响主要集中在对北支最高潮位的影响，长江口北支最高潮位在方案一条件下变化不显著，变化值在-1.4~2.0 cm；在方案二条件下出现一定幅度的增加，增加值在 8.3~23.4 cm；在方案三条件下出现一定幅度的减少，变化值在-38.3~-11.4 cm。

2. 工程对潮量的影响分析

长江口潮流流场是上游径流、外海潮汐等共同决定的，其变化规律十分复杂。平面形态改善工程（围堤、导流堤）对附近水域潮流运动的影响主要体现在阻水、束窄（减小长江口北支出口段过流能力）、调整北支出口附近涨落潮的水流方向、改变潮波形状（水位、流量过程等）、扰动口外近岸流等方面。上述各方面的综合影响，将改变长江口沿程河道断面流量过程曲线的相位及峰值。表 5.2.5 和表 5.2.6 为工程前后各监测断面的流量峰值的变化情况，表 5.2.7 和表 5.2.8 为工程前后各监测断面的水量通量的变化情况，图 5.2.4 和图 5.2.5 为工程前后长江口各监测断面的流量过程线。

表 5.2.5　大潮条件下工程前后监测断面流量峰值的变化值

河段	断面	基础方案落潮峰值/(万 m³/s)	落潮峰值变化值/%			基础方案涨潮峰值/(万 m³/s)	涨潮峰值变化值/%		
			方案一	方案二	方案三		方案一	方案二	方案三
上段	江阴	4.712	-0.05	-0.15	-0.22	5.056	-0.06	-0.13	-0.21
	徐六泾	9.939	-0.12	-0.22	-0.32	15.330	-0.11	-0.19	-0.26
北支	青龙港	0.667	-3.88	-15.05	-26.37	1.437	-0.22	11.72	-23.18
	三和港	1.497	-0.65	-11.35	-14.48	3.393	-1.21	-4.22	-18.35
	三条港	3.065	-0.11	3.43	-4.17	6.241	-1.60	-6.87	-18.64
南支	南门港	14.531	0.28	0.84	0.88	19.325	0.29	0.55	3.83
	北港水道	9.658	0.22	0.61	0.58	13.903	0.25	0.46	3.88
	南港水道	9.181	0.03	0.66	0.39	12.812	0.18	0.30	3.66

表 5.2.6　小潮条件下工程前后监测断面流量峰值的变化值

河段	断面	基础方案落潮峰值/(万 m³/s)	落潮峰值变化值/%			基础方案涨潮峰值/(万 m³/s)	涨潮峰值变化值/%		
			方案一	方案二	方案三		方案一	方案二	方案三
上段	江阴	3.984	-0.02	-0.03	-0.05	2.426	-0.03	-0.05	-0.09
	徐六泾	7.099	-0.05	-0.06	-0.09	7.799	-0.08	-0.10	-0.12
北支	青龙港	0.350	-0.34	-3.87	-21.17	0.768	-1.14	2.84	-9.77
	三和港	0.803	-0.67	-8.82	-4.47	1.711	-1.42	-3.39	-9.56
	三条港	1.713	-0.89	0.85	-0.23	3.176	-1.51	-3.70	-8.58
南支	南门港	9.514	0.03	0.12	0.67	9.462	0.23	0.48	5.16
	北港水道	6.259	0.07	0.07	0.19	6.991	0.11	0.24	2.07
	南港水道	5.783	0.08	0.05	0.11	6.115	0.10	0.30	3.22

表 5.2.7　大潮条件下工程前后监测断面水量通量的变化值

河段	断面	基础方案落潮水量通量/(亿 m³/d)	落潮水量通量变化值/%			基础方案涨潮水量通量/(亿 m³/d)	涨潮水量通量变化值/%		
			方案一	方案二	方案三		方案一	方案二	方案三
上段	江阴	24.20	-0.02	-0.04	-0.05	7.72	-0.02	-0.04	-0.05
	徐六泾	44.57	-0.02	-0.05	-0.06	28.26	-0.02	-0.05	-0.05
北支	青龙港	1.88	-0.85	-15.71	-30.12	2.48	-0.92	-0.14	-30.17
	三和港	5.14	-0.52	-4.44	-10.42	5.73	-0.55	1.23	-12.26
	三条港	10.48	-0.26	0.03	-4.79	11.06	-0.24	4.95	-3.63
南支	南门港	55.64	0.25	0.64	1.63	38.79	0.23	0.29	2.73
	北港水道	36.05	0.14	0.42	1.11	28.52	0.11	0.12	1.85
	南港水道	34.61	0.11	0.39	0.85	25.32	0.10	0.12	1.33

表 5.2.8　小潮条件下工程前后监测断面水量通量的变化值

河段	断面	基础方案落潮水量通量/(亿 m³/d)	落潮水量通量变化值/%			基础方案涨潮水量通量/(亿 m³/d)	涨潮水量通量变化值/%		
			方案一	方案二	方案三		方案一	方案二	方案三
上段	江阴	19.68	-0.02	-0.03	-0.05	3.25	-0.02	-0.03	-0.04
	徐六泾	31.39	-0.02	-0.03	-0.05	15.03	-0.02	-0.03	-0.04
北支	青龙港	1.16	-0.05	-8.17	-27.31	1.63	-0.07	-3.33	-15.09
	三和港	2.76	-0.04	-2.43	-8.16	3.22	-0.38	3.31	-4.61
	三条港	5.80	-0.28	0.33	-0.11	6.26	-0.18	4.68	-0.14
南支	南门港	35.82	0.15	0.23	1.61	18.96	0.29	0.26	2.26
	北港水道	21.15	0.10	0.16	1.18	13.09	0.24	0.19	1.27
	南港水道	20.21	0.11	0.17	0.96	11.36	0.25	0.22	0.97

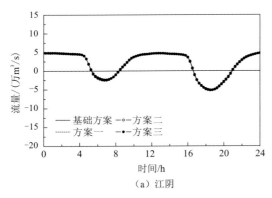

（a）江阴

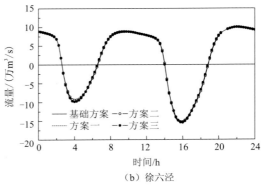

（b）徐六泾

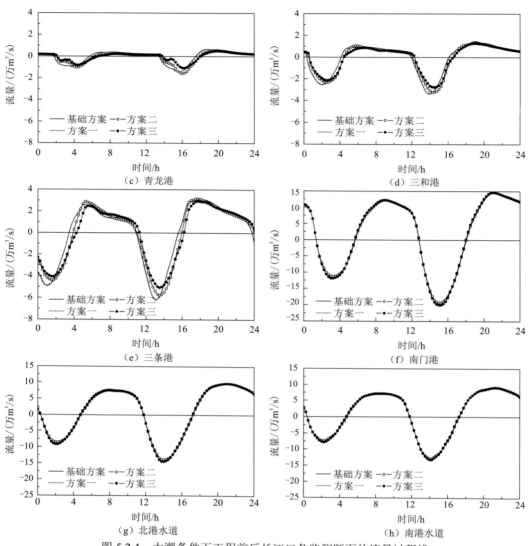

（c）青龙港　　　　　　　　　（d）三和港

（e）三条港　　　　　　　　　（f）南门港

（g）北港水道　　　　　　　　（h）南港水道

图 5.2.4　大潮条件下工程前后长江口各监测断面的流量过程线

涨潮流为负值，落潮流为正值

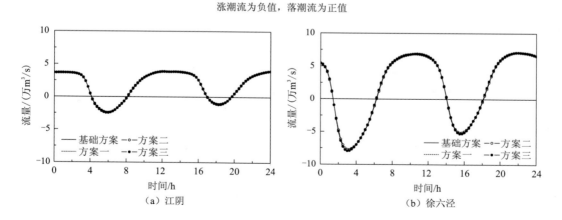

（a）江阴　　　　　　　　　　（b）徐六泾

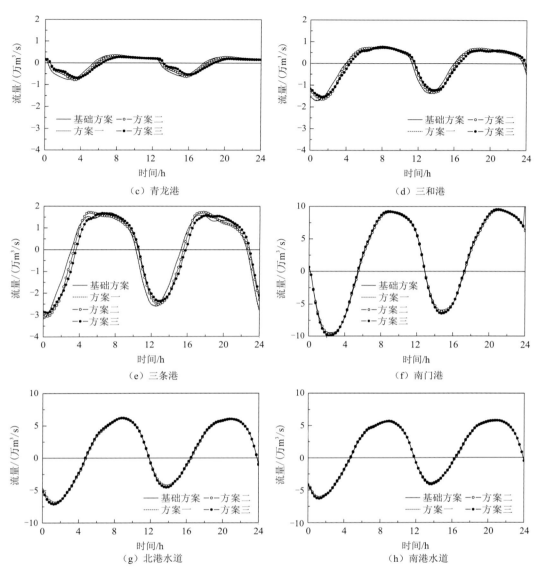

图 5.2.5　小潮条件下工程前后长江口各监测断面的流量过程线

涨潮流为负值，落潮流为正值

1）工程对断面流量峰值的影响分析

工程后，长江口各监测断面的流量变化主要受工程阻水、潮波变形的影响。一般而言，徐六泾及以上河道的涨落潮流量受工程的影响很小。在大潮条件下，徐六泾及以上河道涨落潮流量峰值的变化值一般在 0.2%以内；在小潮条件下，徐六泾及以上河道涨落潮流量峰值的变化值一般在 0.1%以内。工程影响主要集中在长江口南、北支。

在大潮条件下，长江口北支断面涨潮流量峰值，在方案一条件下变化不显著，变化值在-1.60%～-0.22%；在方案二条件下一般呈减小趋势，变化值在-6.87%～11.72%，其中青龙港断面处由于发生剧烈潮波变形，流量峰值有所增加；在方案三条件下总体呈减小趋势，变化值在-23.18%～-18.35%。长江口北支落潮流量峰值，在方案一条件下变化不显著，变化值在-3.88%～-0.11%；在方案二条件下一般呈减小趋势，变化值在-15.05%～-3.43%，其中三条港断面处由于采用偏南朝向开口的导流堤而产生"涨潮增流"、"涨潮槽蓄增量"和落潮时期的"落潮增峰"作用，断面流量峰值有所增加；在方案三条件下总体呈减小趋势，变化值在-26.37%～-4.17%。

长江口南支涨潮流量峰值仅受到工程产生的次生影响，其变化值在方案一、二、三条件下总体均呈增加趋势，变化值分别为0.10%～0.29%、0.24%～0.55%、2.07%～5.16%，工程对它的影响幅度远小于北支。

2）工程对断面水量通量的影响分析

徐六泾及以上河道断面的涨落潮水量通量受工程的影响很小。在大潮条件下，徐六泾及以上河道涨落潮水量通量的变化值在0.06%以内；在小潮条件下，徐六泾及以上河道涨落潮水量通量的变化值在0.05%以内。工程影响主要集中在长江口南、北支。

大潮条件下，长江口北支涨潮水量通量，在方案一条件下变化不显著，变化值在-0.92%～-0.24%；在方案二条件下有增有减，变化值在-0.14%～4.95%，三和港、三条港断面由于采用偏南朝向开口的导流堤而产生"涨潮增流""涨潮槽蓄增量"，水量通量出现增加；在方案三条件下总体呈减小趋势，变化值在-30.17%～-3.63%。长江口北支落潮水量通量，在方案一条件下变化不显著，变化值在-0.85%～-0.26%；在方案二条件下总体呈减小趋势，变化值-15.71%～0.03%，其中三条港断面处由于采用偏南朝向开口的导流堤而产生"涨潮增流"、"涨潮槽蓄增量"和落潮时期的"落潮增峰"作用，断面水量通量微增；在方案三条件下总体呈减小趋势，变化值在-30.12%～-4.79%。

长江口南支涨潮水量通量仅受到工程产生的次生影响，其变化值在方案一、二、三条件下均总体呈增加趋势，变化值分别0.10%～0.29%、0.12%～0.29%、0.97%～2.73%，工程对它的影响幅度远小于北支。

3. 工程对输沙过程的影响分析

工程后，北支出口段过流能力减小、北支潮波变形等作用将在改变北支泥沙输移规律中起主导地位，它们将减小北支的泥沙输移强度，进而对南支的泥沙输移产生次生影响，它们将改变长江口沿程河道断面输沙率过程曲线的相位及峰值。表5.2.9和表5.2.10为工程前后各监测断面的输沙率峰值的变化情况，表5.2.11和表5.2.12为工程前后各监测断面的泥沙通量的变化情况，图5.2.6和图5.2.7为工程前后长江口各监测断面的输沙率过程线。

表 5.2.9 大潮条件下工程前后监测断面输沙率峰值的变化值

河段	断面	基础方案落潮输沙率峰值 /（万 kg/s）	落潮输沙率峰值变化值/%			基础方案涨潮输沙率峰值 /（万 kg/s）	涨潮输沙率峰值变化值/%		
			方案一	方案二	方案三		方案一	方案二	方案三
上段	江阴	0.733	-0.05	-0.15	-0.22	0.742	-0.06	-0.13	-0.21
	徐六泾	1.984	-0.12	-0.22	-0.32	3.258	-0.11	-0.19	-0.26
北支	青龙港	3.365	-5.12	-29.57	-50.95	8.369	-0.22	-5.78	-50.06
	三和港	6.020	-2.15	-22.14	-24.79	15.944	-1.39	-16.41	-30.37
	三条港	5.314	-1.76	-7.46	-12.92	12.187	-0.19	-15.42	-24.01
南支	南门港	6.377	1.07	6.19	-1.61	7.893	1.50	3.60	2.43
	北港水道	4.792	1.36	2.40	-0.91	6.733	1.97	1.35	2.99
	南港水道	3.163	0.50	1.74	0.68	4.350	0.80	0.64	2.56

表 5.2.10 小潮条件下工程前后监测断面输沙率峰值的变化值

河段	断面	基础方案落潮输沙率峰值 /（万 kg/s）	落潮输沙率峰值变化值/%			基础方案涨潮输沙率峰值 /（万 kg/s）	涨潮输沙率峰值变化值/%		
			方案一	方案二	方案三		方案一	方案二	方案三
上段	江阴	0.443	-0.05	-0.15	-0.22	0.265	-0.06	-0.13	-0.21
	徐六泾	0.751	-0.12	-0.22	-0.32	0.882	-0.11	-0.19	-0.26
北支	青龙港	0.687	-1.01	-17.94	-42.89	1.749	-1.90	-13.27	-34.09
	三和港	1.426	-2.25	-21.25	-27.47	3.352	-2.02	-17.31	-27.15
	三条港	1.413	-1.19	-22.51	-17.23	2.594	-2.17	-13.05	-17.07
南支	南门港	1.594	0.11	0.65	0.40	1.623	0.28	2.97	7.14
	北港水道	1.099	0.03	0.28	0.24	1.130	0.34	0.85	4.29
	南港水道	0.710	0.08	0.22	0.27	0.772	0.25	0.11	4.22

表 5.2.11 大潮条件下工程前后监测断面泥沙通量的变化值

河段	断面	基础方案落潮泥沙通量 /（万 t/d）	落潮泥沙通量变化值/%			基础方案涨潮泥沙通量 /（万 t/d）	涨潮泥沙通量变化值/%		
			方案一	方案二	方案三		方案一	方案二	方案三
上段	江阴	33.92	-0.02	-0.03	-0.05	10.62	-0.02	-0.04	-0.05
	徐六泾	81.11	-0.02	-0.05	-0.06	55.76	-0.02	-0.05	-0.05
北支	青龙港	72.88	-0.51	-25.98	-53.54	116.73	-0.92	-14.89	-55.62
	三和港	204.47	-0.82	-17.70	-24.21	244.80	-0.55	-13.07	-25.38
	三条港	198.84	-0.74	0.21	-7.47	190.93	-0.24	6.45	-3.28
南支	南门港	218.09	1.33	3.79	-6.35	157.33	1.31	3.61	-3.82
	北港水道	164.43	1.35	2.61	-0.41	130.29	1.41	2.35	0.71
	南港水道	109.83	0.66	1.47	3.33	82.05	0.56	0.79	3.67

表 5.2.12　小潮条件下工程前后监测断面泥沙通量的变化值

河段	断面	基础方案落潮泥沙通量/（万 t/d）	落潮泥沙通量变化值/%			基础方案涨潮泥沙通量/（万 t/d）	涨潮泥沙通量变化值/%		
			方案一	方案二	方案三		方案一	方案二	方案三
上段	江阴	20.60	-0.02	-0.04	-0.05	3.31	-0.02	-0.04	-0.05
	徐六泾	30.76	-0.02	-0.05	-0.06	15.28	-0.02	-0.05	-0.05
北支	青龙港	21.02	-0.64	-20.92	-46.20	32.28	-0.62	-18.98	-33.74
	三和港	50.97	-0.84	-14.77	-26.04	56.09	-1.17	-11.04	-18.84
	三条港	46.96	-0.67	-9.90	-10.55	42.65	-0.58	-7.60	-6.42
南支	南门港	57.77	0.40	0.28	0.58	31.61	0.61	1.07	3.78
	北港水道	36.27	0.51	0.20	2.45	20.87	0.69	0.77	3.49
	南港水道	25.29	0.41	0.17	2.85	13.83	0.48	0.67	3.03

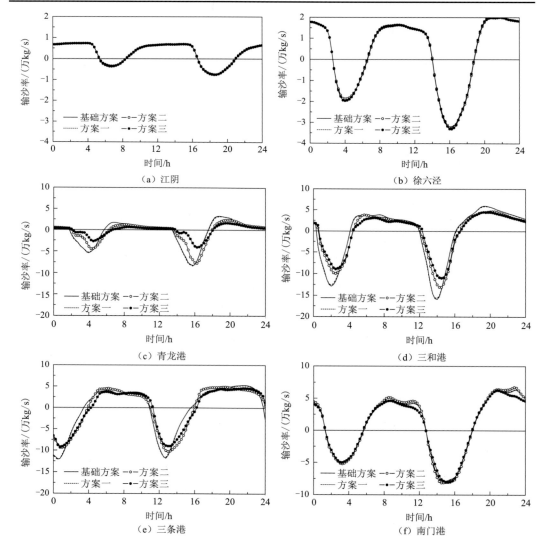

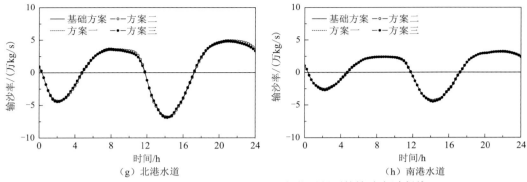

（g）北港水道　　　　　　　　　　　　　（h）南港水道

图 5.2.6　大潮条件下工程前后长江口各监测断面的输沙率过程线

涨潮流为负值，落潮流为正值

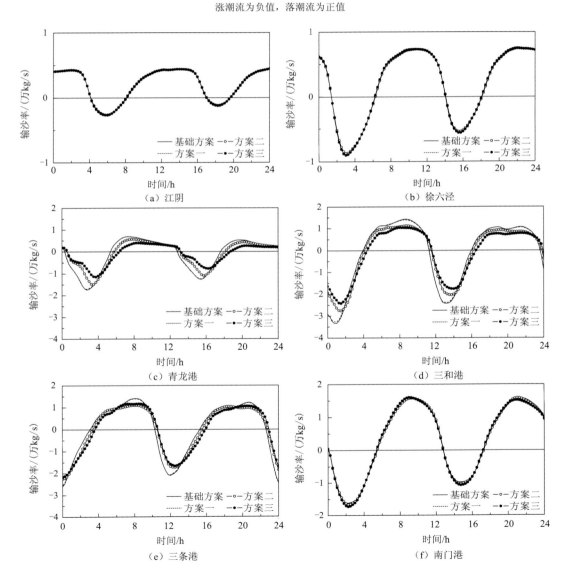

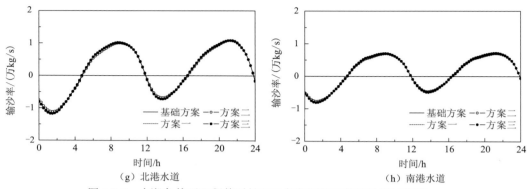

图 5.2.7 小潮条件下工程前后长江口各监测断面的输沙率过程线

涨潮流为负值，落潮流为正值

1）工程对断面输沙率峰值的影响分析

徐六泾及以上河道的涨落潮输沙率受工程的影响较小。在大潮条件下，徐六泾及以上河道断面的涨落潮输沙率峰值的变化值在 0.32%以内；在小潮条件下，徐六泾及以上河道断面的涨落潮输沙率峰值的变化值在 0.32%以内。工程对输沙率的影响主要集中在长江口南、北支。

在大潮条件下，长江口北支涨潮输沙率峰值，在方案一条件下变化不显著，变化值在-1.39%～-0.19%；在方案二条件下总体呈减小趋势，变化值在-16.41%～-5.78%；在方案三条件下总体呈减小趋势，变化值在-50.06%～-24.01%。长江口北支落潮输沙率峰值，在方案一条件下总体呈减小趋势，变化值在-5.12%～-1.76%；在方案二条件下一般呈减小趋势，变化值在-29.57%～-7.46%；在方案三条件下总体呈减小趋势，变化值在-50.95%～-12.92%。

长江口南支涨落潮输沙率峰值仅受到工程的次生影响，其变化值在方案一、二、三条件下总体均呈增加趋势，变化值分别为 0.03%～1.97%、0.11%～6.19%、-1.61%～7.14%，工程对它的影响幅度远小于北支。需要说明的是，在方案三条件下南支南门港、北港水道出现输沙率峰值减小的现象，主要是由于北支倒灌南支的泥沙减小幅度过大。

2）工程对断面泥沙通量的影响分析

徐六泾及以上河道断面的涨落潮泥沙通量受工程的影响较小。在大潮条件下，徐六泾及以上河道断面的涨落潮泥沙通量的变化值 0.06%以内；在小潮条件下，徐六泾及以上河道断面的涨落潮泥沙通量的变化值 0.06%以内。工程对断面泥沙通量的影响主要集中在长江口南、北支。

在大潮条件下，长江口北支断面的涨潮泥沙通量，在方案一条件下变化不显著，变化值在-0.92%～-0.24%；在方案二条件下一般呈减小趋势，变化值在-14.89%～6.45%，其中三条港断面由于采用偏南朝向开口的导流堤而产生"涨潮增流""涨潮槽蓄增量"，涨潮中后期水量通量增加、水流挟沙能力增大，进而断面的泥沙通量增加；在方案三条件下总体呈减小趋势，变化值在-55.62%～-3.28%。长江口北支断面的落潮泥沙通量，在方案一条件下总体呈减小趋势，变化值在-0.82%~-0.51%；在方案二条件下一般呈减小趋势，变化值在-25.98%~0.21%，其中三条港断面处由于采用偏南朝向开口的导流堤而产生"涨潮增流"、"涨潮槽蓄增量"和落潮时期的"落潮增峰"作用，断面水量通量增加、水流挟沙能力增大，进而断面的泥沙通量增加；在方案三条件下总体呈减小趋势，变化值在-53.54%~-7.47%。

长江口南支涨落潮断面泥沙通量仅受到工程产生的次生影响，其变化值在方案一、二、三条件下总体均呈增加趋势，变化值分别为 0.40%~1.41%、0.17%~3.79%、-6.35%~3.78%，工程对它的影响幅度远小于北支。需要说明的是，在方案三条件下南支南门港、北港水道出现泥沙通量减小的现象，主要是由于北支倒灌南支的泥沙减小幅度过大。

4. 工程对含沙量的影响分析

工程后，北支出口段过流能力减小、北支潮波变形等作用将在改变北支泥沙输移规律方面起主导地位，它们将减小北支的泥沙输移强度，进而对南支的泥沙输移产生次生影响，将改变长江口沿程河道断面含沙量过程曲线的相位及峰值。表 5.2.13 和表 5.2.14 分别为大潮、小潮条件下工程前后各监测断面的含沙量峰值、日平均值的变化情况，图 5.2.8 和图 5.2.9 分别为大潮、小潮条件下工程前后长江口各监测断面的含沙量过程线。

表 5.2.13　大潮条件下工程前后监测断面含沙量的变化

河段	断面	基础方案含沙量峰值/(kg/m³)	含沙量峰值变化值/%			基础方案含沙量日平均值/(kg/m³)	含沙量日平均值变化值/%		
			方案一	方案二	方案三		方案一	方案二	方案三
上段	江阴	0.170	-0.20	-0.25	-0.39	0.149	-0.13	-0.14	-0.22
	徐六泾	0.253	-0.37	-0.45	-0.53	0.203	-0.26	-0.38	-0.42
北支	青龙港	6.026	-1.52	-14.86	-29.15	4.372	-0.45	-14.84	-36.07
	三和港	5.075	-0.36	-15.43	-16.90	4.269	-0.67	-13.18	-14.64
	三条港	3.081	-0.73	-10.83	-6.88	1.795	-0.86	5.52	-0.49
南支	南门港	0.535	1.72	4.95	-10.90	0.428	1.06	3.43	-7.67
	北港水道	0.532	1.33	2.27	3.56	0.485	1.07	2.34	0.14
	南港水道	0.375	0.61	0.59	2.69	0.341	0.49	0.75	2.35

表 5.2.14　小潮条件下工程前后监测断面含沙量的变化

河段	断面	基础方案含沙量峰值/(kg/m³)	含沙量峰值变化值/%			基础方案含沙量日平均值/(kg/m³)	含沙量日平均值变化值/%		
			方案一	方案二	方案三		方案一	方案二	方案三
上段	江阴	0.126	-0.17	-0.23	-0.33	0.111	-0.13	-0.14	-0.31
	徐六泾	0.113	-0.33	-0.47	-0.42	0.107	-0.22	-0.34	-0.43

续表

河段	断面	基础方案含沙量峰值 / (kg/m³)	含沙量峰值变化值/%			基础方案含沙量日平均值 / (kg/m³)	含沙量日平均值变化值/%		
			方案一	方案二	方案三		方案一	方案二	方案三
北支	青龙港	2.334	-2.11	-17.54	-28.11	1.848	-0.49	-15.01	-25.51
	三和港	2.090	-0.73	-14.33	-19.83	1.769	-0.79	-12.75	-19.06
	三条港	1.166	-0.85	-14.09	-13.89	0.746	-0.44	-9.17	-9.91
南支	南门港	0.210	0.18	2.21	-0.74	0.164	0.25	0.46	1.06
	北港水道	0.185	0.16	0.90	0.60	0.161	0.28	0.33	1.69
	南港水道	0.127	0.22	0.66	1.78	0.120	0.22	0.29	1.96

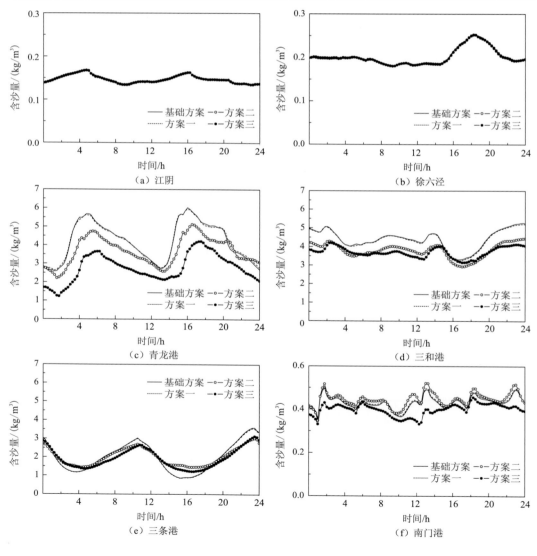

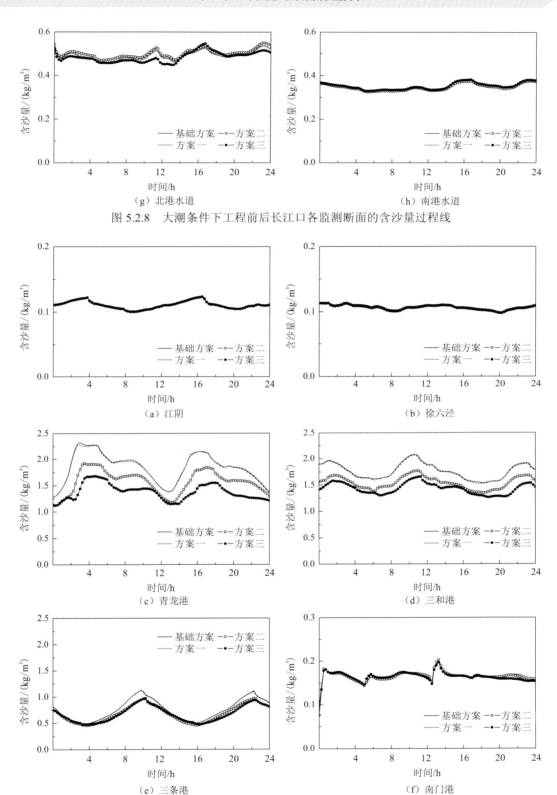

（g）北港水道　　　　　　　　　　　　　　（h）南港水道

图 5.2.8　大潮条件下工程前后长江口各监测断面的含沙量过程线

（a）江阴　　　　　　　　　　　　　　　　（b）徐六泾

（c）青龙港　　　　　　　　　　　　　　　（d）三和港

（e）三条港　　　　　　　　　　　　　　　（f）南门港

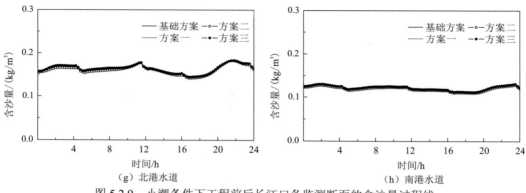

图 5.2.9　小潮条件下工程前后长江口各监测断面的含沙量过程线

由图 5.2.8 和图 5.2.9、表 5.2.13 和表 5.2.14 可知，徐六泾及以上河道的含沙量受工程的影响很小。在大潮条件下，徐六泾及以上河道含沙量峰值、日平均值的变化值在 0.53% 以内；在小潮条件下，徐六泾及以上河道含沙量峰值、日平均值的变化值在 0.47% 以内。工程影响主要集中在长江口南、北支。

在大潮条件下，长江口北支含沙量峰值，在方案一条件下总体呈减小趋势，变化值在 -1.52%～-0.36%；在方案二条件下一般呈减小趋势，变化值在 -15.43%～-10.83%；在方案三条件下总体呈减小趋势，变化值在 -29.15%～-6.88%。长江口北支含沙量日平均值，在方案一条件下变化不显著，变化值在 -0.86%～-0.45%；在方案二条件下总体呈减小趋势，变化值在 -14.84%～5.52%；在方案三条件下总体呈减小趋势，变化值在 -36.07%～-0.49%。

关于方案二需要说明的是：其一，在涨潮中后期，在三条港断面附近由于涨潮流势头逐步消耗殆尽，水流将处于低含沙量时期；其二，采用偏南朝向开口的导流堤而产生的"涨潮增流"作用使得三条港断面在涨潮中后期能较长时间地保持较大的涨潮流量、水流挟沙能力，这在很大程度上提高了在涨潮中后期三条港断面的水体含沙量；其三，在涨潮中后期提高的水体含沙量大于在涨潮中前期被过流能力减小、北支潮波变形等消减的水体含沙量，使得在一个完整的潮流过程中，三条港断面的水体含沙量出现增加。

长江口南支含沙量仅受到工程产生的次生影响。长江口南支的含沙量峰值在方案一、二、三条件下总体均呈增加趋势，变化值分别为 0.16%～1.72%、0.59%～4.95%、-10.90%～3.56%，工程对它的影响幅度远小于北支。长江口南支的含沙量日平均值在方案一、二、三条件下总体均呈增加趋势，变化值分别为 0.22%～1.07%、0.29%～3.43%、-7.67%～2.35%，工程对它的影响幅度远小于北支。这里需要说明的是，在方案三条件下，南支南门港出现含沙量峰值、日平均值减小的现象，主要是由于北支倒灌南支的泥沙减小幅度过大。

5.3　治理方案效果评估

5.3.1　减缓河道淤积效果

本节采用长江口二维水沙数学模型开展平面形态改善方案对长江口河床冲淤的影响计算，分析工程前后河道地形、河道断面等的冲淤变化，并阐明工程对长江口河床冲淤的影响。

1. 典型年后河道冲淤分析

1）计算水文条件

（1）进口水沙条件。

数学模型预测计算主要考虑"综合典型年"的来水来沙条件，其获取方式如下。根据长江上游以三峡水库为核心的控制性水库运用后的水沙条件，采用三峡—徐六泾一维水沙数学模型，计算出 1991～2000 年（三峡水库运用）、1991～2000 年（三峡水库及上游水库群联合调度）20 年长时间系列的大通、江阴的水沙过程。再基于前 10 年及全部 20 年长时间系列的大通、江阴水沙过程通过逐级流量及含沙量的频率分析，计算出大通、江阴一年的综合水沙过程。因此，"综合典型年"来水来沙条件可分为 10 年综合过程、20 年综合过程两种典型年水沙条件。

在 10 年综合过程、20 年综合过程两种典型年水沙条件下，大通的流量、含沙量过程如图 5.3.1 所示，在这两种典型年中大通的水沙过程差别很小。根据统计，10 年综合过程、20 年综合过程两种典型年水沙条件下，大通水沙因子年特征值如表 5.3.1 所示。由统计数据可知，相对于 10 年综合过程典型年而言，20 年综合过程典型年的年径流量增加 0.1%，年输沙量减小 4%，即数学模型进口（大通）的水沙条件非常接近。

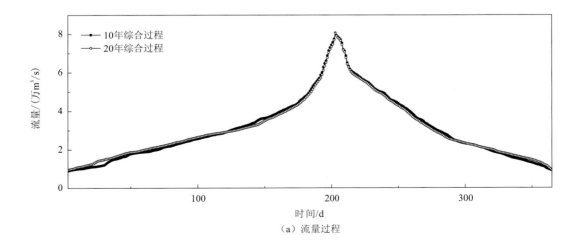

（a）流量过程

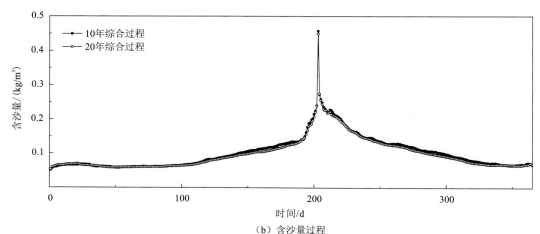

（b）含沙量过程

图 5.3.1　典型年水沙计算模型进口水沙边界条件

表 5.3.1　典型年水沙条件下大通断面水沙因子年特征值

典型年	年径流量/（亿 m³）	年输沙量/（亿 t）
10 年综合过程典型年	9 687.92	1.23
20 年综合过程典型年	9 699.78	1.18

因此，在进行典型年水沙输移与河床冲淤计算时，将 10 年综合过程典型年的水沙过程作为模型进口的水沙边界条件。

将 10 年综合过程典型年 1 月 1 日～12 月 31 日（共计 365 天）大通断面的流量、含沙量过程分别作为模型进口水流、泥沙边界条件。利用大通站实测悬移质泥沙级配设定各组悬移质泥沙的来沙比例。计算时段共计 365 天，径流量合计为 9 687.92 亿 m³，输沙量为 1.23 亿 t。模型进口水、沙边界条件如图 5.3.1 所示。

（2）外海潮位边界条件。

计算区域下游外海开边界采用调和常数法给定潮位过程。因为进行江阴水沙计算时，徐六泾边界采用的是 1999 年实测潮位修正后的数据，这里与其保持一致，选取 1999 年潮位边界作为外海开边界条件。

由于各海域波浪性质、调和常数不同，各段边界处潮位曲线的相位与潮位振幅是不同的。其中，第 8 段、第 45 段潮位边界的潮位过程如图 5.3.2 所示。

（3）4 种计算工况。

典型年河床冲淤预测计算考虑 4 种工况，即基础方案（仅包括北支中下段中缩窄工程）、方案一（顾园沙成岛方案）、方案二（顾园沙并北岸方案）、方案三（顾园沙并南岸方案）。

本节将采用长江口二维水沙数学模型，进行上述 4 种工况下长江口河床的冲淤计算。计算时，先将进口水沙资料整理成以天为单位的连续系列，将出口潮位过程整理成以小时为单位的连续系列，再进行非恒定水沙与河床变形的计算。

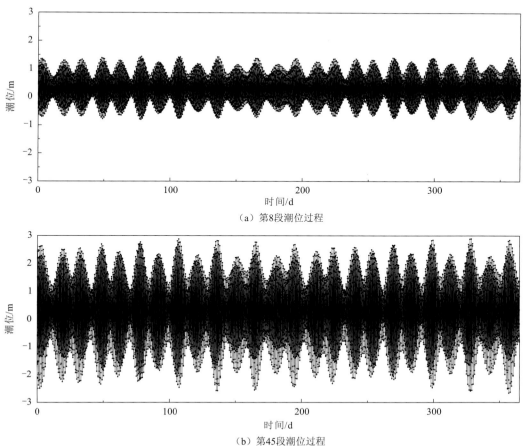

（a）第8段潮位过程

（b）第45段潮位过程

图 5.3.2　典型年水沙条件下外海开边界的潮位过程（第 8 段、第 45 段）

（4）地形统计与地形监测断面。

为便于进行河床冲淤统计、断面变形分析，在长江口徐六泾以下南、北支内布置了 16 个地形监测断面，监测断面的具体位置见表 5.3.2 和图 5.3.3。拟建工程对河道冲淤影响的长江口二维水沙数学模型计算结果主要包括：4 种工况下工程兴建前后计算河段内所有计算网格节点的地形、冲淤量等。通过分析各区域地形、冲淤量在工程前后的变化，来研究拟建工程对河道冲淤可能产生的影响。

表 5.3.2　地形监测断面位置分布表

名称	断面位置	名称	断面位置	名称	断面位置	名称	断面位置
CS1	徐六泾	CS5	三和港	CS9	工程附近	CS13	北港入口
CS2	崇头	CS6	三条港	CS10	工程附近	CS14	南港入口
CS3	青龙港	CS7	连兴港	CS11	南支入口	CS15	北港出口
CS4	灵甸港	CS8	工程附近	CS12	南门港	CS16	南港出口

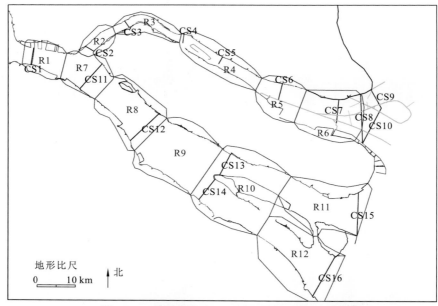

图 5.3.3　冲淤统计分区、地形监测断面布置图

2）对河床冲淤量及冲淤过程的影响

4 种工况下河床冲淤量、冲淤厚度的分区统计结果分别见表 5.3.3、表 5.3.4。

表 5.3.3　4 种工况下河床冲淤量、冲淤厚度的分区统计

监测区域	面积/（万 m²）	冲淤量/（万 m³）				冲淤厚度/cm			
		基础方案	方案一	方案二	方案三	基础方案	方案一	方案二	方案三
R1	6 035	−660.8	−665.3	−674.1	−691.5	−10.9	−11.0	−11.2	−11.5
R2	2 673	385.7	420.5	136.2	143.4	14.4	15.7	5.1	5.4
R3	3 976	−633.6	−648.4	−622.4	179.0	−15.9	−16.3	−15.7	4.5
R4	6 094	−2 341.4	−2 402.9	−2 600.3	−1 764.0	−38.4	−39.4	−42.7	−28.9
R5	8 502	−1 253.8	−1 305.8	−1203.6	−795.1	−14.7	−15.4	−14.2	−9.4
R6	15 400	−42.5	−50.5	465.2	214.6	−0.3	−1.3	3.0	1.4
R7	10 573	−932.4	−921.2	−1 009.2	−1 241.5	−8.8	−8.7	−9.5	−11.7
R8	16 738	−1 101.2	−1 082.7	−849.6	−1 501.7	−6.6	−6.5	−5.1	−9.0
R9	24 631	−550.8	−530.9	−344.3	−807.4	−2.2	−2.2	−1.4	−3.3
R10	25 913	−1 291.0	−1 291.4	−1 222.9	−1 419.0	−5.0	−5.0	−4.7	−5.5
R11	20 054	−1 327.6	−1 321.5	−1 211.9	−1 392.3	−6.6	−6.6	−6.0	−6.9
R12	20 560	−1 358.0	−1 354.8	−1 374.4	−1 341.7	−6.6	−6.6	−6.7	−6.5

注：冲刷为负。

表 5.3.4　4 种工况下计算河段河床冲淤量的变化

区域	基础方案冲淤量/（万 m³）	冲淤量变化值/%		
		方案一	方案二	方案三
徐六泾	−660.8	0.7	2.0	4.6
北支	−3 885.7	2.6	−1.6	−48.0
南支	−6 561.1	−0.9	−8.4	17.4
合计	−11 107.6	1.8	−5.4	−6.2

注：冲刷为负。

在基础方案条件下，徐六泾附近河床处于冲刷状态，冲刷量为 660.8 万 m³；在方案一、二、三条件下，徐六泾附近河床仍处于冲刷状态且冲刷量有小幅增加，增加幅度分别为 0.7%、2.0%、4.6%。

在基础方案条件下，北支入口段（R2）处于淤积状态，北支中段（R3～R5）处于冲刷状态，北支出口段（R6）处于微冲刷状态。北支河床总体上处于冲刷状态，冲刷量为 3 885.7 万 m³；在方案一、二、三条件下，北支河床总体上仍处于冲刷状态，冲刷量的变化值分别为 2.6%、−1.6%、−48.0%。在基础方案条件下，南支各段（R7～R12）均处于冲刷状态，冲刷量为 6 561.1 万 m³；在方案一、二、三条件下，南支各段河床仍处于冲刷状态，冲刷量的变化值分别为−0.9%、−8.4%、17.4%。

在基础方案条件下，长江口区域河床总体上处于冲刷状态，冲刷量为 11 107.6 万 m³；在方案一、二、三条件下，长江口区域河床总体上仍处于冲刷状态，冲刷量的变化值分别为 1.8%、−5.4%、−6.2%。

由此可见，相对于基础方案，方案一、二、三对长江口各分区河床冲淤产生的影响分别为−0.9%～2.6%、−8.4%～2.0%、−48.0%～17.4%。方案一、二对长江口河床冲淤量产生的影响不大，而方案三对长江口北支、南支上段的河床冲淤量产生了较大影响。

在基础方案条件下，北支进口段（R2）处于淤积状态，淤积厚度约为 14.4 cm；在方案一条件下，北支进口段仍处于淤积状态，淤积厚度变化不大；在方案二、三条件下，北支进口段仍处于淤积状态，淤积厚度大幅减小，减小值分别为 9.3 cm、9.0 cm。

在基础方案条件下，北支中段（R3～R5）处于冲刷状态，冲刷厚度约为 22.8 cm；在方案一、二条件下冲刷厚度分别为 23.5 cm、23.8 cm，变化幅度不大；在方案三条件下冲刷厚度出现大幅减小，减小值为 10.0 cm。

北支出口段（R6）处于微冲刷状态，在工程直接扰动下河床的冲淤规律变化也较为复杂。总体上讲，相对于基础方案，在方案一、二、三条件下河床冲淤厚度变化不大。

图 5.3.4 给出了 4 种工况下北支河床累积冲淤量随时间变化过程的比较。由图 5.3.4 可知，在各种工况下，随着时间的推移，北支河床累积冲淤量呈现出波形冲刷发展的趋势。相对于基础方案条件下北支累积冲淤量的发展曲线，在方案一、二条件下北支河床累积冲淤量发展曲线变化很小，在方案三条件下则变化较大。由此可见，方案一、二对长江口北支河床冲淤过程基本没有影响，而方案三则将对其产生较大影响。

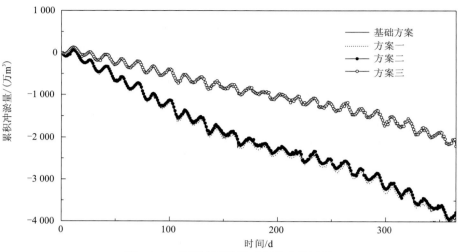

图 5.3.4　累积冲淤量随时间的变化过程

3）工程对河床冲淤平面分布的影响

计算区域总体上呈现出一种有冲有淤的形态，表现为以冲刷为主。从局部上看，工程对河道冲淤平面分布的影响主要集中在长江口北支，尤其是北支出口和入口段。下面将主要分析各种工况下这两个重点区域内河床冲淤分布的变化特点。

（1）北支出口局部区域河床的冲淤分布。

在基础方案条件下，北支出口口门很宽（顾园沙上游头部直线过流断面宽度约为17 km），经历典型年水沙过程后北支出口段总体处于微冲刷状态，河床冲淤幅度一般在 −0.2～0.2 m。在工程扰动下，河床的冲淤规律变化较为复杂，并随工程布置的变化而不同。图 5.3.5 给出了各工况下北支出口附近局部区域的河床冲淤分布图。

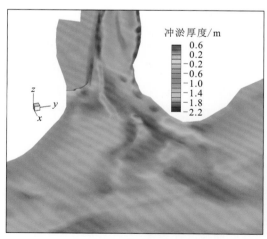

（a）基础方案

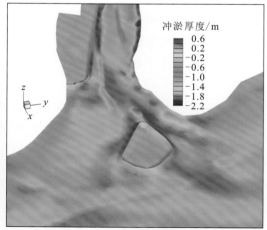

（b）方案一

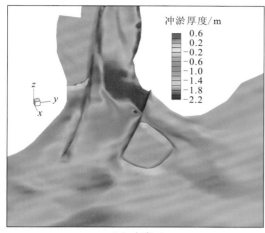
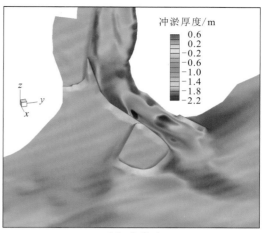

（c）方案二　　　　　　　　　　　　　（d）方案三

图 5.3.5　各工况下北支出口附近局部区域河床冲淤分布图

在方案一条件下，工程区域仅布置了顾园沙围堤，且圈围区域是河床较高、过流较小的区域，北支出口口门仍然很宽（北支出口两部分过流断面宽度之和为 10～11 km），工程实施后河床冲淤分布的调整并不明显，河床冲淤幅度一般仍保持在-0.2～0.2 m。在方案二条件下，除修建顾园沙围堤之外还修建了并北岸的导流堤，此时北支出口过流断面宽度被缩窄至 6.2～6.6 km，工程实施后新河槽内出现了较为显著的集中冲刷，河床冲淤幅度增加为-1.5～0.5 m。在方案三条件下，除修建顾园沙围堤之外还修建了并南岸的导流堤，此时北支出口过流断面宽度被缩窄至 4.2～5.5 km，工程实施后新河槽内出现了较为显著的集中冲刷，河床冲淤幅度增加为-2.0～0.5 m。

（2）北支入口局部区域河床的冲淤分布。

图 5.3.6 给出了各工况下北支入口附近局部区域的河床冲淤分布图。

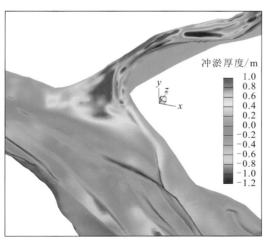
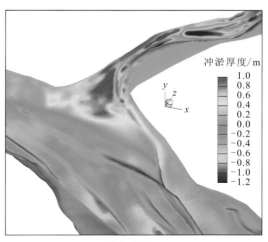

（a）基础方案　　　　　　　　　　　　（b）方案一

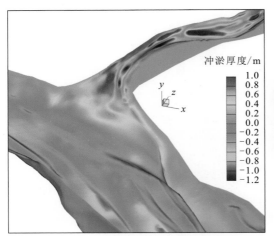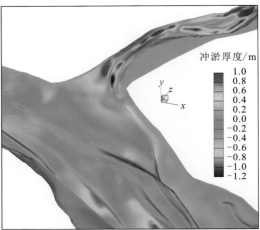

（c）方案二　　　　　　　　　　　　　　　　（d）方案三

图 5.3.6　各工况下北支入口附近局部区域河床冲淤分布图

在基础方案条件下，北支入口段在经历典型年水沙过程后总体上处于槽冲滩淤的冲淤形态，左岸滩地淤积厚度可达 1 m 以上，河床冲淤幅度一般为-0.9～1.0 m。

在方案一条件下，工程实施后河床冲淤分布的变化幅度并不明显，在左岸滩地淤积厚度可达 1.1 m，河床冲淤幅度一般仍保持在-0.9～1.0 m。在方案二条件下，左岸滩地淤积厚度减小，河槽的冲刷幅度加大，河床冲淤幅度变化为-1.0～0.9 m。在方案三条件下，左岸滩地淤积厚度减小，河槽的冲刷幅度加大，河床冲淤幅度变化为-1.1～0.8 m。

由于在涨潮条件下，北支上段泥沙通量在工程后是减小的，在方案一、二、三条件下减小的程度依次增加，且在方案三条件下是大幅减小。因此，工程作用减少了向北支上段输移的泥沙数量，从而减缓了北支进口段的泥沙淤积；同时，减少了倒灌入南支的沙量，这也是南支进口段在方案二、三条件下会出现冲刷增加现象的主要原因。

4）工程对河道断面冲淤变化的影响

取长江口地形监测断面 CS1～CS16 进行分析。各方案下监测断面面积及其变化值统计如表 5.3.5 所示，各方案下监测断面平均水深及其变化值统计如表 5.3.6 所示。图 5.3.7 给出了各工况下监测断面形态的比较。

表 5.3.5　各方案下监测断面面积及其变化值统计　　　　　　（单位：m²）

断面	初始面积	断面面积				断面面积变化值			
		基础方案	方案一	方案二	方案三	基础方案	方案一	方案二	方案三
CS1	80 916.3	81 734.0	81 736.6	81 739.0	81 746.0	817.7	820.3	822.7	829.7
CS2	9 156.1	8 369.5	8 320.5	8 705.3	9 089.6	-786.6	-835.6	-450.8	-66.5
CS3	7 259.5	7 143.7	7 135.4	7 160.1	6 849.9	-115.8	-124.1	-99.4	-409.6

续表

断面	初始面积	断面面积				断面面积变化值			
		基础方案	方案一	方案二	方案三	基础方案	方案一	方案二	方案三
CS4	12 816.9	14 201.3	14 220.3	14 207.5	13 812.4	1 384.4	1 403.4	1 390.6	995.5
CS5	15 395.3	16 298.8	16 321.2	16 401.1	16 072.9	903.5	925.9	1 005.8	677.6
CS6	31 400.2	32 352.4	32 358.3	32 368.9	31 961.1	952.2	958.1	968.7	560.9
CS7	43 017.4	42 910.6	42 883.2	41 449.2	42 218.3	−106.8	−134.2	−1 568.2	−799.1
CS8	95 345.0	95 540.5	96 290.4	—	—	195.5	945.4	—	—
CS9	36 592.1	36 568.9	36 363.2	—	39 854.0	−23.2	−228.9	—	3 261.9
CS10	53 273.6	53 541.2	53 033.3	54 984.4	—	267.6	−240.3	1 710.8	—
CS11	107 739.9	109 721.2	109 719.5	109 683.5	109 976.9	1 981.3	1 979.6	1 943.6	2 237.0
CS12	122 097.0	123 137.5	123 129.1	123 010.0	123 345.5	1 040.5	1 032.1	913.0	1 248.5
CS13	74 592.2	77 220.9	77 221.8	77 175.6	77 306.5	2 628.7	2 629.6	2 583.4	2 714.3
CS14	74 440.8	74 808.8	74 808.8	74 814.1	74 828.0	368.0	368.0	373.3	387.2
CS15	96 970.8	100 594.7	100 606.1	100 524.6	100 695.7	3 623.9	3 635.3	3 553.8	3 724.9
CS16	112 588.2	113 951.5	113 954.5	113 971.5	113 937.8	1 363.3	1 366.3	1 383.3	1 349.6

注：CS8～CS10 位于工程附近，由于工程占用面积较为复杂，在进行 CS8～CS10 面积计算时，只统计了不受工程占用影响的部分河道的过水面积，计算水位为 2.0 m，正值为断面扩大，即断面冲刷。

表 5.3.6　各方案下监测断面平均水深及其变化值统计　　（单位：m）

断面	河宽	初始水深	断面平均水深				断面平均冲淤厚度（冲刷为负）			
			基础方案	方案一	方案二	方案三	基础方案	方案一	方案二	方案三
CS1	4 484.92	18.04	18.22	18.22	18.23	18.23	−0.18	−0.18	−0.19	−0.19
CS2	2 142.67	4.27	3.91	3.88	4.06	4.24	0.36	0.39	0.21	0.03
CS3	1 403.47	5.17	5.09	5.08	5.10	4.88	0.08	0.09	0.07	0.29
CS4	2 409.91	5.32	5.89	5.90	5.90	5.73	−0.57	−0.58	−0.58	−0.41
CS5	2 184.54	7.05	7.46	7.47	7.51	7.36	−0.41	−0.42	−0.46	−0.31
CS6	4 499.41	6.98	7.19	7.19	7.19	7.10	−0.21	−0.21	−0.21	−0.12
CS7	4 234.80	10.16	10.13	10.13	9.79	9.97	0.03	0.03	0.37	0.19
CS8	13 441.09	7.09	7.11	7.16	—	—	−0.02	−0.07	—	—
CS9	4 525.90	8.09	8.08	8.03	—	8.81	0.01	0.06	—	−0.72

续表

断面	河宽	初始水深	断面平均水深				断面平均冲淤厚度（冲刷为负）			
			基础方案	方案一	方案二	方案三	基础方案	方案一	方案二	方案三
CS10	6 425.96	8.29	8.33	8.25	8.56	—	-0.04	0.04	-0.27	—
CS11	8 999.19	11.97	12.19	12.19	12.19	12.22	-0.22	-0.22	-0.22	-0.25
CS12	10 745.62	11.36	11.46	11.46	11.45	11.48	-0.10	-0.10	-0.09	-0.12
CS13	6 422.29	11.61	12.02	12.02	12.02	12.04	-0.41	-0.41	-0.41	-0.43
CS14	7 144.71	10.42	10.47	10.47	10.47	10.47	-0.05	-0.05	-0.05	-0.05
CS15	11 773.00	8.24	8.54	8.55	8.54	8.55	-0.30	-0.31	-0.30	-0.31
CS16	12 309.81	9.15	9.26	9.26	9.26	9.26	-0.11	-0.11	-0.11	-0.11

注：计算水位为 2.0 m，正值为水深增加，即断面冲刷。

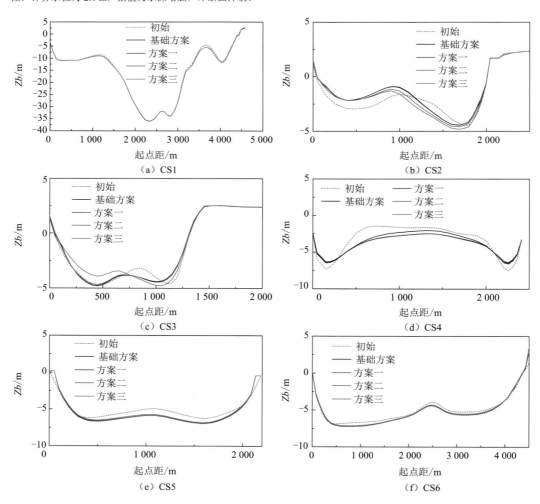

（a）CS1　　　　　　　　　（b）CS2

（c）CS3　　　　　　　　　（d）CS4

（e）CS5　　　　　　　　　（f）CS6

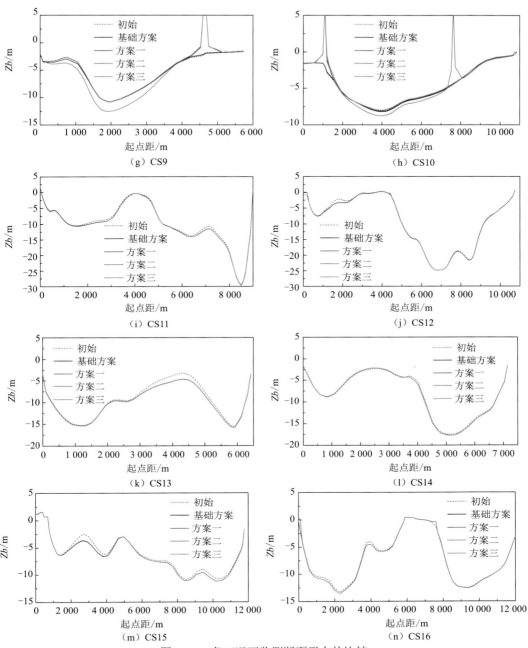

图 5.3.7　各工况下监测断面形态的比较

Zb 为高程

（1）工程对徐六泾断面冲淤的影响。

在基础方案条件下，由于河床冲刷，徐六泾断面面积增加了 817.7 m²，断面平均冲刷厚度为 0.18 m；在方案一、二、三条件下，徐六泾断面冲刷有小幅增加，面积增加值分别变化了 0.3%、0.6%、1.5%，三个方案对断面冲淤的影响均不大。

（2）工程对北支出口段断面冲淤的影响。

北支出口段工程附近断面（CS8～CS10）受工程束窄河道过流宽度的影响，会出现较强烈的集中冲刷，冲起的部分泥沙被输移并在上游不远处（如CS7）堆积。

在基础方案条件下，工程附近断面处于微冲微淤的状态，由于河床冲刷，CS8断面面积增加了195.5 m²；由于河床淤积，其上游的CS7断面面积减小了106.8 m²。工程局部断面的平均冲淤厚度在-0.04～0.01 m（冲刷为负，下同）。

在方案一条件下，由于河床冲刷，工程断面CS8面积增加了945.4 m²；由于河床淤积，其上游的CS7断面面积减小了134.2 m²；断面平均冲淤厚度在-0.07～0.03 m。

在方案二条件下，由于河床冲刷，工程断面CS10面积增加了1 710.8 m²；由于河床淤积，其上游的CS7断面面积减小1 568.2 m²；断面平均冲淤厚度在-0.27～0.37 m。

在方案三条件下，由于河床冲刷，工程断面CS9面积增加了3 261.9 m²；由于河床淤积，其上游的CS7断面面积减小799.1 m²；断面平均冲淤厚度在-0.72～0.19 m。

总体上看，工程附近断面（CS8～CS10）的冲淤调整由具体的工程布置决定。

（3）工程对北支入口段、中段断面冲淤的影响。

在基础方案条件下，由于河床冲刷，北支中段河道断面面积增加值为903.5～1 384.4 m²，断面平均冲淤厚度在-0.57～-0.21 m；由于河床淤积，北支入口段河道断面面积减小值在115.8～786.6 m²，断面平均冲淤厚度在0.08～0.36 m。

方案一相对于基础方案，工程使北支中段河道断面面积增加值增加0.6%～2.5%，使北支入口段河道断面面积减小值增加6.2%～7.2%，总体来看影响幅度不大。

方案二相对于基础方案，由于"涨潮增流"作用，涨潮时水流向北支上游输移泥沙的动力充足，不会造成泥沙的沿程淤积，其结果是北支中段河道断面面积增加值增加0.4%～11.3%，北支入口段河道断面面积减小值减小14.2%～42.7%。

方案三相对于基础方案，此时工程束窄北支口门宽度、减小长江口北支出口段过流能力的影响占主导地位，它使得涨潮流减弱、输沙动力不足，其结果是北支中段冲刷减弱且由下游涨潮带来的大量泥沙停滞在北支中上段，进而使得北支中段断面面积增加值减小25.0%～41.1%，并使北支中上段CS3断面的淤积大幅增加；减小涨潮流向北支入口段输移的泥沙量，从而大幅减小进口CS2断面的淤积。

（4）工程对南支断面冲淤的影响。

在基础方案条件下，南支总体上处于冲刷状态，南支上段断面面积增加值为1 040.5～1 981.3 m²，断面平均冲淤厚度在-0.22～-0.10 m；南支北港水道断面面积增加值为2 628.7～3 623.9 m²，断面平均冲淤厚度在-0.41～-0.30 m；南支南港水道断面面积增加值368.0～1 363.3 m²，断面平均冲淤厚度在-0.11～-0.05 m。相对于基础方案，在方案一、二、三条件下，南支水沙输移将额外受到两部分作用的叠加影响：北支中下段过流能力减小产生的挤压、南支自身潮波变形引起的南支河床冲淤强度变化；北支向南支倒灌泥沙的减弱将减小南支水流的泥沙浓度，增加南支的河床冲刷。

在方案一条件下，工程对南支沿程河道断面面积增加值的影响不大，影响幅度一般在-0.8%～0.3%。在方案二条件下，受北支中下段挤压、南支潮波变形等影响，河床冲淤分布出现一定的调整，南支沿程河道断面面积增加值的变化在-12.3%～1.5%。在方案三条件下，主要受到北支向南支倒灌泥沙减弱的影响，南支冲刷加剧，南支沿程河道断面面积增加值的变化在-1.0%～20.0%。

2. 系列年后河道冲淤分析

1）计算水文条件

与典型年水沙系列概化方式不同，系列年直接对 1991～2000 年（三峡水库运用）10年长时间系列大通、江阴的水沙过程进行概化，并用概化后的 10 年水沙边界进行河道冲淤计算。系列年大通流量概化示意图见图 5.3.8。

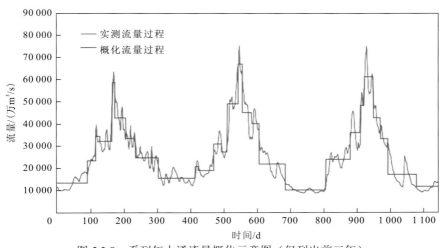

图 5.3.8　系列年大通流量概化示意图（仅列出前三年）

对于外海边界，采用调和常数法给定与上游边界同时期的外海潮位边界。

2）南北支总体冲淤变化

中缩窄工程及平面形态改善方案实施后，系列年水沙条件下长江口河段河床冲淤变化见图 5.3.9。中缩窄工程实施后，系列年水沙条件下长江口河段河床总体呈现冲淤交错的态势。其中，徐六泾主槽内冲淤交替，苏通大桥主通航孔桥墩上、下游有所淤积，主通航孔内则有所冲刷；新通海沙围垦前沿有所冲刷；白茆小沙下沙体仍有所冲刷，但冲刷幅度较小。白茆沙整治工程实施后，白茆沙掩护区域内总体有所淤积，沙体渐趋稳定。白茆沙南水道进口有所冲刷，中下段（太海汽渡—六汊港）一线有所淤积，且淤积幅度较大；白茆沙北水道内进口及潜堤的左缘也有所冲刷，新建河对开附近有所淤积。浏河口以下新宝山水道、新桥通道、南沙头通道、南港及北港等水道内河床总体有冲有淤。长江口深水航道丁坝掩护区域内总体有所淤积，航槽内有冲有淤；北支进口海太汽渡—海门港一线有所淤积，淤积幅度一般在 1.5 m 以内；海门港—青龙港一线冲淤较小；青龙港附近有所淤积；大洪河—大新河一线航槽左缘有所冲刷，右侧略有淤积；随着新村沙后圈围断面的缩窄，灵甸港—红阳港一线北支总体有所冲刷；启东港—三条港一线河床总体有所淤积；北支中下游右缘四泓港—八泓港附近总体有所冲刷；戗泓港以下冲淤交替。

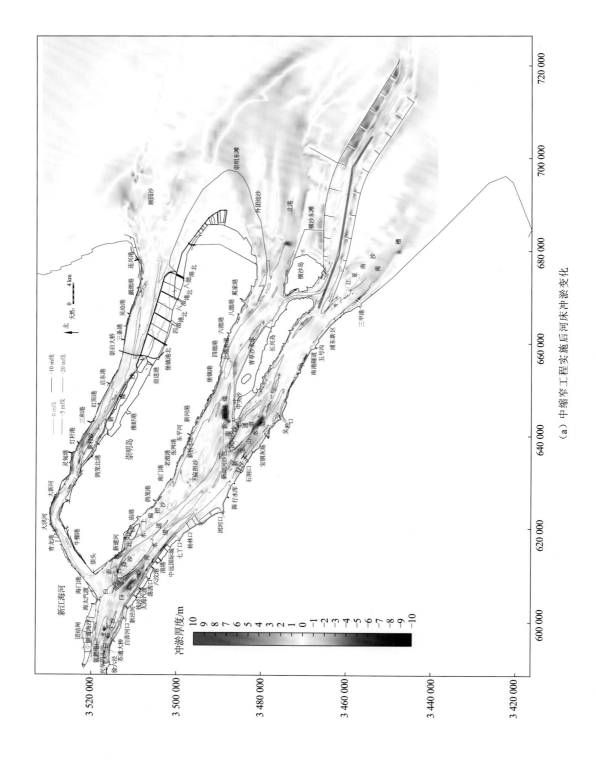

（a）中缩窄工程实施后河床冲淤变化

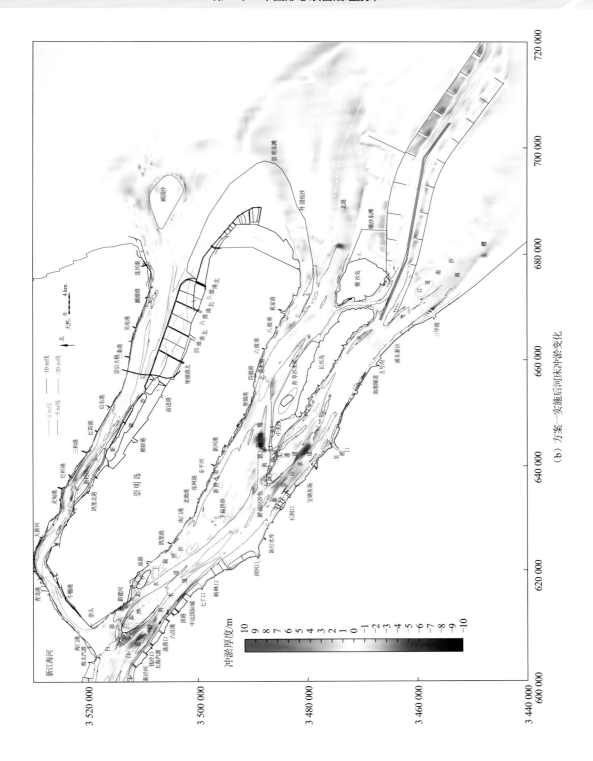

（b）方案一实施后河床冲淤变化

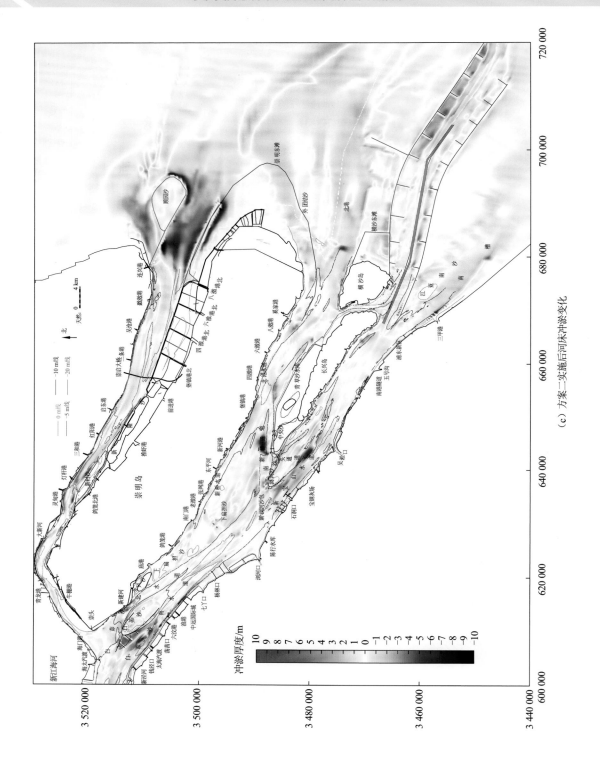

（c）方案二实施后河床冲淤变化

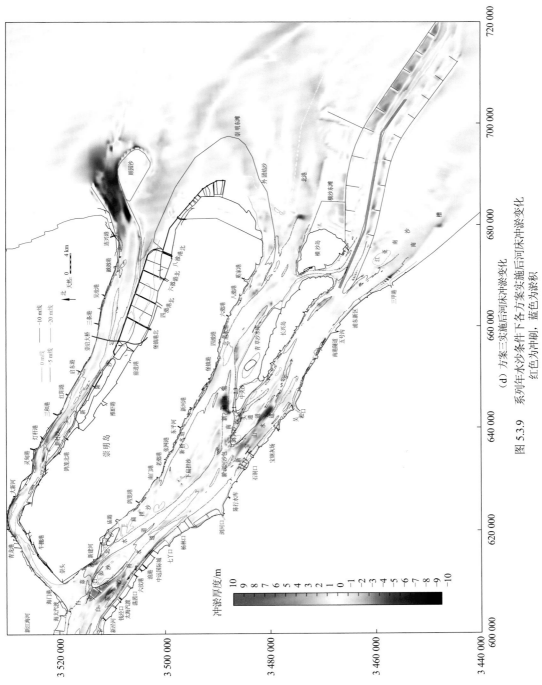

(d) 方案三实施后河床冲淤变化

图 5.3.9　系列年水沙条件下各方案实施后河床冲淤变化

红色为冲刷，蓝色为淤积

　　北支平面改善方案（方案一）实施后，工程河段河床总体仍然呈现冲淤交错的态势，其冲淤变化趋势及幅度与现状条件下河床冲淤变化趋势及幅度基本一致，仅在顾园沙圈围工程局部附近有所调整。顾园沙边缘总体有所冲刷；顾园沙南、北侧通道河床冲淤交替，总体而言北侧通道内河床冲淤幅度较顾园沙南侧通道内河床冲淤幅度大。

　　北支平面改善方案（方案二）实施后，徐六泾河段及南支下段河床总体仍然呈现冲淤交错的态势，较现状条件下河床冲淤变化较小。北支进口海太汽渡—海门港一线有所淤积，但淤积幅度有所减小；海门港—青龙港一线冲淤较小，青龙港附近有所淤积；大洪河—大新河一线航槽左缘有所冲刷，右侧略有淤积；随着新村沙后圈围断面的缩窄，灵甸港—红阳港一线北支总体有所冲刷；启东港—三条港一线河床总体有所淤积；三条港—连兴港一线河床有冲有淤，但总体以淤积为主。北支平面改善方案北侧潜堤与南侧潜堤之间的河床总体呈现冲刷趋势，且冲刷幅度一般在 1.0～5.0 m；顾园沙北侧掩护区域内有所淤积，淤积幅度一般在 0.5～3.5 m。

　　北支平面改善方案（方案三）实施后，徐六泾河段及南支下段河床总体仍然呈现冲淤交错的态势，较现状条件下河床冲淤变化较小。北支进口海太汽渡—海门港一线有所淤积，但幅度较现状条件下的淤积幅度略有减小；海门港—青龙港一线冲淤较小；青龙港附近有所淤积；大洪河—大新河一线航槽左缘有所冲刷，右侧略有淤积；随着新村沙后圈围断面的缩窄，灵甸港—红阳港一线北支总体有所冲刷；启东港—三条港一线河床总体有所淤积；三条港—连兴港一线河床有冲有淤，但总体以淤积为主。北支平面改善方案北侧潜堤与南侧潜堤之间的河床总体呈现冲刷趋势，且冲刷幅度一般在 1.0～6.25 m；顾园沙南侧掩护区域内有所淤积，淤积幅度一般在 0.5～2.75 m。

3）北支进口及出口河床冲淤变化

　　系列年水沙条件缩窄方案下，北支进口延续了近年来的河床冲淤变化趋势。北支进口段海太汽渡附近总体有所淤积，方案一实施后淤积的幅度、范围基本和现状条件下河床冲淤变化一致。北支出口很宽，经历系列年后北支出口段总体处于微冲状态，河床冲淤幅度一般在 1 m 以内；同时，顾园沙圈围边缘呈现冲刷态势，局部冲深较大。

　　北支平面改善方案（方案二）实施后，北支进口淤积的趋势没有改变，淤积的幅度有所减小。北支口门附近，随着方案二的实施，两导流堤间的冲刷较大，掩护区淤积明显；同时，戤效港一带也有所淤积。

　　北支平面改善方案（方案三）实施后，北支进口淤积的趋势没有改变，淤积的幅度有所减小，但比方案二略大。北支口门附近，随着方案三的实施，两导流堤间的冲刷较大，掩护区淤积明显；同时，戤效港一带也有所淤积。

　　系列年水沙条件下不同方案引起的河床冲淤变化见图 5.3.10。系列年后方案一引起的冲淤变化主要在工程区域附近。南支河段基本无变化，北支变化也主要集中在出口顾园沙附近。顾园沙圈围工程实施后，北支沿程涨落潮流量及流速变化较小，引起的冲淤变化也较小。顾园沙圈围边缘总体有所冲刷，北侧通道内略有淤积，南侧变化较小。

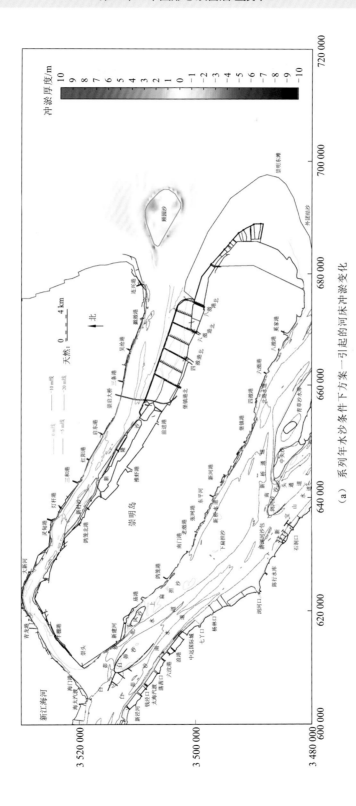

(a) 系列年水沙条件下方案一引起的河床冲淤变化

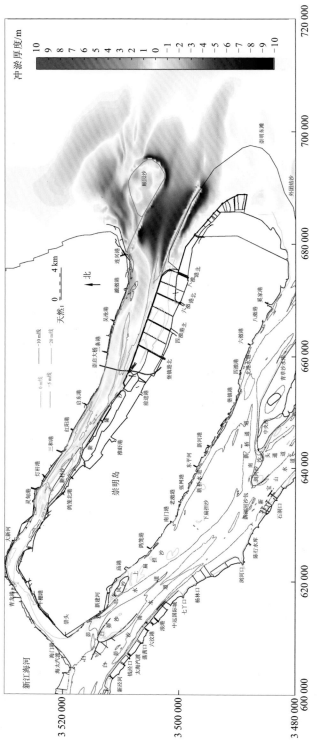

(b) 系列年水沙条件下方案二引起的河床冲淤变化

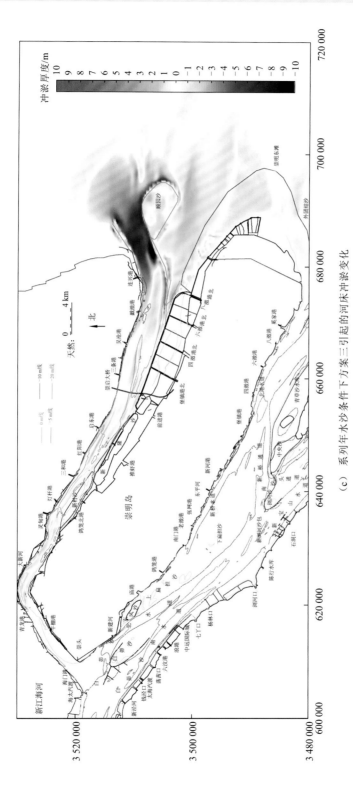

(c) 系列年水沙条件下方案三引起的河床冲淤变化

图 5.3.10　系列年水沙条件下各方案引起的河床冲淤变化

红色为冲刷，蓝色为淤积

　　方案二实施后，灵甸港以上河床略有冲刷；灯杆港—崇启大桥附近冲淤交替分布；崇启大桥—连兴港附近总体呈现淤积的态势；北支口外，两导流堤间呈现冲刷的趋势，北侧掩护区内呈现较大的淤积。

　　方案三实施后，随着北支出口涨潮流挟带的泥沙的减少，青龙港以上河床略有冲刷；随着进口涨落潮量的减少，涨落潮流速减小，泥沙易淤积。青龙港—崇启大桥附近，冲淤交替分布，总体略有淤积；崇启大桥—连兴港附近总体呈现淤积的态势；北支口外，两导流堤间呈现冲刷的趋势，北侧掩护区内呈现较大的淤积。

　　综上所述，方案一实施后河床冲淤与中缩窄条件下的河床冲淤基本一致，影响仅限于工程区域附近。方案二、三实施后，除两导流堤间相比于中缩窄条件出现明显冲刷外，北支下段（三条港—戏激港）出现明显淤积，平均淤积厚度为 0.2～0.3 m。

　　在北支下段航道内选取代表性站点研究系列年后航道水深变化，系列年（10 年）后航道水深变化见图 5.3.11。可以看出，吴淞港水深变化不大，不同方案的水深变化值在 0.1 m 以内，方案一水深增加约 0.05 m，方案二减小约 0.1 m，方案三减小约 0.03 m；戏激港水深有不同程度的增加，其中方案一增加约 0.1 m，方案二增加约 1.4 m，方案三增加约 0.8 m；连兴港水深有增有减，其中方案一增加约 0.14 m，方案二减小约 1.2 m，方案三增加约 2.4 m；顾园沙北受顾园沙圈围影响，变化最为明显，方案一减小约 0.2 m，方案二减小约 5 m，方案三增加约 5 m。总体看来，方案一实施后，吴淞港至连兴港航道水深略有增加；方案二实施后，吴淞港至连兴港航道水深有增有减，变化幅度约为 1.4 m；方案三实施后，吴淞港至连兴港航道水深增加，最大增加约 2.4 m。

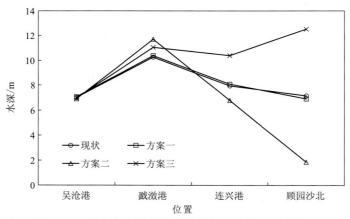

图 5.3.11　系列年水沙条件下航道水深变化（85 基准）

5.3.2　控制咸潮倒灌效果

　　针对长江口北支平面形态改善工程的初步方案，采用二维水盐模型，选择 2014 年 2 月咸潮入侵比较严重的时间段，对不同工况条件下南、北支的盐度变化情况进行模拟研究和对比分析。

1. 盐度平面分布变化分析

1）盐度分布变化

图 5.3.12、图 5.3.13 给出了不同工况下，长江口南、北支局部盐度场的平面分布，总体而言，不同工况对长江口南支的盐水分布影响较小，对北支的影响较大，主要因为不同工况条件下，局部来水的不同，使得各工况下北支高盐度水的上溯范围出现明显的差异，方案一与现状工况较为接近，方案三受北部高盐度水的影响，北支内部高盐度水的上溯范围要较其他方案大。

对于大、中、小潮三种情况，方案一与现状工况的变化也较为相似，北支口导流堤内侧附近的盐度低于北支内部，在中、小潮时更为明显；方案二北支沿导流堤的盐度稍低于其内部盐度；方案三则出现相反的情况，即北支沿导流堤处的盐度与其内部的盐度大小相近，在中、小潮时也是如此。

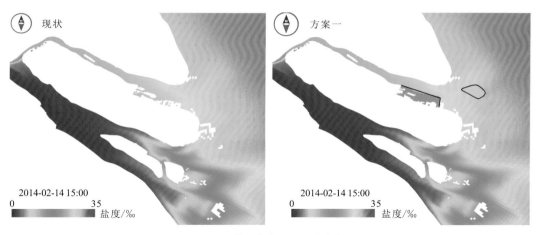

（a）现状及方案一工况下(大潮)

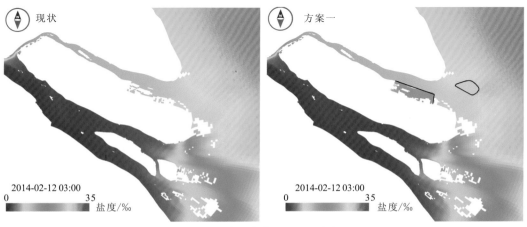

（b）现状及方案一工况下(中潮)

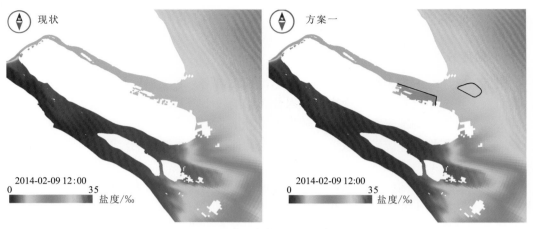

（c）现状及方案一工况下(小潮)

图 5.3.12　现状及方案一工况下长江口南、北支局部盐度场平面分布

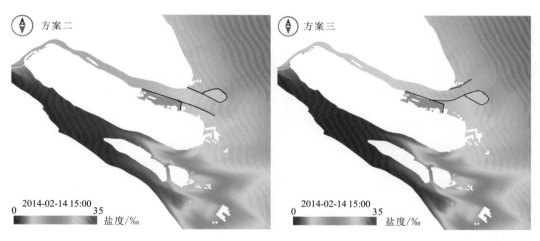

（a）方案二、三工况下（大潮）

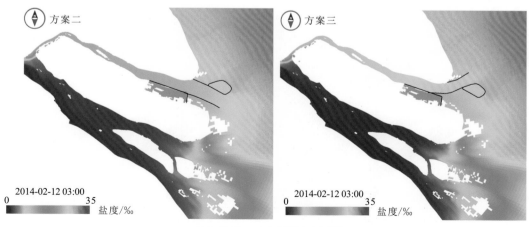

（b）方案二、三工况下（中潮）

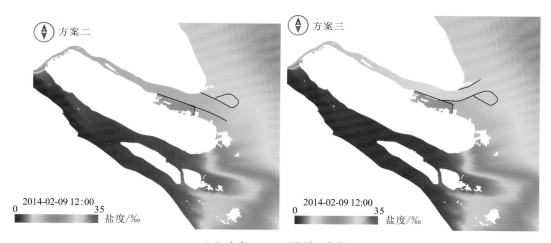

（c）方案二、三工况下（小潮）

图 5.3.13 方案二、三工况下长江口南、北支局部盐度场平面分布

2）主要水源地与站点盐度变化

表 5.3.7 给出了不同工况下，北支崇头、青龙港、三条港、连兴港和南支青草沙水库、陈行水库、东风西沙水库等主要水源地及典型站点的 2014 年 2 月盐度的最大值与平均值。从计算结果来看，受不同来水的影响，方案一工况下，北支 4 个站点的盐度与现状工况比较一致，南支陈行水库和青草沙水库的盐度较低；方案二工况下，北支三条港、连兴港受南支低盐度水的影响，要低于现状工况，而此时南支的盐度情况与现状工况最为接近；方案三工况下，北支受到北部高盐度水的影响，要高于现状工况，但受潮动力减弱的影响，此时南支水源地的盐度反而略有下降，从南支各水源地盐度的相对变化来看，方案三主要水源地盐度平均值的变化均达到 10% 以上。

表 5.3.7 主要水源地及站点的盐度变化比较

主要水源地或站点	盐度值	现状工况	方案一	方案二	方案三
崇头	最大值/‰	14.43	12.98	16.83	21.00
	平均值/‰	5.28	4.47	7.17	6.07
	平均值相对于现状工况的变化/%	—	-15.34	35.80	14.96
青龙港	最大值/‰	25.22	24.18	24.49	26.19
	平均值/‰	20.30	18.91	21.88	22.43
	平均值相对于现状工况的变化/%	—	-6.85	7.78	10.49
三条港	最大值/‰	29.38	29.36	28.85	30.20
	平均值/‰	26.02	25.73	25.04	27.62
	平均值相对于现状工况的变化/%	—	-1.11	-3.77	6.15

续表

主要水源地或站点	盐度值	现状工况	方案一	方案二	方案三
连兴港	最大值/‰	29.70	29.73	29.15	30.59
	平均值/‰	26.60	26.40	25.50	28.08
	平均值相对于现状工况的变化/%	—	-0.75	-4.14	5.56
陈行水库	最大值/‰	3.29	2.70	3.33	2.77
	平均值/‰	1.71	1.36	1.72	1.16
	平均值相对于现状工况的变化/%	—	-20.47	0.58	-32.16
青草沙水库	最大值/‰	3.67	3.28	3.75	3.17
	平均值/‰	2.33	1.92	2.39	1.68
	平均值相对于现状工况的变化/%	—	-17.60	2.58	-27.90
东风西沙水库	最大值/‰	8.57	7.70	9.27	8.97
	平均值/‰	3.96	3.49	4.44	3.43
	平均值相对于现状工况的变化/%	—	-11.87	12.12	-13.38

　　从北支主要站点的盐度变化过程图（图 5.3.14）可以看出，北支 4 个站点方案一与现状工况的盐度变化情况更为接近；方案二工况下，主要受平面工程的影响，进入北支的潮流及盐度的传播发生了变化，崇头的盐度在中、小潮期间（2 月 10～12 日）出现较大波动，且明显高于现状和方案一工况，青龙港、三条港、连兴港的盐度则基本和现状工况的波动情况一致，且处于其下方；方案三工况下，崇头盐度的波动较现状工况剧烈，峰值也较大，青龙港、三条港、连兴港的盐度波动情况与现状工况一致，且处于其上方，上述描述与对表 5.3.7 的分析也是相互吻合的。

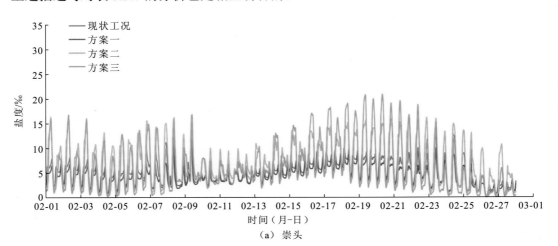

（a）崇头

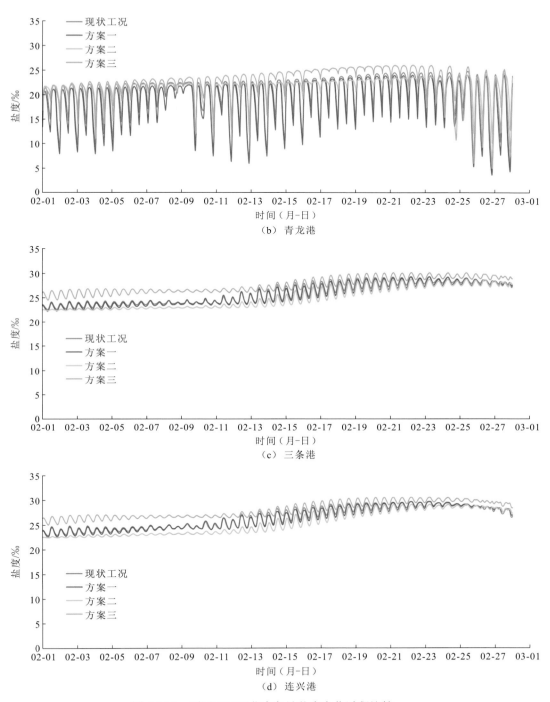

图 5.3.14　不同工况下北支各站盐度变化过程比较

由图 5.3.15 可以看出，南支重要水源地陈行水库、青草沙水库和东风西沙水库，在方案一工况下的盐度波动情况与现状工况一致，且盐度小于现状工况；无论是波动情况，还是盐度大小，方案二工况与现状工况最为接近；方案三工况下，三个水库的盐度波动情况与现状工况基本一致，但盐度整体位于现状工况下方。这些也进一步佐证了对表 5.3.7 的分析。

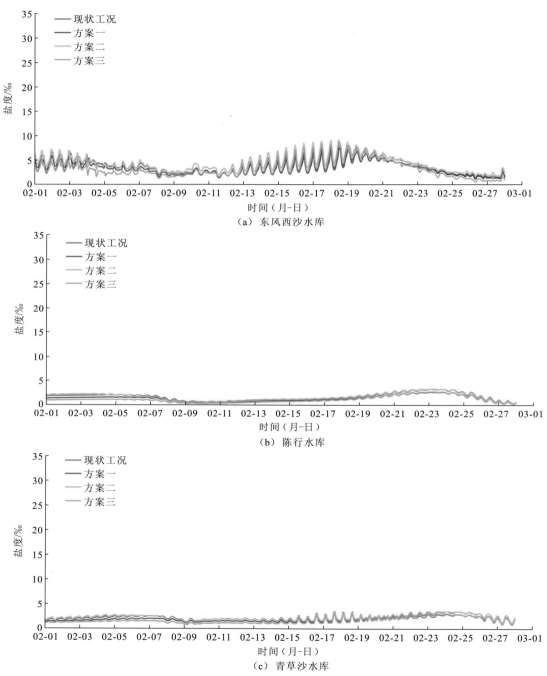

图 5.3.15　不同工况下南支重要水源地盐度变化过程比较

3）北支进口盐度通量变化

表 5.3.8 及图 5.3.16 给出了 2014 年 2 月小潮（2014 年 2 月 8～9 日）、中潮（2014 年 2 月 11～12 日）、大潮（2014 年 2 月 14～15 日）期间，各种工况下统计的北支进口盐度通量的变化情况，基本遵循通过北支倒灌进南支的盐度通量大潮最大，中潮其次，小潮最小的规律；三种方案下，北支进口咸潮倒灌的盐度通量都有所降低，其中方案二的盐度通量与现状工况最为接近，其次为方案一，方案三盐度通量减少最多，小潮减少最多，在 36%左右，这也与不同方案下南支各站点的盐度变化趋势一致。

表 5.3.8　北支进口盐度通量变化比较

潮型	盐度通量	现状工况	方案一	方案二	方案三
小潮	值/（10⁶ kg）	-1.08	-0.91	-1.08	-0.69
	相对变化/%	—	-15.74	0.00	-36.11
中潮	值/（10⁶ kg）	-1.35	-1.20	-1.32	-1.18
	相对变化/%	—	-11.11	-2.22	-12.59
大潮	值/（10⁶ kg）	-3.14	-2.76	-2.80	-2.48
	相对变化/%	—	-12.10	-10.83	-21.02

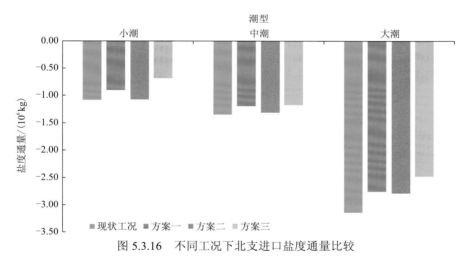

图 5.3.16　不同工况下北支进口盐度通量比较

2. 盐度三维模拟与垂向分布变化分析

针对长江口北支平面形态改善工程初步确定的方案，为更好地比较不同工况下南、北支盐度垂向分布的变化情况，选择与二维数学模型同期（2014 年 2 月）咸潮入侵比较严重的时间段对不同工况进行计算。

1）三维流场分布变化

一般而言，北支咸潮倒灌受大潮的影响较大，因此针对三维数学模型的流场分布，

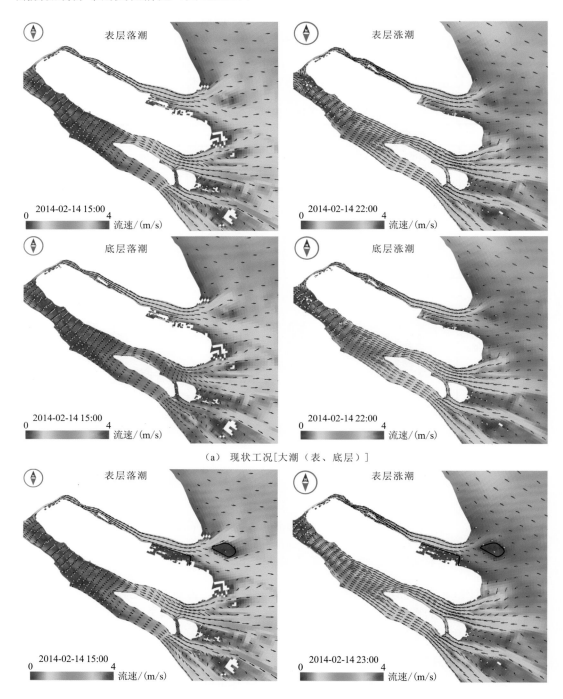#

本章重点列出了大潮条件下现状工况、顾园沙成岛方案（方案一）、顾园沙并北岸方案（方案二）、顾园沙并南岸方案（方案三）四种工况下，长江口南、北支局部流场涨、落潮表、底层流场分布的变化情况（图 5.3.17）。

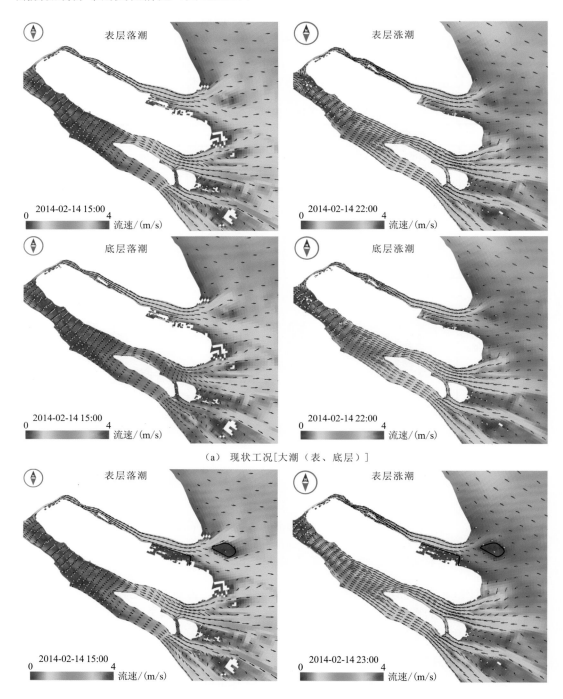

（a）　现状工况[大潮（表、底层）]

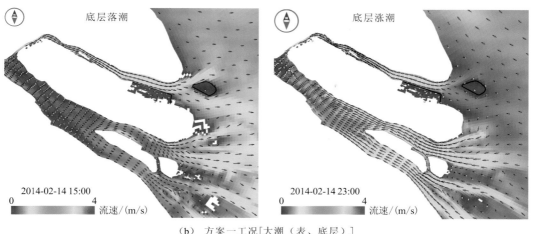

（b）　方案一工况［大潮（表、底层）］

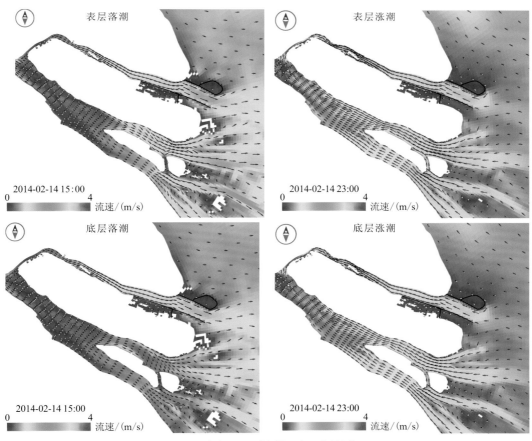

（c）　方案二工况［大潮（表、底层）］

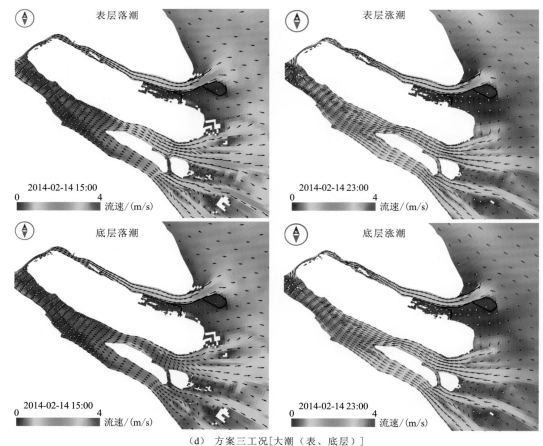

（d）方案三工况[大潮（表、底层）]

图 5.3.17　各方案长江口南、北支局部流场分布变化情况

　　总体而言，在同一时刻、不同工况下南支流场变化不大，北支在工程局部区域有所变化，进水口处水流基本沿其工程方案设计的导流堤往返运动。从图 5.3.17 中可以看出，四种工况下的南、北支局部流场皆是表层水流流速大于底层水流流速，表、底层之间略有差异，就工程而言，其对整体流场垂向分布的影响较小。在流速平面分布上，与现状工况相比，顾园沙成岛方案（方案一）整体变化较小，工程两侧深槽的流速、流向变化不大；顾园沙并北岸方案（方案二）、顾园沙并南岸方案（方案三）则受两岸导流堤作用，局部涨、落潮流速发生变化，主要沿导流堤流动，导流堤内侧深槽的流速则较工程前明显加大，尤其在中、小潮情况下比较显著。

　　2）三维盐度分布变化

　　图 5.3.18 给出了不同工况下，大潮条件下长江口南、北支局部盐度场表、底层的平面分布情况，总体而言，不同工况对长江口南支的盐水分布影响较小，对北支的影响较大，主要是因为不同工况条件下，局部来水的不同，使得各工况下北支高盐度水的上溯

范围出现明显的差异，方案一与现状工况较为接近，方案二、三受北部高盐度水的影响，北支内部高盐度水的上溯范围要较其他方案大。

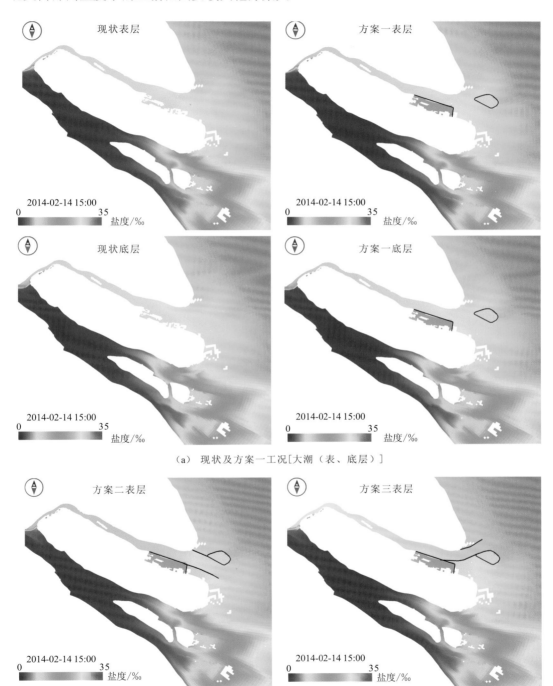

（a）现状及方案一工况[大潮（表、底层）]

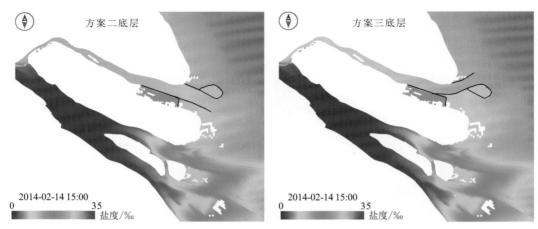

（b）方案二、三工况［大潮（表、底层）］

图 5.3.18　各方案下长江口南、北支局部盐度场分布［大潮（表、底层）］

对于大、中、小潮三种情况，方案一与现状工况的变化也较为相似，北支口导流堤内侧附近的盐度低于北支内部，在中、小潮时更为明显；方案二北支沿导流堤的盐度稍低于其内部盐度；方案三则出现相反的情况，即北支沿导流堤处的盐度与其内部的盐度大小相近，在中、小潮时也是如此。

对于垂向分布，总体工程对南、北支盐度垂向分布的影响不大，垂向分布的变化主要还是局部区域受涨潮流的影响，出现底层盐度大于表层盐度的现象。其中，方案一与现状工况的南、北支盐度分层现象比较接近，中、小潮时北支口分层现象较弱，在崇头周围出现了小范围的盐度分层现象，南支盐度分层比较明显的区域是青草沙至横沙段；但是，与现状工况相比，方案二、三北支的盐度分层现象较为显著，在崇头附近盐度分层明显的区域范围也较现状工况大。

3）主要水源地及站点盐度垂向分布变化

图 5.3.19 给出了不同工况、不同潮位条件下，盐水上溯最大范围时，北支崇头、青龙港、三条港、连兴港和南支青草沙水库、陈行水库、东风西沙水库等主要水源地及典型站点的盐度垂向分布情况。结果表明，不同工况下，除崇头外，各主要水源地及典型站点的垂向分布比较均匀，崇头站点受平面工程的影响，潮流及盐度的传播发生变化，在崇头站点处，分层情况方案二、三较方案一及现状工况要明显，呈现出下层盐度要明显大于上层盐度的趋势，其中大潮最为显著；主要水源地及典型站点盐度变化的总体趋势与平面分析基本一致，工程对长江口南支青草沙水库、陈行水库、东风西沙水库主要水源地的盐度影响较小，对北支崇头、青龙港、三条港、连兴港等站点的影响较大，其中方案三影响最大，受北部出口高盐度水的影响，北支高盐度水的上溯范围要较其他方案大，北支 4 个站点的盐度变幅要明显大于南支。

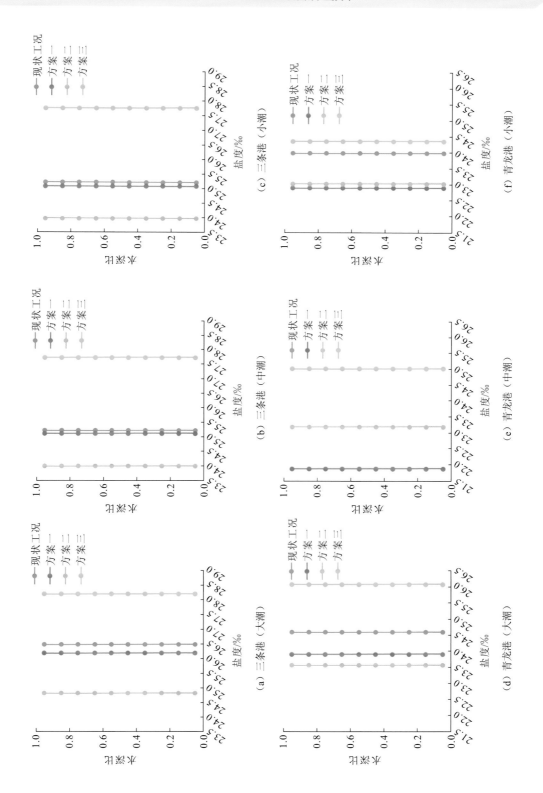

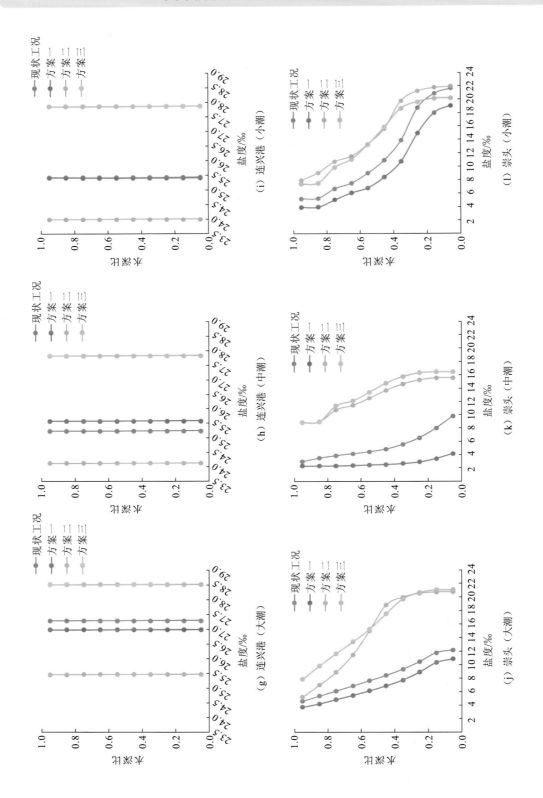

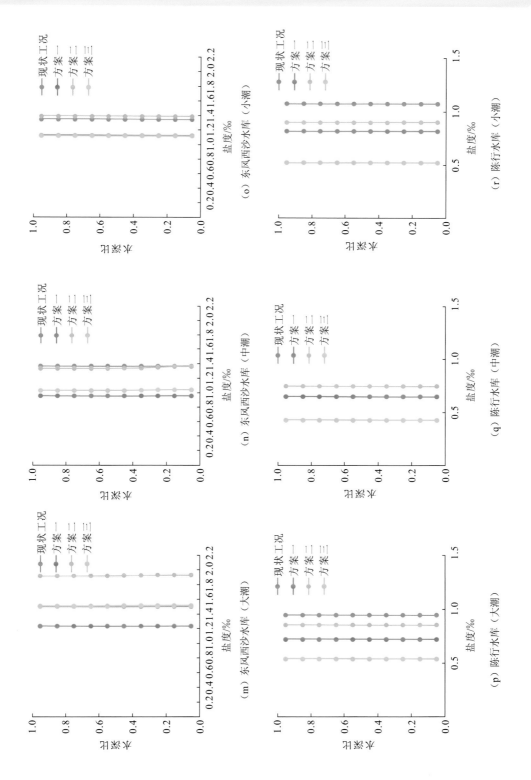

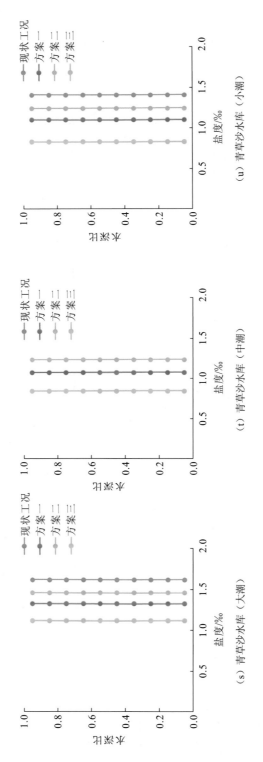

图 5.3.19 不同工况、不同潮位下主要水源地及典型站点的盐度垂向分布情况

从控制咸潮倒灌的效果来看，三种方案实施后，北支进口（崇头断面）咸潮倒灌的盐度通量均有所减小，其中，方案三（导流堤朝北）盐度通量减小最多，约为 21.9%，方案一盐度通量减小约 12.6%，方案二（导流堤朝南）盐度通量减小约 6.6%。方案二咸潮倒灌最为严重。从南支重要水源地盐度变化情况来看，方案三南支各水源地的盐度平均值降低最多，约为 24.48%。方案一南支各水源地盐度平均值降低约 16.5%，方案二南支各水源地盐度平均值略有增大，约增加 5.1%。其中，对东风西沙水库来说，方案一盐度平均值最低，约为 3.49‰，方案二盐度平均值最高，约为 4.44‰；对陈行水库和青草沙水库来说，方案三盐度值最低，为 1.16‰~1.68‰，方案二最高，为 1.72‰~2.39‰。南支各水源地盐度的变化规律与北支进口咸潮倒灌盐度通量密切相关，盐度通量越大，南支各水源地盐度越高。可以看出，方案三对控制咸潮倒灌和降低南支各水源地盐度最为有利。

从北支盐度变化规律来看，三种方案下，北支中下段的变化规律与北支上段的变化规律略有不同。北支中下段盐度平均值方案二最小，约为 25.0‰，方案一次之，约为 25.7‰，方案三最大，约为 27.6‰。北支上段盐度平均值变为方案一最小，崇头处约为 4.47‰，方案二最大，约为 7.17‰。整体看来，受北支出口北侧高盐度沿岸潮流影响，方案三下北支中下段盐度明显增大，且大于方案一与方案二。方案一实施后，北支盐度略小于现状工况，方案二实施后，北支中下段盐度略小于现状工况，但上段大于现状工况。可以看出，方案一对降低北支盐度最为有利。

从减缓河道淤积效果来看，在现状工况条件下，北支进口段处于淤积状态，淤积厚度约为 14.4 cm；在方案一条件下，北支进口段仍处于淤积状态，淤积厚度略有增加；在方案二、三条件下，北支进口段仍处于淤积状态，淤积厚度大幅减小，减小值分别为 9.3 cm、9.0 cm。在现状工况条件下，北支中段处于冲刷状态，冲刷厚度约为 22.8 cm，在方案一、二条件下冲刷厚度分别为 23.5 cm、23.8 cm，变化幅度不大；在方案三条件下冲刷厚度出现大幅减小，减小值为 10.0 cm。北支出口段处于微冲刷状态，在导流堤的直接扰动下河床的冲淤规律变化也较为复杂，相对于现状工况，在方案一、二、三条件下河床冲淤厚度变化不大。总体看来，与现状工况相比，方案一能稍微减轻北支河道的淤积，淤积量能减少 2.6%，方案二稍微加重北支河道淤积，淤积量增加 1.6%，方案三较大程度地加重北支河道的淤积，淤积量增加 48%。

综上，在水动力特性方面，方案一缩窄过流断面有限，对北支潮位、流速的影响较小；方案二、三缩窄过流断面较大，对北支潮位、流速的影响较大。从减缓河道淤积效果来看，方案一能在一定程度上减轻北支河道淤积，方案二在一定程度上加重河道淤积，方案三则较大程度地加重北支河道淤积；从控制咸潮倒灌效果来看，方案三效果最优，南支水源地盐度最低，方案一次之，方案二最差。

考虑北支河道存在的主要问题与其整治目标，根据因势利导、远近结合原则，建议下阶段以方案一（顾园沙成岛方案）为推荐方案，以方案二（顾园沙并北岸方案）和方案三（顾园沙并南岸方案）为比选方案，开展平面形态改善方案对防洪排涝和水生态、水环境的影响研究，进而比较不同方案的效果与相关影响。

5.4　治理方案影响及对策措施

5.4.1　对北支防洪排涝的影响

　　本节采用平面二维潮流数学模型，计算并分析长江口北支平面形态治理对长江口潮流运动的影响。基于计算结果，分析整治工程修建前后河道高低潮位、平均潮位、潮位过程等的变化，并阐明工程对长江口防洪排涝的影响。

　　1. 区域防洪概况

　　1）长江口区域堤防情况

　　江苏省堤防近期堤顶高程为 7.07～7.30 m，远期堤顶高程为 7.57～7.74 m；上海市浦东新区、宝山区近远期堤顶高程为 7.54～7.73 m，崇明岛近远期堤顶高程为 7.29～7.74 m，横沙岛近远期堤顶高程为 7.15 m，长兴岛近远期堤顶高程为 7.29 m。各堤段堤顶欠高见表 5.4.1。

表 5.4.1　长江口 2010 年与 2020 年堤防堤顶高程比较表

分片	堤段	2010 年		2020 年	
		防洪标准频率/%	堤顶欠高/m	防洪标准频率/%	堤顶欠高/m
苏南片	常熟市、太仓市	"长流规"	−0.02	1	0.29～0.42
苏北片	南通经济技术开发区东方红农场，海门区江心沙、青龙港、北支三，启东市		−0.01	1	0.40～0.63
			0.00	1	
上海大陆片	宝山区	0.5	0.16～0.38		
	浦东新区	0.5	−0.51～−0.01		
上海岛屿片	崇明岛	1	0.42～1.37	同 2010 年	
	长兴岛	1	0.22		
	横沙岛	1	0.08～0.78		

　　目前崇明岛堤防总长度约为 214.3 km，其中南沿海塘从三角坝至团结沙，迎水面位于长江口的南支—北港一线，由于河段中的白茆沙、扁担沙等沙体经常发生变化，南沿海塘总体属于冲刷岸段，深槽逼岸。为保证南沿海塘安全运行及外滩稳定，堤前多建有间隔为 100～600 m 的短丁坝，组成丁坝群。崇明岛北沿海塘以土堤为主，受北支萎缩、东滩淤长及台风侵袭等外界环境的影响，部分堤段外滩坍势严重，海塘相应的防护标准

和防护能力较弱。近年来，随着滩涂促淤圈围，上海市开展了海塘达标工程建设，新建或加固的海塘将能够满足规划标准的要求。已建堤防标准为：南沿的堡镇、南门城区为100 年一遇潮位加 12 级风正面影响，其他地区为 100 年一遇潮位加 11 级风正面影响。

2）防洪排涝计算条件

数学模型进口为大通站，大通站 1950～2002 年多年平均流量为 28 700 m³/s，径流量为 $9.051×10^{11}$ m³；历年最大实测流量和最大年径流量分别为 92 600 m³/s 与 $1.359×10^{12}$ m³（1954 年）。三峡水库运用以来，2003～2012 年多年平均流量为 26 650 m³/s，径流量为 $8.387×10^{11}$ m³，较 1950～2002 年的均值偏少 7.0%，历年最大实测流量和最大年径流量分别为 65 300 m³/s（2010 年 6 月 29 日）与 $9.248×10^{11}$ m³（2003 年）。

徐六泾站潮位特征值统计见表 5.4.2。徐六泾站历年最高潮位为 4.85 m（1997 年 8 月19 日），最低潮位为-1.24 m（1999 年 2 月 4 日）。从潮位的年内统计来看，一般 1～2 月潮位最低，3～4 月开始逐月涨水，最大月涨幅出现在 5～6 月，7～8 月出现最高潮位，以后潮位逐月下降，最大月降幅在 11～12 月，至翌年 1 月达最小值。

表 5.4.2 徐六泾站潮位特征值统计表　（单位：m，85 基准）

项目	特征值	发生时间	统计年份
历年最高潮位	4.85	1997-08-19	
历年最低潮位	-1.24	1999-02-04	
历年最大变幅	5.89	1997	1982～2012
历年最小变幅	4.29	1986	
汛期最大潮差	4.49	—	
枯期最大潮差	4.45	—	

考虑最不利条件，将上游边界处大通站历年最大实测流量（92 600 m³/s）作为模型上游来流流量边界条件，并将 1997 年 8 月 19 日附近的潮位过程作为模型海域潮位边界条件，以进行模拟计算，计算条件见表 5.4.3。1997 年 8 月 18～20 日外海开边界（共 48个分段）潮位条件见图 5.4.1。

表 5.4.3 工程影响计算水流条件表

序号	大通站流量/（m³/s）	海域边界	外海水位边界（85 基准）
1	92 600	大潮条件（1997-08-18～1997-08-20）	由调和常数法得到海域潮位边界

注：根据水文测验报告，潮位边界与测量应"保证两涨两落，满足潮流闭合要求"。为充分满足该条件，本节采用调和常数法得到了 3 天的完整外海潮位过程，在计算过程中不考虑台风、风暴潮等的影响。

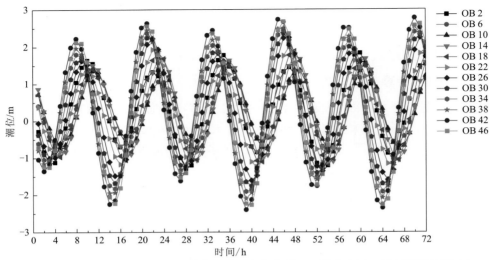

图 5.4.1　1997 年 8 月 18～20 日外海开边界潮位条件（不考虑台风、风暴潮等的影响）

OB 2 表示第 2 段外海开边界，以此类推

在计算时，从 1997 年 8 月 18～20 日 3 天的潮位过程中，截取 2 天的潮位过程进行循环，得到长时段的大潮过程系列，为数模计算提供海域边界条件。在该大潮条件下，连兴港潮位范围为-2.534～2.865 m。计算过程中，不考虑台风、风暴潮等的影响。

拟建工程对河道水位影响的平面二维数学模型计算成果主要包括：设计洪水＋大潮条件下工程兴建前后计算河段内所有计算网格节点的水位、垂线平均流速等成果。通过分析各水位监测站点在工程前后潮位的变化，来研究拟建工程对长江口防洪排涝的影响。以下分析中，潮位变化值均指各方案与基础方案潮位的差值。

2. 防洪排涝影响分析

长江口区域的河道水位是由上游径流、外海潮汐共同决定的，其变化规律十分复杂。平面形态改善工程（围堤、导流堤）对附近区域内潮流运动的影响主要体现在阻水、束窄（减小长江口北支出口段的过流能力）、调整在北支口门附近涨落潮的水流方向、使潮波发生变形、扰动口外近岸流等多个方面。工程修建不仅会形成局部壅水作用，还会产生潮波变形，并借此调整南、北支沿程河道断面潮位过程曲线的相位及峰值。表 5.4.4 为工程前后各监测站点最高潮位、最低潮位与平均潮位等的变化情况，图 5.4.2 为设计洪水＋大潮条件下工程前后长江口各监测站点的潮位过程线。

由表 5.4.4、图 5.4.2 可见，工程后，长江口各监测站点潮位的变化主要受工程阻水、潮波变形的影响。一般而言，徐六泾站及以上河道的最高潮位变化不明显，在设计洪水＋大潮条件下，徐六泾站及以上河道的最高潮位变化值在 4.5 cm 以内。工程影响主要集中在长江口北支，并对南支产生次生影响。

表 5.4.4　设计洪水+大潮条件下工程前后各监测站点潮位变化值

（单位：cm）

河段	站名	最高潮位变化值				最低潮位变化值				平均潮位变化值			
		基础方案最高潮位	方案一	方案二	方案三	基础方案最低潮位	方案一	方案二	方案三	基础方案平均潮位	方案一	方案二	方案三
上段	徐六泾站	405.3	1.7	4.0	4.5	9.6	0.1	0.6	1.0	170.5	0.4	0.8	0.4
	崇头站	362.6	1.6	1.9	1.8	-25.5	0.3	0.7	1.1	143.1	0.5	0.1	-0.3
北支	青龙港站	387.1	-0.5	13.4	-3.2	-89.5	0.5	1.7	-1.4	116.6	0.5	1.9	-0.3
	三条港站	338.5	1.7	27.4	-31.6	-196.5	0.2	20.9	13.0	46.2	0.7	7.8	7.8
	连兴港站	313.0	2.9	28.4	-37.5	-192.8	0.2	25.2	16.9	41.3	0.7	9.9	3.7
南支	南门站	349.5	1.2	-2.6	-0.9	-53.7	0.3	1.0	1.7	114.4	0.3	0.7	0.2
	堡镇站	320.1	1.7	0.9	4.4	-75.1	0.3	1.1	1.7	88.9	0.3	0.7	0.0
	石洞口站	342.5	1.0	-1.5	-0.2	-30.5	0.2	0.7	1.3	123.0	0.3	0.7	0.2
	吴淞站	325.5	1.1	2.2	4.5	-52.1	0.4	1.0	1.8	104.4	0.3	0.6	0.1
	高桥站	315.1	1.1	1.5	4.1	-57.9	0.4	1.1	1.9	94.8	0.3	0.6	0.0
	长兴站	314.8	0.8	1.1	4.0	-62.1	0.5	1.2	1.9	90.5	0.3	0.6	0.1
	横沙站	294.0	1.5	1.4	7.0	-94.4	0.8	1.5	2.0	64.2	0.2	0.5	0.1
	六滧站	316.0	1.8	3.8	4.9	-79.4	0.3	1.0	1.9	83.8	0.3	0.6	0.1
	中濬站	289.2	2.0	0.5	9.2	-95.1	0.0	1.9	0.4	62.6	0.2	0.4	0.2

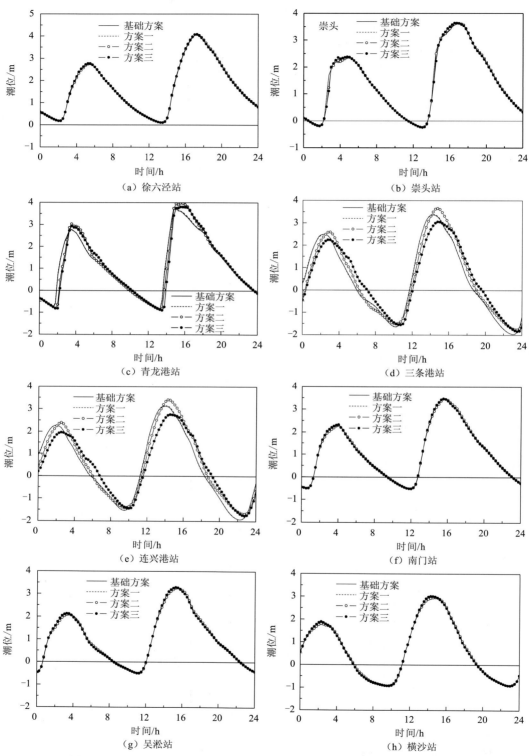

图 5.4.2　设计洪水+大潮条件下工程前后长江口各监测站点的潮位过程线

　　长江口北支最高潮位的变化情况如下：在方案一条件下，河道断面最高潮位变化较小，变化值为-0.5～2.9 cm；在方案二条件下，河道断面最高潮位出现较大幅度的增加，变化值为 13.4～28.4 cm；在方案三条件下，河道断面最高潮位出现较大幅度的减少，变化值在-37.5～-3.2 cm。长江口南支最高潮位的变化情况如下：在方案一条件下，河道断面最高潮位变化较小，变化值在 0.8～2.0 cm；在方案二条件下，河道断面最高潮位出现增加或减少，变化值为-2.6～3.8 cm；在方案三条件下，河道断面最高潮位主要呈增加趋势，变化值为-0.9～9.2 cm。

　　长江口北支最低潮位的变化情况如下：在方案一条件下，河道断面最低潮位变化不显著，变化值为 0.2～0.5 cm；在方案二条件下，河道断面最低潮位出现一定幅度的增加，变化值为 1.7～25.2 cm；在方案三条件下，河道断面最低潮位一般出现一定幅度的增加，变化值为-1.4～16.9 cm。长江口南支最低潮位的变化情况如下：在方案一条件下，河道断面最低潮位变化不显著，变化值为 0.0～0.8 cm；在方案二条件下，河道断面最低潮位增加较小，变化值为 0.7～1.9 cm；在方案三条件下，河道断面最低潮位增加较小，变化值为 0.4～2.0 cm。

　　长江口北支平均潮位的变化情况如下：在方案一条件下，河道断面平均潮位变化不显著，变化值为 0.5～0.7 cm；在方案二条件下，河道断面平均潮位出现一定幅度的增加，变化值为 1.9～9.9 cm；在方案三条件下，河道断面平均潮位一般出现一定幅度的增加，变化值为-0.3～7.8 cm。长江口南支平均潮位的变化情况如下：在方案一条件下，河道断面平均潮位变化不显著，变化值为 0.2～0.3 cm；在方案二条件下，河道断面平均潮位增加较小，变化值为 0.4～0.7 cm；在方案三条件下，河道断面平均潮位增加较小，变化值为 0.0～0.2 cm。

　　综合上述分析可见，在设计洪水+大潮条件下，工程对潮位的影响主要集中在北支中下段和北支出口等区域，对北支进口段、南支河段潮位的影响较小。其中，方案一最高潮位变化为-0.5～2.9 cm，最低潮位变化为 0.0～0.8 cm，平均潮位变化为 0.2～0.7 cm，工程对长江口南、北支河段防洪排涝的影响较小；方案二，最高潮位变化为-2.6～28.4 cm，最低潮位变化为 0.6～25.2 cm，平均潮位变化为 0.1～9.9 cm，工程对长江口北支河段防洪排涝的影响较大，对南支河段防洪排涝的影响较小；方案三，最高潮位变化为-37.5～9.2 cm，最低潮位变化为-1.4～16.9 cm，平均潮位变化为-0.3～7.8 cm，工程对长江口南、北支河段防洪的影响较小，对北支河段排涝的影响稍大。

5.4.2　对水生态、水环境的影响

1. 对北支盐度的影响

　　本节盐度模拟计算时间为 2012 年 12 月，这期间大通站平均流量约为 19 800 m³/s。外海边界潮位过程由 11 个主要分潮（Q1、O1、P1、K1、N2、M2、S2、K2、M4、MS4、M6）的调和常数确定。同期平均风速为 5 m/s，风向为北西。

不同平面改善方案实施后，北支上游至下游几个特征断面（北支入口、青龙港、红阳港、三条港、戬涍港和连兴港）大潮期间的盐度变化见图 5.4.3。

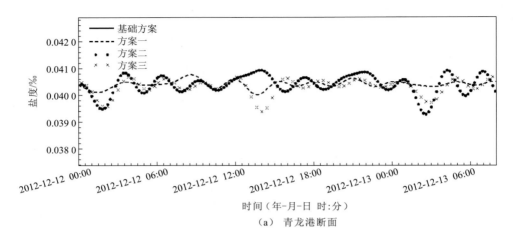

（a）青龙港断面

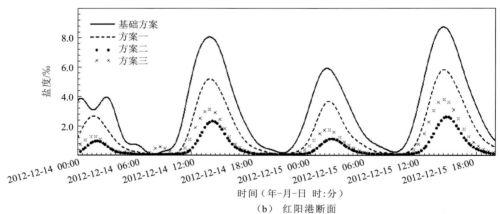

（b）红阳港断面

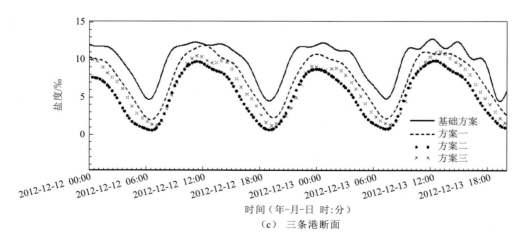

（c）三条港断面

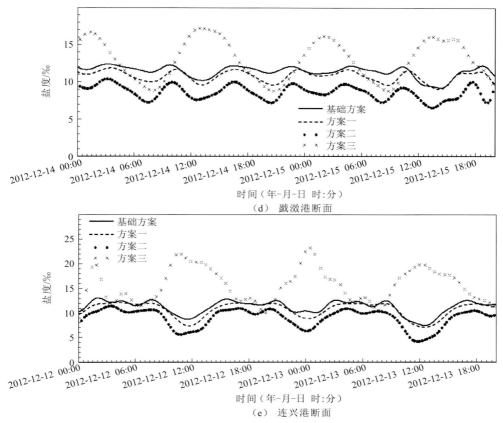

（d）戤滧港断面

（e）连兴港断面

图 5.4.3　平面改善方案对盐度的影响

由图 5.4.3 可知，北支中上游盐度变化较小，随着平面改善方案的实施，进入北支的外海高盐度海水与长江分流淡水均减少，在北支中上游表现为盐度变化不明显。

北支中部的红阳港和三条港平均盐度大小为基础方案>方案一>方案三>方案二。北支下游的戤滧港和连兴港平均盐度大小为方案三>基础方案>方案一>方案二。方案三阻断了长江口南支淡水对北支的影响，连兴港附近受外海潮汐主导，盐度较大，北支下泄流量的减少进一步加剧了下游盐水入侵。方案二实施后，长江口南支下泄淡水会影响北支，减小进入北支的盐度。

大潮期间，北支平面改善各方案实施后垂向平均盐度分布对比见图 5.4.4。由于长江口多级分汊的河势，北支的径流远小于南支，北支潮流作用强，大潮涨潮期间有相当多的外海高盐度水体进入北支，北支盐水入侵严重。

图 5.4.5 给出了北支上游至下游几个特征断面（北支入口、青龙港、红阳港、三条港、戤滧港和连兴港）不同平面改善方案的平均盐度。北支入口至青龙港盐度低于 0.1‰，红阳港至三条港盐度在 12.5‰左右。不同的平面改善方案对北支下游戤滧港和连兴港的影响略有不同，其中方案三时连兴港处盐度最大，约为 26.9‰。

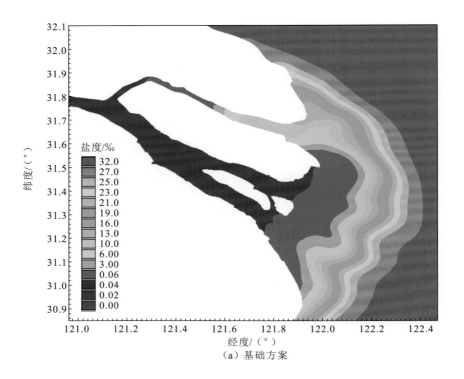

（a）基础方案

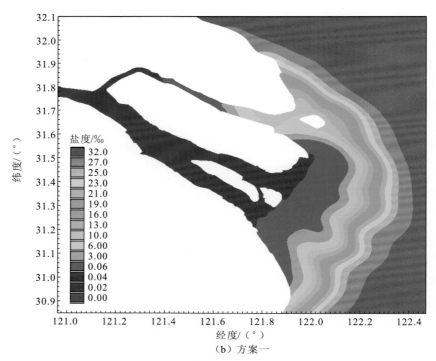

（b）方案一

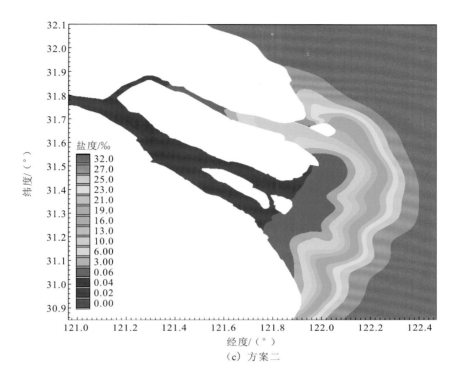

（c）方案二

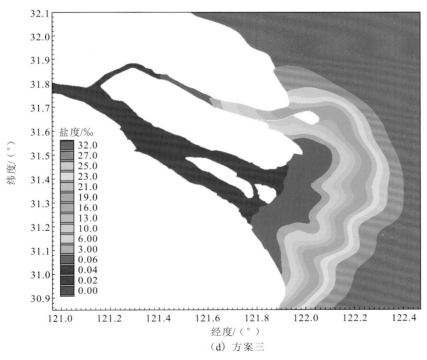

（d）方案三

图 5.4.4　大潮期间垂向平均盐度分布图

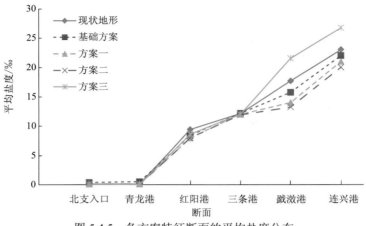

图 5.4.5　各方案特征断面的平均盐度分布

2. 对生态保护区的影响

长江口北支主要生态保护区包括上海崇明东滩鸟类国家级自然保护区和启东长江口（北支）湿地省级自然保护区，同时海门水源地位于北支入口左岸的海门港附近，位置示意图见图 5.4.6。

图 5.4.6　自然保护区位置示意图

上海崇明东滩鸟类国家级自然保护区在东经 121°50′～122°05′，北纬 31°25′～31°38′，南起奚家港，北至八滧港北，西以 1988 年、1991 年、1998 年和 2002 年等建成的围堤为界（目前的一线大堤），东以吴淞标高 1998 年 0 m 线外侧 3 000 m 水域为界，呈仿半椭圆形，航道线内属于崇明岛的水域和滩涂总面积为 241.55 km²，主要保护对象为湿地生态系统及珍稀鸟类。

启东长江口（北支）湿地省级自然保护区西起吴沧港外，东至启兴沙东，南起启兴沙南，北至长江大堤外 2.4 km，保护区总面积为 214.91 km²，主要保护对象为河口滨海湿地生态系统及珍稀物种。

　　长江口北支的污染源主要集中在北支上段,所属行政区为海门区临江新区和三厂镇,长江口南支石洞口、竹园和白龙港是上海市三大排污口,具体位置见图 5.4.7。排污口排放到长江口的污水受到径流、潮流、风、温度、盐度等因素的影响,运动复杂。为便于研究排污口排放污水对北支保护区的影响,上海崇明东滩鸟类国家级自然保护区布置了 9 个水质监测点,编号分别为 C1～C9;启东长江口(北支)湿地省级自然保护区布置了 10 个水质监测点,编号分别为 Q1～Q10;海门水源地以 S 表示。

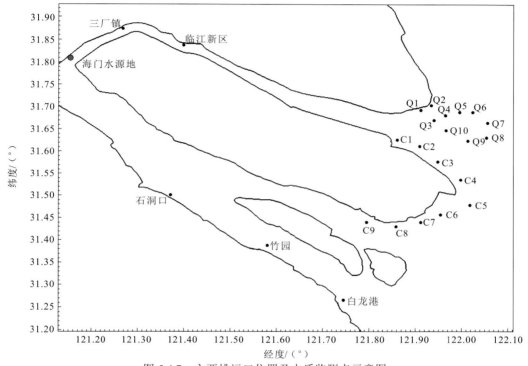

图 5.4.7　主要排污口位置及水质监测点示意图

　　总磷、总氮是评价水环境的重要因子,2011 年北支水域内废污水排放量为 5 526.02 万 t,其中总氮、总磷排放量分别为 1 087.20 t 和 54.36 t。以此为排污口源强,通过模拟典型水文条件下长江口污染物浓度的空间分布规律,评价北支平面改善方案对北支自然保护区水质的影响。

　　表 5.4.5 是四个北支平面改善方案自然保护区和水源地总氮浓度统计结果。基础方案、方案一、方案二、方案三中海门水源地总氮浓度分别为 2.259 mg/L、2.271 mg/L、2.232 mg/L 和 2.176 mg/L,可见平面改善方案对海门水源地的影响并不大,相比于基础方案、方案二、三使海门水源地总氮浓度降低,变化幅度在 5%内。对于启东长江口(北支)湿地省级自然保护区,方案二、三会使保护区内总氮浓度明显降低,其中方案三平均总氮浓度降幅最大,均值为 0.739 mg/L。方案一会使启东长江口(北支)湿地省级自然保护区总氮浓度均值降低,降低幅度约为 7.9%,但在不同区域呈现不同影响,具体为

顾园沙北部（Q1～Q4）总氮浓度略微增大，顾园沙东侧和南侧（Q5～Q10）出现减少趋势。在上海崇明东滩鸟类国家级自然保护区内，方案二会增大保护区内的总氮浓度，方案三对保护区整体总氮均值有所降低，但是在靠近南支的 C8、C9 测点总氮浓度并未明显减小，C1～C3 测点总氮浓度明显降低。

表 5.4.5　北支自然保护区和水源地总氮浓度　　（单位：mg/L）

自然保护区和水源地	测点位置	基础方案	方案一	方案二	方案三
启东长江口（北支）湿地省级自然保护区	Q1	0.551	0.692	0.301	0.322
	Q2	0.612	0.753	0.484	0.315
	Q3	1.023	1.328	0.618	1.022
	Q4	1.060	1.276	1.080	1.268
	Q5	1.225	1.208	1.030	0.685
	Q6	1.458	1.246	1.223	0.757
	Q7	1.921	1.579	1.343	0.888
	Q8	2.374	1.864	1.485	0.965
	Q9	2.429	1.865	1.309	0.725
	Q10	1.844	1.544	1.044	0.439
	均值	1.450	1.336	0.992	0.739
上海崇明东滩鸟类国家级自然保护区	C1	0.712	0.928	1.209	0.114
	C2	1.932	2.305	2.310	0.375
	C3	1.877	1.858	1.938	0.874
	C4	2.079	1.993	2.064	1.611
	C5	2.365	2.315	2.442	2.039
	C6	2.277	2.243	2.359	2.076
	C7	2.258	2.229	2.357	2.148
	C8	2.304	2.294	2.336	2.235
	C9	2.398	2.397	2.388	2.346
	均值	2.022 4	2.062 4	2.155 9	1.535 3
海门水源地	S	2.259	2.271	2.232	2.176

　　表 5.4.6 是四个北支平面改善方案自然保护区和水源地总磷浓度统计结果。可以看出，改善方案对总磷的影响与总氮结果规律一致，海门水源地总磷浓度为 0.156～0.163 mg/L。对于启东长江口（北支）湿地省级自然保护区，方案二、三会使保护区内总磷浓度明显降低，其中方案三平均总磷浓度降幅最大，均值为 0.080 mg/L。方案一会

使启东长江口（北支）湿地省级自然保护区总磷浓度均值减小约 7%。在上海崇明东滩鸟类国家级自然保护区内，方案二会增大保护区内的总磷浓度，方案三对保护区整体总磷均值有所降低，但是在靠近南支的 C8、C9 测点总磷浓度并未明显减小，C1～C3 测点总磷浓度明显降低。

表 5.4.6　北支自然保护区和水源地总磷浓度　　　　　　　（单位：mg/L）

自然保护区和水源地	测点位置	基础方案	方案一	方案二	方案三
启东长江口（北支）湿地省级自然保护区	Q1	0.052	0.065	0.042	0.043
	Q2	0.057	0.071	0.068	0.044
	Q3	0.121	0.158	0.096	0.158
	Q4	0.126	0.152	0.101	0.118
	Q5	0.145	0.144	0.122	0.080
	Q6	0.172	0.147	0.116	0.071
	Q7	0.182	0.149	0.127	0.084
	Q8	0.226	0.177	0.141	0.091
	Q9	0.232	0.177	0.124	0.069
	Q10	0.175	0.147	0.099	0.042
	均值	0.149	0.139	0.104	0.080
上海崇明东滩鸟类国家级自然保护区	C1	0.068	0.089	0.116	0.011
	C2	0.185	0.221	0.222	0.036
	C3	0.181	0.180	0.187	0.084
	C4	0.189	0.181	0.188	0.147
	C5	0.216	0.211	0.223	0.186
	C6	0.210	0.207	0.217	0.192
	C7	0.209	0.207	0.216	0.200
	C8	0.215	0.214	0.215	0.209
	C9	0.223	0.223	0.222	0.219
	均值	0.188 4	0.192 6	0.200 7	0.142 7
海门水源地	S	0.162	0.163	0.160	0.156

以长江口北支和南支排污口排放的污水为研究对象，基于 Lagrange 示踪粒子法，将污染物当作保守物质考虑，通过北支平面改善方案对污染物粒子运动的影响进行观察和分析。

　　图 5.4.8 给出了不同平面改善方案对污染物粒子输移的影响。由图 5.4.8 可以直观地看出污染物扩散的主要方向和影响范围。北支排污口的污染物粒子受涨潮流的影响，有部分污染物倒灌输移至南支，还有部分输移至北支下游。南支排污口污染物粒子主要顺南港向下面的外海输移，一部分流往杭州网，还有一部分扩展到崇明东滩东部水域，这与总磷、总氮浓度分布结果基本一致。

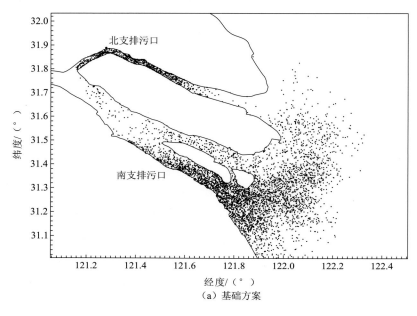

（a）基础方案

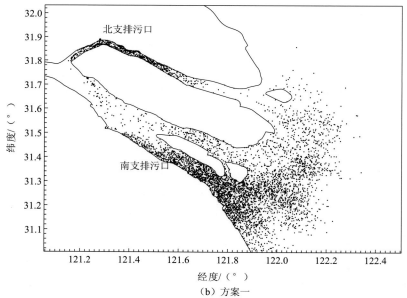

（b）方案一

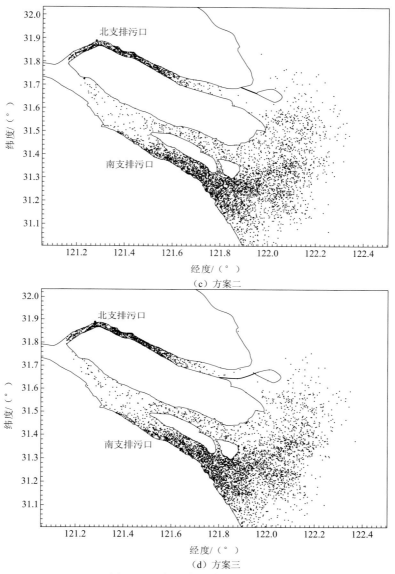

图 5.4.8 各方案污染物粒子分布

平面改善方案分为中缩窄工程（基础方案）、顾园沙成岛方案（方案一）、顾园沙并北岸方案（方案二）和顾园沙并南岸方案（方案三）四个方案，它们对水环境的影响如下。

（1）不同平面改善方案在海门水源地盐度变化不明显，在启东长江口（北支）湿地省级自然保护区和上海崇明东滩鸟类国家级自然保护区平均盐度大小为方案三>基础方案>方案一>方案二。方案三阻断了长江口南支淡水对北支的影响，启东长江口（北支）湿地省级自然保护区受外海潮汐主导，盐度较大，北支下泄流量的减少进一步加剧了下游盐水入侵。

（2）以总氮、总磷为水环境评价指标，平面改善方案对海门水源地影响并不大，相比于基础方案，方案二、三使海门水源地污染物浓度降低，变化幅度在 5%内。对于启东长江口（北支）湿地省级自然保护区，方案二、三会使保护区内污染物浓度明显降低，其中方案三平均污染物浓度降幅最大。方案一在不同区域呈现不同影响，具体为顾园沙北部污染物浓度略微增大，顾园沙东侧和南侧出现减少趋势。在上海崇明东滩鸟类国家级自然保护区内，方案二会增大保护区内的污染物浓度，方案三对保护区整体污染物浓度均值有所降低，但是在靠近南支的测点污染物浓度并未明显减小。

总体来讲，在实施中缩窄工程的基础上，方案一对北支纳潮量、含沙量分布、盐度及污染物扩散的影响比方案二、三都小。北支平面改善方案并未增加北支水体交换能力，只有减少污染物排放，严格执行废弃水排放标准，才能保证北支海门水源地、启东长江口（北支）湿地省级自然保护区和上海崇明东滩鸟类国家级自然保护区的水质环境安全。

5.4.3　对策措施

从平面改善方案对防洪排涝和水生态环境的影响分析可以看出，方案一对北支防洪排涝和水生态环境等的影响总体较小，方案二使北支下段最高、最低潮位抬高约 20 cm，方案三使北支下段最低潮位抬高约 15 cm。同时，方案二、三在顾园沙两侧深槽修建隔流堤，对北支中下段潮流特性的影响较大，对启东长江口（北支）湿地省级自然保护区内典型河口湿地生态系统的影响较大，因此推荐方案一为平面改善优选方案。下面将针对方案一对防洪排涝和水生态、水环境的影响，提出对策措施。

在设计洪水+大潮条件下，方案一引起的最高潮位变化为-0.5～2.9 cm，最低潮位变化为 0.0～0.8 cm，平均潮位变化为 0.2～0.7 cm，工程对长江口南、北支河段防洪排涝的影响较小。方案一引起的流速变化主要集中在顾园沙周围及其两侧深槽内，表现为顾园沙周围流速减小，最大减小约 0.3 m/s。顾园沙北侧深槽流速略有增加，增加幅度约为 0.05 m/s，南侧深槽流速略有减小，减小幅度为 0.05～0.1 m/s。总体来看，方案一引起的流速增加区域主要集中在顾园沙北槽，与连兴港外堤防距离较远，且流速增加不大，故不需要采取护岸措施进行防护。

方案一对水生态环境的影响主要表现在对启东长江口（北支）湿地省级自然保护区的影响上。启东长江口（北支）湿地省级自然保护区位于顾园沙水域，主要保护对象为典型河口湿地生态系统、濒危鸟类、珍稀水生动物及其他经济鱼类。方案一沿顾园沙-2 m等高线布置围堤将顾园沙圈围，导致自然保护区湿地面积减少，特别是中高滩湿地面积减少较为明显。同时，围堤建设将隔断顾园沙滩面与外海潮流的联系，使其成为"生态孤岛"。顾园沙滩面生物的生存环境将被改变，不利于自然保护区生物资源的维持和保护。

针对顾园沙围堤给启东长江口（北支）湿地省级自然保护区可能带来的不利影响，考虑自然保护区保护要求较高的事实，对策措施可按照"循序渐进""逐步推进"的原则，先期开展顾园沙圈围对自然保护区影响的专题研究，然后针对特定对象安排必要的湿地补偿或异地恢复，或者在围堤工程外围进行湿地修复，使其满足维持启东长江口（北支）湿地省级自然保护区生态功能的要求。

第 6 章

北支建闸治理技术

6.1　北支建闸方案

6.1.1　国内外挡潮闸概况

　　早在 19 世纪中叶，随着海上运输事业的发展，船舶吃水深度增加，河口自然水深不能满足航运要求日益受到重视，但受当时科学技术水平的限制，治理工作仅限于航道的疏浚。20 世纪以后，随着工农业生产、航运事业和科学技术的发展，对河口的综合治理和开发有了进一步的认识，许多国家开展了治理研究和规划，并采取了有效措施。根据开发利用目的的不同，有效措施主要分三类：第一类是以解决航运问题为主，在河口兴建海塘、丁坝、顺坝和导流堤等工程，或者进行大量的人工和机械疏浚，保证河口畅通，如美国密西西比河河口，葡萄牙瓜迪亚纳河河口，委内瑞拉奥里诺科河河口，法国塞纳河、卢瓦尔河、吉伦特河河口，德国埃姆斯河、亚德河、威悉河、易北河河口等；第二类是在中小潮汐河口兴建挡潮闸或防浪堤以防止风暴潮侵袭和盐水入侵，达到防洪、防潮及提供工农业生产所需淡水资源的目的，如英国泰晤士河河口、荷兰莱茵河河口、法国阿杜尔河河口等；第三类是兴建潮汐电站，利用潮能发电，以解决能源问题，如英国塞文河河口、法国朗斯河河口等。总地来看，以航道为主相应开发河口其他资源，是目前为止国内外潮汐河口治理的主要途径。

　　从 20 世纪 50 年代开始，应工农业生产和人民生活的需要，我国沿海大部分中小入海河口都已建闸以挡潮御卤、排洪蓄淡。据统计，我国沿海地区已修建挡潮闸的入海河口有 300 多个。例如，辽宁省的辽河口与双台子河口分别建有田庄台闸和双台子河闸；河北省、天津市沿海 55 个入海河口中，大清河口、沂河口、小青龙河口等 33 个入海河口都已修建了挡潮闸；山东省沿海的许多入海河口，如徒骇河口也修建了水闸；江苏省沿海入海河口挡潮闸的修建更是普遍，仅排水流量大于 100 m³/s 的大、中型挡潮闸就有 60 多座，除苏北灌河口外，其他入海河口几乎均已修建了挡潮闸，挡潮闸总数达 96 座之多；浙江省沿海地区，也有不少入海河口修建了挡潮闸，如甬江支流的姚江、瓯江支流的楠溪江、椒江支流的永宁江及钱塘江河口段支流曹娥江都已建闸；福建省、广东省等的华南沿海，除少数河口及有航运要求的一些入海河口外，相当多一部分入海河口都已建闸，如福建省九龙江口的西溪闸、南溪闸和北溪闸，广东省仅汕头地区流量在 1 000 m³/s 以上的大型挡潮闸就有 11 座，韩江三角洲 17 个入海河口中除 12 个已堵截外，余下 5 个都已修建了挡潮闸。

6.1.2　河口闸下淤积研究

　　潮汐河口是河流的入海口，介于河流与海洋之间，其主要动力因素是河流的径流和海洋的潮汐，河口的几何尺度及波浪、泥沙运动、盐度分布等自然界随机现象也是重要因素。为了理清诸多种因素的变化规律，寻求潮汐河口治理的有效途径，国内外曾开展过多种形式的研究。总地来看，除搜集现场资料和历史资料进行分析研究外，还应用了数学模型和实体模型进行研究。20 世纪上、中期曾主要依靠实体模型进行试验，有的河口的治理研究采用了多个尺度的实体模型。大型高速电子计算机出现后，因其费用低、周期短，数学模型迅速成为河口研究的重要手段，用一、二维水力学方法（近年也有三维计算开始应用）来解决河口的有关问题，收到了良好效果。20 世纪60 年代起，泥沙数学模型被应用于长江口、珠江口、瓯江口、钱塘江口、黄河口、灌河口、海河口等港口航道的治理开发中。窦国仁（1964）通过分析射阳河建闸前后潮汐、潮流、径流等要素及泥沙来源、泥沙输移数量、泥沙运行规律、河段冲淤规律等的变化得出闸下淤积发生的条件和主要影响因素。金元欢和沈焕庭（1991）在分析我国主要建闸河口河道冲淤资料的基础上，对不同物质组成、不同类型的河口及同一河口闸上、闸下河道在不同时间内的冲淤特性，做了较为系统的论述。赵今声（1978）调查了天津市、河北省、江苏省等河口挡潮闸下的淤积情况，分析了闸下淤积的原因，并阐述了闸下河道淤积量的计算方法。施世宽（1999）认为大面积围垦减少甚至截断滩面归槽水，加剧了闸下淤积的发展。任道远和王学荣（2002）分析了永定新河屈家店闸下 64 km 河段的冲淤规律及闸下河道缩短后回淤的变化。邢焕政（2003）认为海河闸下 4 km 以内普遍淤积，其泥沙来源是河口本身水下三角洲和淤泥质暗滩。王义刚等（2005）分析了江苏省川东港挡潮闸闸下河道的蜿蜒变化，以及回淤速率加快的机理。伍冬领等（2003）研究了永宁江枢纽引航道和挡潮闸下的淤积，认为闸港泥沙淤积过程主要是静水沉降过程，由于泥沙粒径较细，易于絮凝。胡玉志（1996）根据青静黄排水渠挡潮闸下游观测资料，对挡潮闸闸下泥沙淤积成因从流速垂线分布方面做了分析。在闭闸情况下，河口段涨潮流近底流速大于水面流速，而在落潮时水面流速大于近底流速，河口段潮流流速在垂线上的分布不遵循无潮河流的规律。因为泥沙的垂线分布是水流底层含沙量高，所以涨潮时带入闸下引河段的泥沙量大于落潮时带走的泥沙量，使挡潮闸下引河段严重淤积。林健等（1996）研究表明：潮汐河口盲肠河道的水位、流速、含沙量等均随时间变化，口门回流强度较弱，也难形成异重流，因而在潮汐作用较强的河口地区，盲肠河道的淤积主要是由进出盲肠段的潮流造成的，异重流淤积和回流淤积基本可以忽略不计。李大山和任汝述（1996）认为，在淤泥质海岸，由于近岸波浪、水流作用，掀起了大量的细颗粒泥沙，从而形成了一条宽阔的沿岸浑水带，在一定条件下，由于含沙浑水与清水的密度差，在重力作用下浑水会潜入清水形成异重流。马洪亮和王震（2019）针对甬江河口建闸工程开展闸下淤积数学模型研究。结果表明，工程实施后，闸上因受闸保护河道基本无淤积，闸下淤积影响较大。闸址越靠近河口，受保护的上游河道面积越大，由闸下淤积带来的河道总体泥沙淤积增量越小，甚至小于目前的河道淤积量。

6.1.3　北支建闸研究及初步方案

1．建闸研究方案回顾

1）20 世纪 80～90 年代的研究方案

《长江口综合开发整治规划要点报告》及《长江口综合开发整治规划要点报告》（1997年版本）研究了圩角沙封堵工程方案、圩角沙—连兴港封堵工程方案、圩角沙—新隆沙封堵工程方案、连兴港束窄工程方案、新隆沙（黄瓜沙）闸坝工程方案、全河道束窄工程方案（图 6.1.1），采用平面二维水流模型计算了不同工程方案对潮流量、流速的影响，以及对河道演变、咸潮倒灌的影响，详细研究了工程对北支闸下潮位的影响，以及闸门的运行水位、水利排涝计算与调整措施、工程对水质及生态环境的影响。上述方案综合起来可概括为三种类型六个方案，即阻隔型（圩角沙封堵工程方案、圩角沙—连兴港封堵工程方案、圩角沙—新隆沙封堵工程方案）、半阻隔型［新隆沙（黄瓜沙）闸坝工程方案］及开敞型（连兴港束窄工程方案、全河道束窄工程方案），其中阻隔型为平原水库方案，开敞型为河道缩窄方案，半阻隔型为建闸方案。

半阻隔型方案［即新隆沙（黄瓜沙）闸坝工程方案］的主要优点是通过水闸的合理调度，防止北支咸潮、泥沙对南支的倒灌影响。半阻隔型方案是在新隆沙断面建闸坝工程，在涨潮时关闸，隔断北支水沙进入南支，南支涨潮流进入北支的通道，此时北支相当于起蓄水水库的作用。由于该方案大幅度缩窄了北支的河道宽度，闸上是否会加速淤积需深入研究。同时，闸下受潮波反射的影响，高潮位大幅度抬高，对防洪（潮）影响较大，需大规模加高、加固闸下河道堤防；低潮位的抬高及河道的加速淤积，将给沿岸排涝带来较大影响。此外，涨潮时南支涨潮流进入北支，落潮时由于受闸坝的壅水作用，部分水流倒灌入南支，南、北支间水体交换频繁，流态较为复杂，不利于南支河段的河势稳定。由于闸孔尺寸较小，落潮时下泄的淡水量有限，闸下长约 32 km 的河道将长期维持高含盐状态，将给闸下引淡水带来不利影响，对水生态环境的影响也较大。

2）长江口综合整治开发规划阶段研究的建闸方案

根据《长江口综合整治开发规划》，北支整治方案为"近期采用中缩窄和上段疏浚的方案，以减轻北支咸潮倒灌南支，延缓北支的自然淤积萎缩，维持北支引排水功能，适当改善北支的航运条件。同时，进一步深入研究北支远期综合整治方案，全面实现北支综合整治目标。"

在河口地区修建挡潮闸，既可挡潮御卤，又可蓄淡灌溉，对综合利用河口淡水资源将发挥积极作用。因此，在长江口北支建挡潮闸，在咸潮倒灌期将挡潮闸关闭，可彻底将倒灌的咸潮挡在闸下游，从控制咸潮倒灌角度，建挡潮闸无疑是可选择方案之一。但从已建的河口挡潮闸的工程实践看，河口建闸后会显著改变原来河口地区河床相对平衡的局面，此外，北支河道是江苏通启海地区引排水和崇明岛排水的主要河道，建闸后对沿岸地区水资源的调度也会产生一定的影响。因此，选择合适的闸址和适当的闸门参数，尽可能减小建闸的不利影响，成为研究的重要内容。

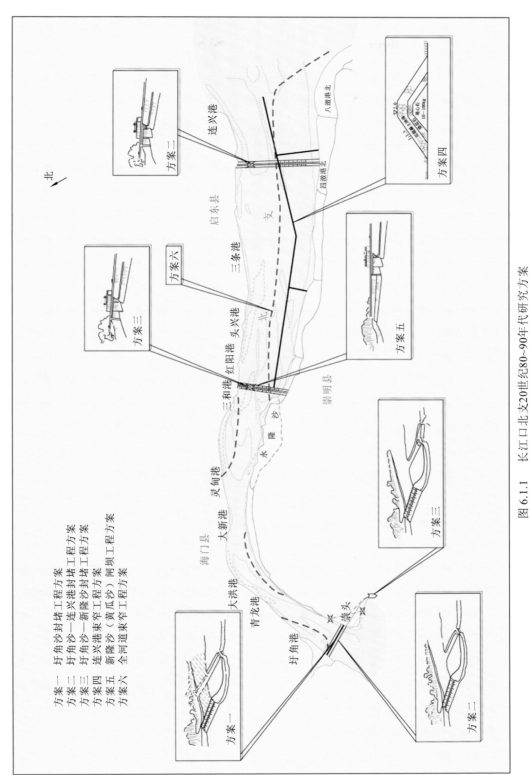

方案一　圩角沙封堵工程方案
方案二　圩角沙—连兴港封堵工程方案
方案三　圩角沙—新隆封堵沙封堵工程方案
方案四　连兴港束窄工程方案
方案五　新隆沙（黄瓜沙）闸坝工程方案
方案六　全河道束窄工程方案

图 6.1.1　长江口北支20世纪80~90年代研究方案
"海门县" 1994年成为 "海门市"；"启东县" 1989年成为 "启东市"，2020年成为 "海门区"；"启东县" 1989年成为 "启东市"

根据北支河道地形特征和地质条件，规划在北支上段青龙港、中段启东港附近、下段八浃港北附近建挡潮闸，考虑到建闸投资规模及分期实施的可能性，还研究了在中缩窄工程基础上建闸的方案，闸址也分别拟定在北支上段青龙港、中段启东港附近、下段八浃港北附近（表 6.1.1）。针对不同方案条件，通过数学模型的计算、分析，比较不同闸址和不同闸门宽度条件下的流场变化及综合影响。

表 6.1.1　长江口综合整治开发规划阶段北支建闸方案

研究方案		闸址及河道情况	闸底板高程/m	闸宽/m
直接建闸方案	上闸址	青龙港	-1.5	600
	中闸址	启东港附近	-6.0	800、1 200、1 600
	下闸址	八浃港北附近	-7.0	3 000
缩窄后建闸方案	上闸址	中缩窄后在青龙港	-1.5	600
	中闸址	中缩窄后在启东港附近	-6.0	800
	下闸址	中缩窄后在八浃港北附近	-7.0	1 000

（1）直接建闸方案。对于北支直接建闸方案，规划考虑了上、中、下三个不同闸址。上闸址位于青龙港，中闸址位于启东港附近，下闸址位于八浃港北附近，并对中闸址方案进行不同闸宽（800 m、1 200 m、1 600 m）的对比研究，上闸址闸宽拟定为 600 m，下闸址闸宽拟定为 3 000 m。

（2）缩窄后建闸方案。缩窄后建闸是在中缩窄工程的基础上，在北支上、中、下闸址拟建不同宽度的挡潮闸，闸址和闸底板高程同直接建闸方案，上、中、下闸址闸宽分别为 600 m、800 m 和 1 000 m。

3）长江口综合整治开发规划阶段建闸研究的主要结论

根据建闸各方案的整治效果及相关影响计算分析成果，从减轻咸潮倒灌效果、防洪排涝影响、北支河势变化、土地资源开发利用效益、生态环境影响等方面，对北支建闸各方案进行了综合研究。

不同建闸方案的主要差别表现在对防洪（潮）和对河势的影响上，特别是在关闸期间。①上闸址方案下游高潮位抬高较小，对防洪（潮）安全影响最小，但对河势的影响较大，闸下淤积的河道最长，闸下水深维护难度很大。几乎整个北支受咸潮控制，对环境和生态的影响大。②中闸址方案下游高潮位的抬高大于上闸址，影响防洪（潮）安全，对河势的影响也较大，闸下淤积河道较长，河道水深维护难度较大。闸下几乎受咸潮控制，对环境和生态的影响较大。③下闸址方案闸下即海域，高潮位不抬高，对防洪（潮）安全基本无影响，但闸上低潮位抬高影响两岸的排涝。闸上淤积与其运行方式的关系十分密切，需深入研究闸门的运行方式，改善北支上段的淤积。建闸改变了闸上的水生态环境，污染物输移扩散能力减弱，岸边污染物浓度将比工程前有所增加。

不同建闸方案综合比较见表 6.1.2。

表6.1.2　不同建闸方案综合比较表

项目	直接建闸方案			缩窄后建闸方案		
	上闸址	中闸址	下闸址	上闸址	中闸址	下闸址
防洪(潮)(闸关)	闸下高潮位最大抬高0.52 m	闸下高潮位最大抬高0.65 m	闸下高潮位降低0.06 m	闸下高潮位降低0.26 m	闸下高潮位降低0.11 m	闸下高潮位降低0.07 m
排涝(闸开)	闸下低潮位降低0.01 m，闸上低潮位抬高0.03 m	闸下低潮位降低0.01～0.05 m，闸上低潮位抬高0.06～0.67 m	闸下低潮位抬高0.14 m，闸上低潮位抬高0.34 m	闸上低潮位抬高，闸下低潮位降低，影响闸段短	闸上低潮位抬高，闸下低潮位降低，影响闸段长	闸上低潮位抬高，闸下低潮位降低，影响河段最长
对河势的影响	北支上口有冲刷的可能，但闸附近的上、下游涨、落潮流速减小	落潮平均流速在闸上游最大减小0.26 m/s，比工程前减小32%，在闸下游最大减小0.26 m/s，比工程前减小23%	闸上游的涨潮平均流速都有减小，最大减小25.8%，闸上游的落潮平均流速减小，最大减小17%，流速在闸下局部减小1倍多	闸附近的上、下游涨、落潮流速均减小也在绝对值本身较小	与南支的水体交换减小，北支涨、落潮均流速减小较多	闸上涨、落潮平均流速减小较小，涨潮流速的减小大于落潮
对区域局部冲淤的影响	闸上、闸下涨、落潮平均流速普遍下降，闸下游发生淤积	闸上、闸下涨、落潮平均流速普遍下降，闸上、闸下发生淤积	闸上、闸下涨、落潮平均流速普遍下降，闸下为海域	若来沙条件未变，闸下淤积不可避免	若来沙条件未变，闸下淤积不可避免，闸下则取决于南、北支的分沙量	闸上淤积，闸下则取决于南、北支的分沙量
咸潮控制效果	咸潮倒灌得到全面控制，但闸下游受到咸潮包围的河段最长	咸潮倒灌得到全面控制，但闸下游受到咸潮包围的河段较长	咸潮倒灌得到全面控制，闸下为海域	咸潮倒灌得到全面控制，但闸下游受到咸潮包围的河段最长	咸潮倒灌得到全面控制，但闸下游受到咸潮包围的河段较长	咸潮倒灌得到全面控制，闸下为海域
对环境的影响	北支河段的长江径流污染负荷净通量有所增加，污染物浓度比工程前有所增加					

对上、中、下三个闸址方案综合比较发现，北支上段建闸的影响要大于北支下段建闸，在北支下段建闸缩短了防洪战线，不会增加防洪压力，避免了闸下河道成为咸水湾，不利影响是闸上淤积和污染物输移扩散能力减弱。针对闸上淤积问题，可在北支进口采取合适的工程措施，合理安排闸门调度方式，减少长江口南支进入北支的含沙量和闸上淤积；污染负荷问题可通过控制排入北支的污染物总量、污水达标排放等措施解决。可通过合理安排闸门运行方式减缓建闸方案对排水的一些不利影响。但考虑到北支下口开阔，河道宽达 12 km，直接建闸不现实，建议在北支出海口门缩窄后，在北支下段建闸。

2. 本次建闸方案

（1）闸址位置。为避免对自然保护区的影响，长江口北支下段中缩窄工程自新隆沙至八滧港北。为尽量减轻闸下游淤积，闸址应尽量偏靠口外，因此闸址选在八滧港北堤防转折处附近，闸轴线与涨、落潮流深槽方向垂直。

（2）闸底板高程。闸底板高程主要考虑以下几个方面的要求：①尽量减少建闸后开闸工况下对涨、落潮过流断面的占用；②满足未来通航要求，当地的最低潮位为-2.38 m，考虑崇启大桥的设计通航标准为 5000 t 级，通航水深为 3.6 m，考虑 0.4 m 水深富余，则下游河底高程不高于-6.38 m；③避免河道大幅度疏浚，根据分析，闸址位置断面河底平均高程为-7.34 m，近左岸 3000 m 主河槽平均高程为-9.05 m。综合上述分析，闸底板高程确定为-9.0 m。

（3）断面布置。为避免闸坝建设后过度缩窄河道，闸孔总净宽拟定为 1000 m、2000 m、3000 m 来进行比选。根据目前河口地区闸门宽度的调查分析，为避免闸门对生物的阻隔影响，闸孔净宽采用 50 m，近岸侧布置船闸。工程布置从左至右依次为连接堤、船闸、泄水闸、连接堤。

方案 1：挡潮闸总宽 1126 m，闸孔总净宽 1000 m，20 孔，闸孔净宽 50 m，闸底板高程-9 m。

方案 2：挡潮闸总宽 2246 m，闸孔总净宽 2000 m，40 孔，闸孔净宽 50 m，闸底板高程-9 m。

方案 3：挡潮闸总宽 3366 m，闸孔总净宽 3000 m，60 孔，闸孔净宽 50 m，闸底板高程-9 m。

6.2　北支建闸的水沙调控技术

6.2.1　不同建闸方案的水动力变化

对三个方案闸门常开情况下闸门上、下游水位进行比较，测点分别位于闸门上、下游 1 km 处，计算成果见图 6.2.1。可以得出，建闸方案对闸门上游水位影响较大，方案 1 潮差减小较为明显，且涨潮历时增加，方案 3 水位与建闸前基本一致；对于闸门下游测点，仅方案 1 在小潮期间水位略有减小。

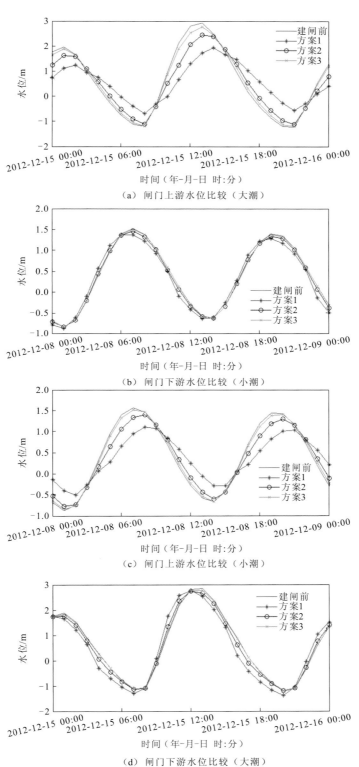

（a）闸门上游水位比较（大潮）

（b）闸门下游水位比较（小潮）

（c）闸门上游水位比较（小潮）

（d）闸门下游水位比较（大潮）

图 6.2.1　不同方案闸门上、下游大、小潮水位比较

　　为了比较不同方案下不同测点的水位情况，对建闸前后北支测点水位进行了调和分析，发现 M2 分潮为最主要的分潮，可以反映测点水位的基本情况。由图 6.2.2 可以得出，建闸后除连兴港外北支各测点 M2 分潮的振幅均有所减小。建闸对三条港水位影响最大，主要是由于闸址位于三条港下游，随着与闸址距离的逐渐增加，建闸对红阳港、灵甸港、青龙港水位的影响依次减小，对崇头几乎没有影响。连兴港 M2 分潮的振幅略有增加，由于连兴港位于闸门下游，外海涨潮流部分被挡潮闸阻挡，水位壅高。三个方案中，方案 1 闸门宽度最小，对北支各测点水位影响最大，M2 分潮振幅减小约 40%，方案 3 对于水位影响最小。

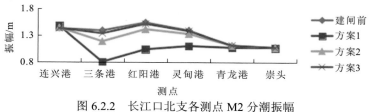

图 6.2.2　长江口北支各测点 M2 分潮振幅

　　挡潮闸建成前后徐六泾枯季月平均涨潮流量的变化：建闸前为 45 028 m^3/s，方案 1 为 44 013 m^3/s，方案 2 为 44 814 m^3/s，方案 3 为 44 987 m^3/s。三个方案较建闸前均减小。方案 1 闸门常开时涨潮流量减小较为明显，方案 2、方案 3 对于徐六泾涨潮流量的影响依次减弱。

6.2.2　不同建闸方案的河道冲淤变化

　　洪枯季不同建闸方案北支断面净输沙量如图 6.2.3 所示，断面位于闸门上游戤滧港附近，1～17 日为小潮到大潮再到小潮的一个完整潮周期，可以看出，建闸前洪季断面累积净输沙量大于枯季并且净输移方向均为向北至上游。在洪枯季，方案 3 净输沙量均小于建闸前，而方案 1 和方案 2 累积净输沙量大于建闸前。在枯季，方案 1 断面净输沙量最大，方案 2 其次；而在洪季，方案 1 与方案 2 累积净输沙量基本一致，方案 2 在小潮到大潮时净输沙量最小。方案 1 和方案 2 由于在建闸位置过水面积急剧减小，闸下局部流速较大，闸下底床泥沙起动较多，水体中泥沙浓度较大。

　　采用数学模型对长江口进行地形冲淤变化数学模拟，上游径流采用中水季径流，外海潮位采用典型潮，地形变化时间尺度为 1 年。对于三个方案下的 1 年北支冲淤变化，红色代表淤积，蓝色代表冲刷。从图 6.2.4～图 6.2.6 中可以得出：三个方案闸孔上、下游均有冲刷，主要因为开闸时闸孔附近流速大，底床泥沙更容易起动，涨潮时将床沙带至上游，落潮时将泥沙带至外海。对三个方案的冲淤情况进行比较，方案 1 的闸孔上、下游冲刷最严重，最大冲刷厚度达到 5 m，闸门右侧堤的上、下游淤积也最为严重，方案 3 闸孔上、下游冲刷最少，最大冲刷厚度达到 2.5 m。但方案 1 北支上游淤积与冲刷量小于方案 2 和方案 3，这是由于方案 1 闸孔宽度较小，外海潮动力不足。北支冲淤总量统计见表 6.2.1。

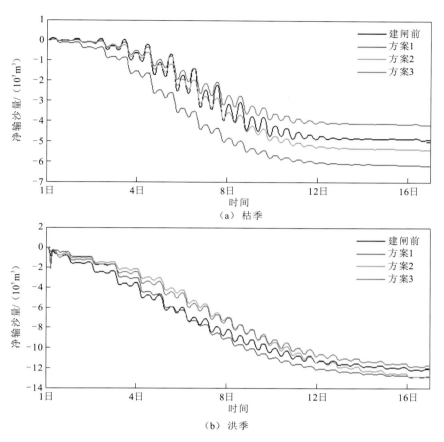

（a）枯季

（b）洪季

图 6.2.3　洪枯季不同建闸方案北支断面净输沙量

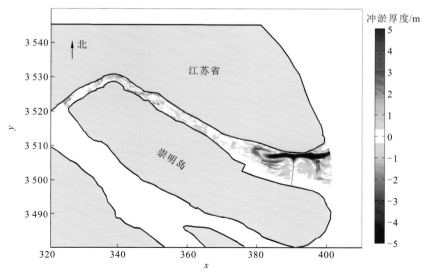

图 6.2.4　方案 1 闸门常开下 1 年北支冲淤变化图

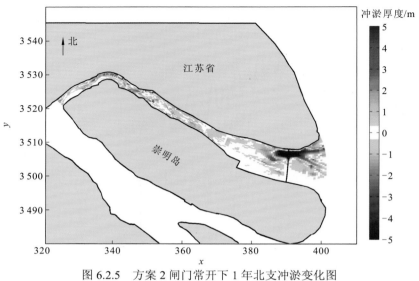

图 6.2.5　方案 2 闸门常开下 1 年北支冲淤变化图

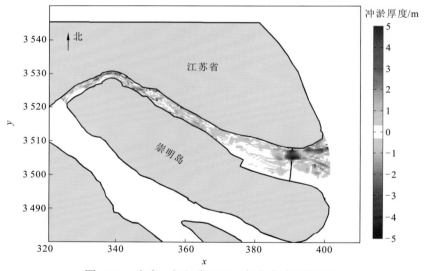

图 6.2.6　方案 3 闸门常开下 1 年北支冲淤变化图

表 6.2.1　北支冲淤总量统计

方案	建闸前	方案 1	方案 2	方案 3
冲淤量（0 m 以下）/（亿 m³）	0.217	0.193	0.197	0.205

注：正值为淤积，负值为冲刷。

　　表 6.2.1 统计了北支 0 m 以下 1 年的冲淤量。建闸前总冲淤量大于建闸后闸门常开情况。方案 1 虽然在闸门处冲淤变化较大，但总淤积量小于方案 2 与方案 3。方案 3 闸

门常开情况下淤积总量与建闸前较为接近，略小于建闸前冲淤量，主要是由于方案 3 建闸前后水动力变化不大。因此，可以认为不同建闸方案闸孔附近的冲淤变化较为明显，对北支总冲淤量的影响不大。

6.2.3　中缩窄工程加闸门常开河道冲淤变化

北支中缩窄工程平面布置情况见图 6.2.7，图中粉色部分为中缩窄工程方案平面布置。本方案圈围的土地面积约为 $7\times10^7\,\text{m}^2$，图中绿色线为挡潮闸方案，挡潮闸共 61 墩 60 孔，底板高程为-9 m，闸孔净宽 50 m，中墩厚 6 m，挡潮闸总宽 3366 m，闸孔总净宽 3000 m。

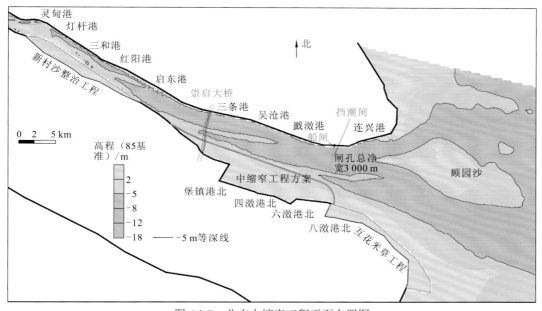

图 6.2.7　北支中缩窄工程平面布置图

（1）中缩窄工程方案效果分析。在 2013 年地形基础上，中缩窄工程方案实施 10 年后的地形冲淤见图 6.2.8。可以得出，中缩窄工程方案对北支中上段影响较小，主要会增加缩窄工程前沿水域的冲刷和顾园沙南北侧的淤积。

（2）建闸方案效果分析。在 2013 年地形基础上，中缩窄工程+挡潮闸方案实施 10 年后的地形冲淤见图 6.2.9。可以得出，增加建闸方案后，工程总体效果与中缩窄工程方案基本一致，主要差异在于建闸方案会略微减小闸门下游的冲刷量，具体冲淤量差异见表 6.2.2。

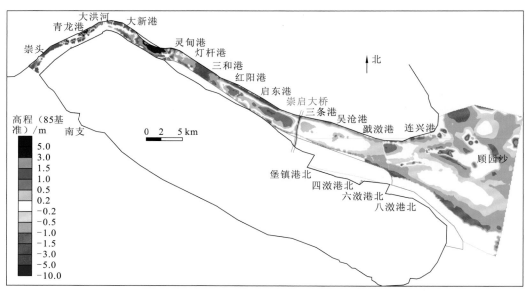

图 6.2.8　中缩窄工程方案实施 10 年后的地形冲淤图

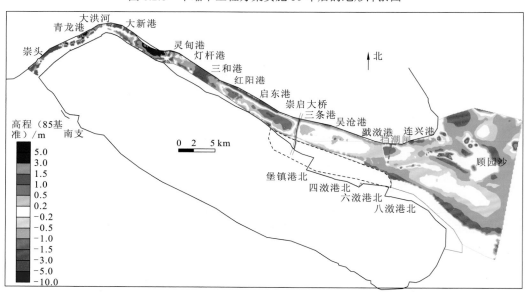

图 6.2.9　中缩窄工程+建闸方案实施 10 年后的地形冲淤图

表 6.2.2　各方案分区域冲淤量差异统计表

范围	中缩窄工程方案淤积量/m³	中缩窄工程+建闸方案淤积量/m³	差异/%	中缩窄工程方案冲刷量/m³	中缩窄工程+建闸方案冲刷量/m³	差异/%
上段	5.15×10^7	5.15×10^7	0.0	5.88×10^7	5.88×10^7	0.0
中段	7.84×10^7	7.69×10^7	-1.9	1.66×10^7	1.64×10^7	-1.2
下段	1.91×10^8	1.92×10^8	0.5	1.85×10^7	1.80×10^7	-2.7
顾园沙段	2.35×10^8	2.52×10^8	7.2	1.03×10^8	1.03×10^8	0.0

6.2.4　北支建闸减淤调度初步方案

通过 6.2.3 小节的分析可知，方案 3 开闸时对长江口北支的水动力及泥沙运动影响最小，闸门常开时闸孔附近的冲刷量较方案 1 与方案 2 小。因此，闸门减淤调度方案以方案 3 为基础。建闸减淤调度研究在洪枯季不同潮别含沙量基础上提出闸门调度方案。

1. 一般挡潮闸防淤减淤措施

（1）大潮落潮时开闸。大潮时闸下低潮位最低，落潮开闸时水面比降较大，水流冲刷能力强，放水冲淤。

（2）利用水头差开闸。一种是待落潮上、下游达到一定水位差时开闸，另一种是纳潮或抽引潮水使上游水位抬高，直到有一定水位差后开闸。利用水头差开闸可以增加瞬时冲刷速度。根据江苏省的经验，以水头差为 0.8～1.0 m 时开闸最好，能把闸下 1 km 的淤泥冲去。

（3）低高潮后开闸。对于日潮不显著的河口，每天两潮潮差不同，放水冲淤效果也不同。两潮中高潮位较低的一潮，落潮潮差较大，落潮水深较小，水位落得最低，上游水量下泄后，落潮流速增加较多，冲刷效果较明显。低高潮放水还可以顶住下一个潮差较大的涨潮，起到顶浑作用。例如，射阳河口高高潮后开闸，全天淤积 180 000 t，低高潮后开闸，全天冲刷 47 000 t。

（4）顶潮减淤。涨潮前开闸放水，用清水顶浑。

（5）根据风向、风力冲淤。

2. 闸门调度方案

一般河口建闸会在闸下产生较严重的淤积，因此采用合理的闸门调度方案可以减小闸下淤积问题，如大潮落潮时开闸、利用水头差开闸、低高潮后开闸等方法。本次建闸方案闸址靠近外海，潮动力较强，闸下不会形成较大规模的淤积，因此可考虑适当延长闸门关闭时间，减小外海潮动力与海向来沙。根据实测资料，在大潮期间水体含沙量高，因此选取两组调度方案进行比较。

调度方案 1：采用大潮期间关闸，中、小潮期间开闸的方案。

调度方案 2：采用小潮期间开闸，大、中潮期间关闸的方案。

调度方案 1 采用大潮期间关闸方案，关闸后，闸门上游水位变化明显（图 6.2.10），由于闸门关闭后没有外海潮动力，潮差减小，涨、落潮是因为上游及南支涨潮流倒灌进北支。平均水位上升至 1 m 左右，但平均水位比闸门常关情况下降低约 0.2 m。调度方案 2 在小潮过后关闸，关闸后，闸门上游水位变化情况与闸门常关时相似（图 6.2.11），水位不断壅高，外海大潮过后，水位有所降低。

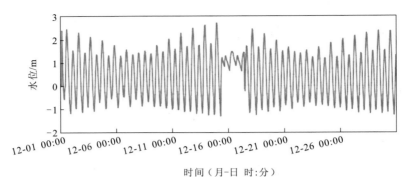

图 6.2.10　调度方案 1 闸门上游水位过程

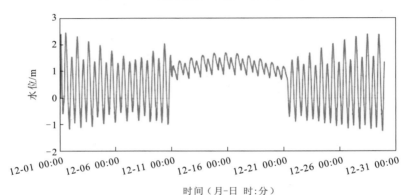

图 6.2.11　调度方案 2 闸门上游水位过程

　　调度方案 1 地形冲淤范围与冲淤量均小于闸门常开情况。闸门上、下游淤积情况不严重，闸孔附近仍存在冲刷现象（图 6.2.12、表 6.2.3），但冲刷范围及强度小于闸门常开情况。大潮期间关闸，外海潮动力作用减弱，海向来沙减少，北支上段冲淤量减小。

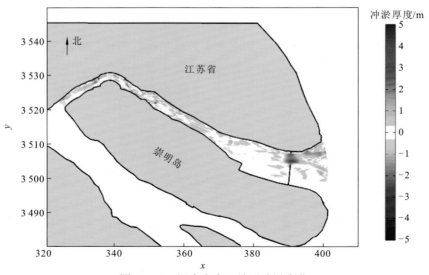

图 6.2.12　调度方案 1 地形冲淤变化

由于大潮期间关闸后闸下游潮动力较强，涨潮流在闸门处反射后向东北方向流动，将口门处部分泥沙带至外海，故没有形成闸下淤积。调度方案 2 闸门处地形冲淤量小于调度方案 1，闸下冲刷量小于调度方案 1（图 6.2.13、表 6.2.3）。这是由于闸门开启时间短，小潮时潮动力较弱，水体含沙量低。

表 6.2.3　不同调度方案北支冲淤总量统计

调度方案	建闸前	调度方案 1	调度方案 2
冲淤量（0 m 以下）/（亿 m³）	0.217	0.096	0.085

注：正值为淤积，负值为冲刷。

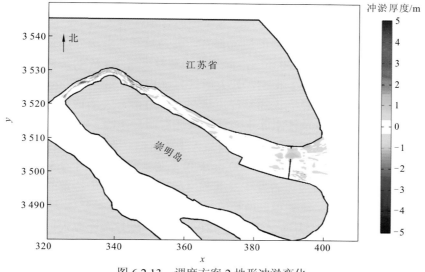

图 6.2.13　调度方案 2 地形冲淤变化

长江口北支挡潮闸减淤调度方案设想如下。

（1）洪季时，上游径流较大，水量充足，上游来水含沙量低，可以采用大流量开闸冲淤，特别是在大潮落潮时，潮位低，水深小，流速大，开闸冲淤效果好。

（2）枯季时，上游径流量小，闸上游水源不足，并且长江口潮汐过程为每日两次涨、落潮且日不均现象明显，因此在枯水期可以采用纳潮冲淤法与低高潮后开闸方式。关闭闸门一段时间后，闸门上、下游形成一定的水头差，当水头差达到 0.8 m 左右时，在低高潮后开闸，使上游清水下泄，与落潮流一起将闸下淤积泥沙带至外海。

6.3　北支建闸的咸潮倒灌控制技术

6.3.1　咸潮倒灌的大通站临界流量

影响长江口盐度分布的最主要因素是口外潮汐和上游径流量，主要表现为枯水期盐度随潮差的变化十分明显，洪水期由于大量径流下泄，盐度变化减弱，上游径流量的大小是盐度变化的主要因素。北支高盐度水倒灌南支通常发生在枯水期的大潮，一般认为北支盐水倒灌的强度受制于径流量的大小和潮差的高低，一些学者也提出了一些倒灌发生的临界条件。例如，韩乃斌（1983）根据青龙港站潮差和北支净泄量的实测资料，得出两者之间的统计关系，指出一般情况下，潮差大于 3 m，北支水体向南支净输送，潮差越大，倒灌量越大；潮差小于 2.5 m，北支向海排泄，潮差越小，向海净泄量越大；潮差在 2.5～3 m，倒灌和向海排泄的情况都有。韩乃斌和卢中一（1986）指出，大通站（枯季潮区界）径流量小于 25 000 m³/s，青龙港站潮差大于 2.5 m 的条件下，北支盐水开始倒灌南支。沈焕庭等（2003）指出，若大通站月平均径流量在 16 000 m³/s 以下，北支盐水在大潮期明显倒灌南支；当大通站径流量在 10 000 m³/s 左右或连续低于 10 000 m³/s 时，北支倒灌盐水对南支青草沙水库水源地的水质有明显影响。顾玉亮等（2003）指出，当大通站流量小于 30 000 m³/s，青龙港站潮差大于 2 m 时，北支盐水就有可能倒灌南支，但显著倒灌发生在大通站流量小于 20 000 m³/s 和青龙港站潮差大于 2.5 m 的情况下。

综上所述，决定北支倒灌是否发生及其强度的因素不是某个特定的径流量和潮差，而是两者的一个特定关系。比如说，当径流量较大时，只要潮差足够大，倒灌也会发生。例如，在 2001 年 8～11 月，大通站流量为 38 000 m³/s，陈行水库取水口氯化物在 5 个潮周期超标，说明北支倒灌对南支水域盐度的影响已扩大到丰水季节；同样，当径流量较小时，即使潮差较小，倒灌也会发生，一般认为北支盐水倒灌发生在大、中潮期，但是在特定的条件下，小潮期也会发生。例如，2014 年 1 月 8～9 日小潮时，大通站流量只有约 12 000 m³/s，青龙港站潮差为 2～2.5 m，风速较大，多偏北风，特别是 1 月 8 日，北支中上段很长时间风速都达 6 m/s 以上，而下段的风速高达 9.2 m/s，小潮期发生强盐水入侵，且强度大于大潮期（张二凤 等，2014）。

汇总盐水倒灌期间的大通站径流量和青龙港站的潮差关系，如图 6.3.1 所示。当径流量小于 32 000 m³/s 时有倒灌发生，在小于 22 500 m³/s 时更容易发生倒灌，介于两者之间时，当潮差大于 3.1 m 时才有发生倒灌的可能，并且多出现在大潮和中潮期间。在 10 000～22 500 m³/s 和 29 000～33 000 m³/s 两个区间发生倒灌的潮差范围主要为 2～4.5 m。

因此，潮差越大，发生盐水倒灌的概率越高，大通站径流量也有一定的影响，在潮差较小的情况下，倒灌发生时径流量较小的情况较多，说明径流量越小，越容易倒灌。随着径流量的增大，倒灌发生时所需要的潮差变大。径流量大于 33 000 m³/s 时，一般不会发生盐水倒灌，当径流量小于 15 000 m³/s，潮差较大尤其是大于 3.1 m 时，发生倒灌的概率会很高，当径流量较小，潮差不够大但是大于 2 m 时，仍有发生倒灌的可能。

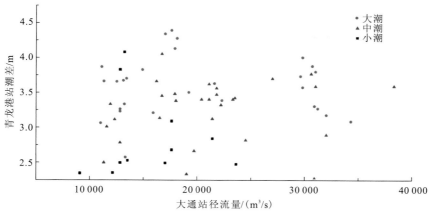

图 6.3.1　倒灌条件下大通站径流量与青龙港站潮差的关系

盐水倒灌期间崇西站和青龙港站氯度（盐度）如表 6.3.1 所示。

表 6.3.1　倒灌期间崇西站与青龙港站氯度

时间（年-月-日）	青龙港站氯度/（mg/L）	崇西站氯度/（mg/L）
1996-03-05	28.00	0.85
1999-03-01	26.00	1.89
2001-09-01	16.92	0.90
2002-03-02	23.56	7.20
2003-02-20	12.86	1.41
2004-02-13	24.61	3.26
2015-02-20	16.41	1.49
2015-02-25	22.37	1.51
2015-03-09	8.958	1.14
2016-03-10	10.04	1.04
2016-03-11	11.41	1.37
2016-03-12	14.79	1.49
2016-03-13	16.10	1.67
2016-03-14	16.93	1.53
2016-03-15	13.46	0.44

　　为了对比大通站日径流量变化情况，对长江口南支发生倒灌时的青龙港站潮差和大通站日径流量进行了相关概率统计，见表 6.3.2，可以得到，在长江口南支发生倒灌时，

青龙港站的潮差大多集中在 2～4 m，其中 3～4 m 内的潮差概率基本达到了 60%以上，说明倒灌发生时青龙港站潮差基本在 3 m 以上，其余情况下的潮差出现的概率较小。

表 6.3.2　2011～2016 年长江口盐水倒灌期间青龙港站潮差概率表　　（单位：%）

年份	青龙港站潮差范围			
	<2 m	≥2 m，<3 m	≥3 m，<4 m	≥4 m
2016	11.1	22.2	48.1	18.6
2015	5.3	15.8	73.7	5.2
2014	0.0	33.3	66.7	0.0
2012	—	—	—	—
2011	0.0	14.3	85.7	0.0

由表 6.3.3 可以得到，在长江口南支发生倒灌时，上游大通站日径流量大多集中在 $10\,000\sim15\,000\ \text{m}^3/\text{s}$，除个别年份外，其余年份的概率在 70%以上。当大通站日径流量在 $15\,000\sim20\,000\ \text{m}^3/\text{s}$ 内时，发生倒灌时其概率也有明显的差异，但相比于大通站日径流量为 $10\,000\sim15\,000\ \text{m}^3/\text{s}$ 时的概率，其值为小；当大通站日径流量在 $20\,000\sim25\,000\ \text{m}^3/\text{s}$ 内时，发生倒灌时其概率也有较明显的差异，其值维持在 20%左右；其余情况下的大通站日径流量出现的概率相对很小，说明倒灌多发生在径流量不大的情况下（$<25\,000\ \text{m}^3/\text{s}$）。

表 6.3.3　2011～2016 年长江口盐水倒灌期间大通站日径流量概率表[*]　（单位：%）

年份	大通站日径流量					
	$<10\,000\ \text{m}^3/\text{s}$	$≥10\,000\ \text{m}^3/\text{s}$，$<15\,000\ \text{m}^3/\text{s}$	$≥15\,000\ \text{m}^3/\text{s}$，$<20\,000\ \text{m}^3/\text{s}$	$≥20\,000\ \text{m}^3/\text{s}$，$<25\,000\ \text{m}^3/\text{s}$	$≥25\,000\ \text{m}^3/\text{s}$，$<32\,000\ \text{m}^3/\text{s}$	$≥32\,000\ \text{m}^3/\text{s}$
2016	0.0	0.0	51.9	37.0	11.1	0.0
2015	0.0	0.0	16.7	77.8	5.5	
2014	0.0	100.0	0.0	0.0	0.0	0.0
2013	0.0	100.0	0.0	0.0	0.0	0.0
2012	—	—	—	—	—	—
2011	0.0	42.8	28.6	0.0	14.3	14.3

*：部分月份数据不全。

据实测资料，大通站枯水期流量在 $10\,000\ \text{m}^3/\text{s}$ 以下时，长江口各站的氯化物浓度都普遍升高，如 1978 年、1980 年、1984 年、1987 年、1993 年。大通站枯水期流量在 $13\,000\ \text{m}^3/\text{s}$ 以上时，河口氯化物浓度普遍降低，如 1982 年、1983 年、1989 年。当大通站枯水期流量在 $15\,000\ \text{m}^3/\text{s}$ 以上时，吴淞口、高桥基本免遭咸潮入侵，其余各站盐度也大幅下降，如 1990 年、1991 年、1995 年。

因此，为了确定北支倒灌的径流量临界条件，本书采用了上游恒定大通站流量，基于数值模型展开分析。综合已有的经验和定性结论，确定了 3 个流量作为标准。咸潮倒灌的大通站临界流量选取见表 6.3.4。

表 6.3.4　咸潮倒灌的大通站临界流量选取

序号	大通站流量/（m³/s）	选定依据
1	25 000	倒灌南支的临界条件
2	15 000	大潮期间倒灌南支的历时
3	10 000	对长江口水源地的影响

6.3.2　咸潮倒灌的闸门关闭方案数值模拟

1. 关闭方案确定

1）特枯水文年的选取

从涨、落潮的情况看，长江口盐度场的变化在 2006～2007 年盐水入侵时最严重。从时间序列上看，建闸可以使盐度降低，达到消除咸潮倒灌的效果，虽然不能使盐度下降至可饮用或可生产标准，但仍然缓解了咸潮入侵。其他站如青草沙水库、南门的特征也较类似，只是南门、青草沙水库水域由于更靠近河道上游，咸潮入侵的强度有所减弱，流量调节的作用也较弱。

2）闸门调度方案

根据咸潮入侵的规律、盐通量、盐度分布及入侵过程，以及从下闸址到崇头，枯季大潮期间，盐水入侵的时间，建立南、北支分流口，结合闸址处盐度变化与盐水倒灌的相关关系，确定闸门提前关闭时间，本次研究时间为7天。

根据咸潮入侵的历史,确定闸门的开启时间,确保闸门关闭带来的不利影响降到最低。

以 2007 年特枯水文年枯季（2007 年 1～3 月）咸潮倒灌过程为背景，基于长江口盐水输运模型（FVCOM），模拟北支建闸及其调度方案对减弱咸潮倒灌发挥的作用，模型共计考虑了五种模拟工况（表 6.3.5），全部工况均同时考虑现状河口工程和规划河口工程两种情况。

表 6.3.5　控制咸潮倒灌闸门调度方案

名称	闸门开启	闸门关闭总时间/d	目标
方案 1-无闸	—	—	本底过程
方案 2-全关	—	50	消除倒灌
方案 3-落潮延迟关闭	—	25	消除倒灌
方案 4-优化调度方案 1	10 天，每天开两次，只落潮开	20	青龙港站盐度控制在 1‰
方案 5-优化调度方案 2	8 天，前 5 天每天开两次，只落潮开，后 3 天每两天开一次，只落潮开	22	青龙港站盐度控制在 5‰

2. 数值模拟结果

为全面理解长江口盐水入侵的动力机制，采用经率定和验证的三维有限体积河口海洋数值模型开展建闸数值模拟。历史上的咸潮入侵极端情况，以 1978 年、2006 年两次最为典型，因此将以上两种情况中北支倒灌最严重的 2006 年作为本底进行模拟。下面重点介绍表6.3.5 中前三个闸门关闭方案的数值模拟结果。

1）无闸门本底方案（方案1）

首先考虑无闸门本底方案中的盐度输运过程，图6.3.2 和图6.3.3 分别为咸潮倒灌最强时期（2007 年 1 月 27～28 日）长江口涨潮和落潮表层盐度分布图。涨潮时段南支和北支盐水入侵的强度差别很大，北支盐度明显高于南支，南支大部分区域的盐度低于1‰，仅北港上段的北侧局部区域盐度达到 5‰，而整个北支被高盐度水控制，青龙港站盐度超过15‰，南、北支分流口出现明显的咸潮倒灌。落潮时段北支大部分区域依然以高盐度水为主，但由于径流下泄，南、北支分流口盐水团沿北支分流口北侧深槽向下游移动，青龙港站盐度有所下降。

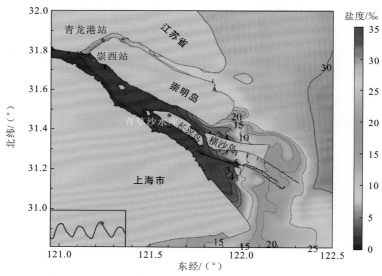

图 6.3.2　无闸门本底方案咸潮倒灌最强时期长江口涨潮

表层盐度分布图（2007-01-28 09:00）

2）闸门全关方案（方案2）

北支闸门全关方案南、北支分流口咸潮倒灌基本消失。如图6.3.4 所示，涨潮时段闸门内、外盐度差异显著，闸外和闸内盐度分别为25‰、10‰，两者差别为 15‰，北支上段至分流口盐度较低，普遍低于 2‰，南支下段盐水入侵增强，北港盐度接近 10‰并入侵南支扁担沙附近，形成了一个盐度超过2‰的盐水团。落潮时段北支盐度下降同样明显

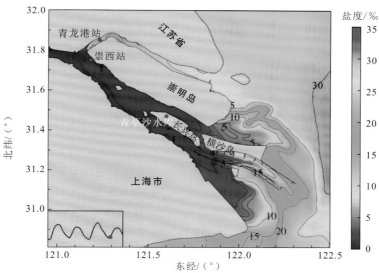

图 6.3.3　无闸门本底方案咸潮倒灌最强时期长江口落潮
表层盐度分布图（2007-01-28 16:00）

（图 6.3.5），高盐度水范围向下游缩小，在落潮流的作用下南支盐水团消失，整体盐度下降至 2‰以下，北港上段青草沙水库附近盐度下降至 5‰以下。涨潮和落潮时段青龙港站的盐度都低于 1‰。

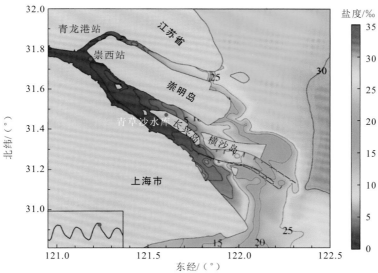

图 6.3.4　闸门全关方案咸潮倒灌最强时期长江口涨潮表层盐度分布图
（2007-01-28 09:00）

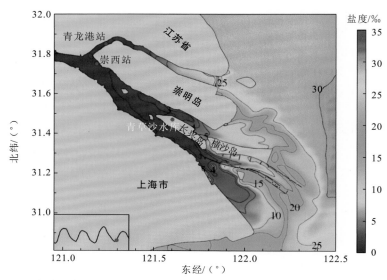

图 6.3.5　闸门全关方案咸潮倒灌最强时期长江口落潮表层盐度分布图（2007-01-28 16:00）

　　从闸门全关方案与无闸门本底方案的差值图6.3.6和图6.3.7中可以看出，涨潮和落潮期间北支闸门内盐度下降均十分明显，南、北支分流口及附近水域盐度也出现下降。由于闸门关闭，挡住了北支口的潮波传播，潮流转而向南进入南支，故可以看到南支和北港盐水入侵显著增强。涨潮期间咸潮倒灌最强时青草沙水库附近的盐度增大 3‰，北港下段及南、北槽盐度都增大，以北港中段和横沙岛浅滩增大幅度最大，超过5‰。落潮期间盐度差值的基本态势与涨潮类似，由于落潮流的作用，南支盐度增大的区域整体下移，增大的幅度也有所增强，北港下段局部区域增大超过6‰。

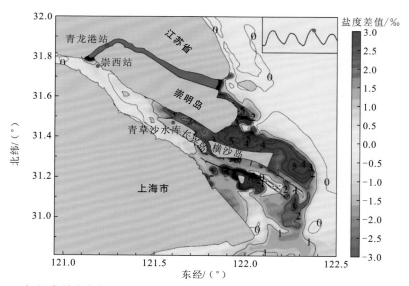

图 6.3.6　闸门全关方案与无闸门本底方案咸潮倒灌最强时期长江口涨潮表层盐度差值图
（2007-01-28 09:00）

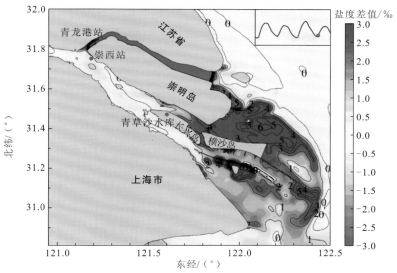

图 6.3.7　闸门全关方案与无闸门本底方案咸潮倒灌最强时期长江口落潮

表层盐度差值图（2007-01-28 16:00）

3）落潮延迟关闭方案（方案 3）

第三种工况为落潮时段直到落憩时关闭闸门，并始终保持关闭状态（3 月 1 日），该方案咸潮倒灌最强时期涨潮和落潮表层盐度分布与闸门全关方案基本一致（图 6.3.8、图 6.3.9），北支盐度同样明显下降，涨潮时段南支不再出现盐水团。落潮延迟关闭方案与无闸门本底方案的差值图（图 6.3.10、图 6.3.11）同样呈现北支盐度明显下降、南支盐

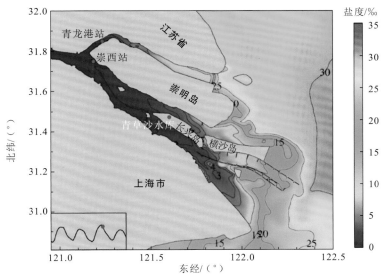

图 6.3.8　落潮延迟关闭方案咸潮倒灌最强时期长江口涨潮

表层盐度分布图（2007-01-28 09:00）

度增强的特征，涨潮时段南支盐度增大为 2‰，落潮时段南支盐度增大 1‰，说明延迟关闭闸门使南支盐水入侵的增强有所抑制，但抑制的程度有限，青草沙水库附近水域同样出现盐度增大现象。

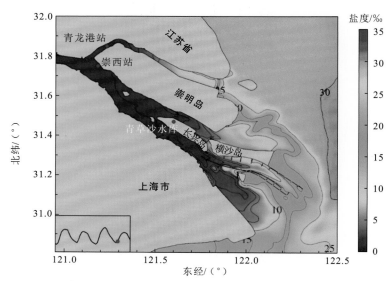

图 6.3.9　落潮延迟关闭方案咸潮倒灌最强时期长江口落潮
表层盐度分布图（2007-01-28 16:00）

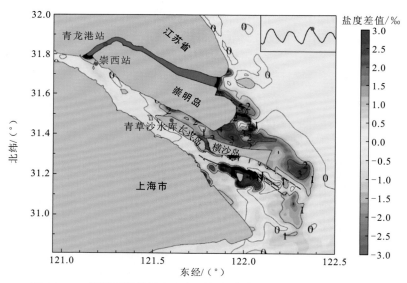

图 6.3.10　落潮延迟关闭方案与无闸门本底方案咸潮倒灌最强时期
长江口涨潮表层盐度差值图（2007-01-28 09:00）

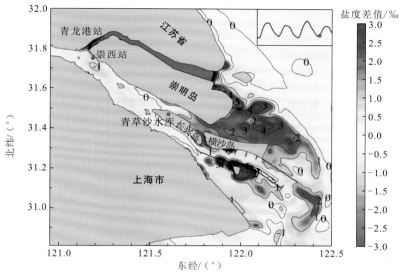

图 6.3.11　落潮延迟关闭方案与无闸门本底方案咸潮倒灌最强时期
长江口落潮表层盐度差值图（2007-01-28 16:00）

6.3.3　咸潮倒灌控制优化调度方案数值模拟

综合闸门全关方案和落潮延迟关闭方案，提出了优化调度方案，即闸门在落潮期开启，涨潮期关闭，并以青龙港站盐度为参照决定闸门启闭，因此优化调度的目的是闸门全关期间被封锁在北支内的盐水能够通过闸门被冲淡，并且涨潮期盐水不会进入北支。

通过分析北支咸潮倒灌与青龙港站盐度的统计关系，控制青龙港站盐度低于 1‰和5‰，模拟了优化调度方案 1 和优化调度方案 2 两种工况。

1）优化调度方案 1（方案 4）

优化调度方案 1（方案 4）在青龙港站盐度低于 1‰时关闭闸门，模拟结果显示，咸潮倒灌最强时期涨潮时段北支高盐度水基本全部被冲淡，闸门内盐度低于 2‰，但南支盐水入侵较落潮延迟关闭方案高，南支出现一个盐度超过 3‰的盐水团，南港上段盐度超过 10‰，将影响青草沙水库的取水安全（图 6.3.12）。落潮时段盐度分布特征变化不大，落潮流使南支下段和北港高盐度区域向下游移动（图 6.3.13）。从优化调度方案 1 与无闸门本底方案的差值图可以看出南支、南北港和南北槽的盐度都出现显著增大，涨潮时段扁担沙附近增大 2‰，青草沙水库增大 3‰，北港内盐度增大的最大值达到 4‰（图 6.3.14），落潮时段盐度增大的范围整体下移，但增大区域的总面积有所扩大（图 6.3.15）。

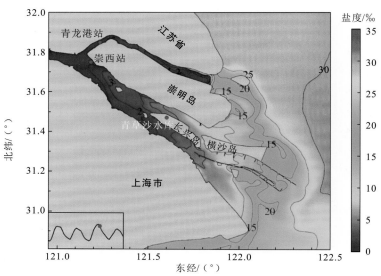

图 6.3.12　优化调度方案 1 咸潮倒灌最强时期长江口涨潮
表层盐度分布图（2007-01-28 09:00）

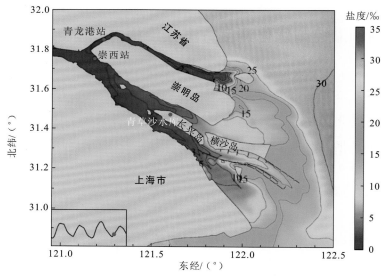

图 6.3.13　优化调度方案 1 咸潮倒灌最强时期长江口落潮
表层盐度分布图（2007-01-28 16:00）

2）优化调度方案 2（方案 5）

　　优化调度方案 2（方案 5）在青龙港站盐度低于 5‰时关闭闸门，模拟得到的咸潮倒灌最强时期涨潮时段北支仍然存在高盐度水，盐度超过10‰，但南支盐度较低，低于1‰（图6.3.16）；落潮时段呈现的特征类似，且南支盐度进一步降低（图6.3.17）。优

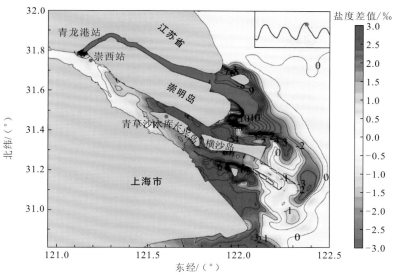

图 6.3.14　优化调度方案 1 与无闸门本底方案咸潮倒灌最强时期

长江口涨潮表层盐度差值图 （2007-01-28 09:00）

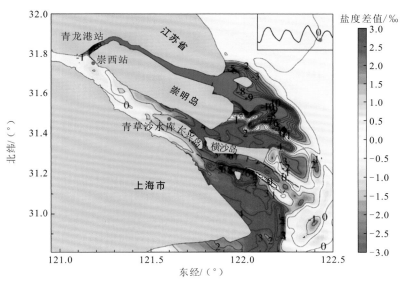

图 6.3.15　优化调度方案 1 与无闸门本底方案咸潮倒灌最强时期

长江口落潮表层盐度差值图 （2007-01-28 16:00）

化调度方案 2 与无闸门本底方案的差值图表明，该调度方案起到降低北支盐度、缓解南北支分流口咸潮倒灌的作用，同时没有出现前述方案中南支盐水入侵的情况，相反南支盐度还有所降低，涨潮和落潮盐度的降低幅度最大为 1‰，青草沙水库附近盐度也降低为 0.5‰，对水库取水有利（图 6.3.18、图 6.3.19）。

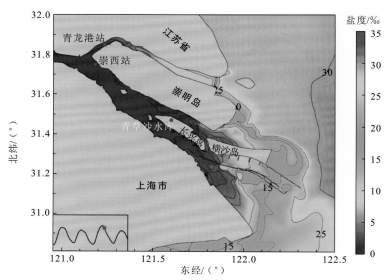

图 6.3.16　优化调度方案 2 咸潮倒灌最强时期长江口涨潮表层盐度分布图（2007-01-28 09:00）

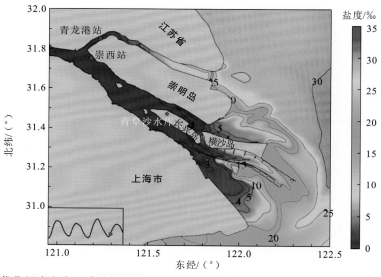

图 6.3.17　优化调度方案 2 咸潮倒灌最强时期长江口落潮表层盐度分布图（2007-01-28 16:00）

6.3.4　北支水源地开发利用设想

水安全包括水资源短缺和洪水灾害的水量问题、水体污染导致的水质问题等，涵盖了资源、环境、生态、社会、政治、经济等多方面。

安全的优质原水供应是城市安全供水的基础，分析上海市地域、人口、资源、环境的实际状况和经济社会发展的实际需求，谋划城市供水水源的百年大计，探求安全、可靠的水源供给模式具有十分重要的战略意义。

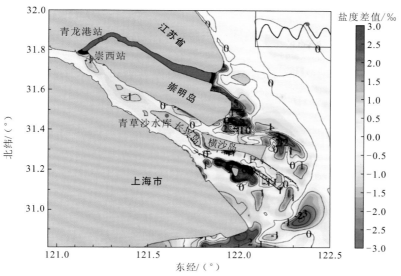

图 6.3.18　优化调度方案 2 与无闸门本底方案咸潮倒灌最强时期
长江口涨潮表层盐度差值图（2007-01-28 09:00）

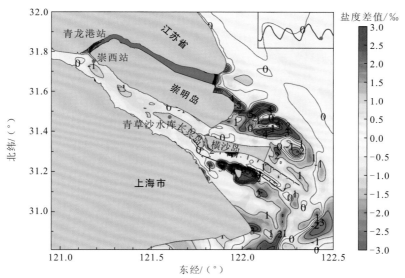

图 6.3.19　优化调度方案 2 与无闸门本底方案咸潮倒灌最强时期
长江口落潮表层盐度差值图（2007-01-28 16:00）

　　根据上海市的实际情况，黄浦江上游和长江口陈行水库、青草沙水库、东风西沙水库为上海市四大水源地，供给上海市包括崇明岛在内的所有居民生活和工业生产用水。

　　青草沙水库位于长兴岛西北方冲积沙洲青草沙上。青草沙拥有大量优质淡水，2006年上海市人民政府决定将青草沙建设成为上海市的水源地，以改变上海市 80%以上的自来水水源取自黄浦江的格局，全部工程于 2010 年完工。2011 年 6 月，青草沙水库水源地原水工程全面建成通水。其水质要求达到国家 II 类标准，供水规模逾 $7.19 \times 10^6 \ \mathrm{m^3/d}$，占上海市原水供应总规模的 50% 以上，受水水厂 16 座，受益人口超过 1 100 万人。

东风西沙水库位于上海市长江口南支上段的北侧、崇明岛西南部，东风西沙水库工程属城市供水项目，为新建项目。工程主要内容包括水库围堤、取水泵站和输水泵站、管理区、涵闸等，有效库容为 8.902×10^6 m³，总库容为 9.762×10^6 m³，最高蓄水位为 5.65 m。工程设计近期供水规模为 2.15×10^5 m³/d，远期供水规模为 4×10^5 m³/d。2014 年 1 月 17 日，东风西沙水库正式实现了通水。

陈行水库位于上海市宝山区罗泾镇以东长江江堤外侧，建于 20 世纪 80 年代，水库呈矩形，面积为 1.35×10^6 m²，属长江边滩水库。水库位于浏河口下游，东傍新川沙河口，西连宝山湖（宝钢水库），是上海市主要取水口之一。为了确保供水安全和提升水源原水质量，上海市两大水库——青草沙水库和陈行水库将建设连通管工程。陈行水库与青草沙水库连通管工程采用库间连通形式，通过长约 15 km 的管道，将青草沙水库富余的优质水补充到陈行水库，以此扩大陈行水库咸潮期的供水范围，每天将可增加 3.5×10^6 m³ 左右的原水供应量。

黄浦江水源地集中原水供应始于 20 世纪 80 年代，为确保原水水质及供应安全，上海市进行了黄浦江上游引水一期工程和二期工程建设，以松浦大桥取水口为水源，但该水源地受地理位置所限，其原水水质和供水保障极易遭受流域水体突发水污染等事故的影响。为进一步提升城市原水供应安全保障能力，强化饮用水水源地集中式管理，保障原水供应安全，全面改善和提升城市供水水质，2015 年黄浦江上游水源地原水工程全面开工。其主要由黄浦江上游水源地金泽水库工程和黄浦江上游水源地连通管工程两大工程组成，其中金泽水库工程位于青浦区金泽镇西部、黄浦江上游太浦河北岸，占地面积约 2.7 km²。水库从太浦河取水，总库容约为 9.1×10^6 m³，应急备用库容约为 5.25×10^6 m³，设计供水规模达 3.51×10^6 m³/d，受益人口约 670 万人。黄浦江上游水源地工程建成后，将西南五区现有分散的取水口集中归并于太浦河金泽水库和松浦大桥取水口，形成“一线、二点、三站”的原水连通格局，实现正向和反向互联互通输水。经过近 10 年的科学论证和两年多的建设，黄浦江上游水源地工程完成建设，2016 年 12 月 29 日该工程的金泽水库正式向金山区、闵行区、奉贤区通水。

按照上海市四大水源地的有效库容和最大库容，如果按照每天最大供水能力来计算，青草沙水库的有效供水天数有 60 天，而且占到了四大水源地供水的 54.6%。但是考虑到上海市 2015 年的淡水需求为 8.55×10^6 m³/d，而这一需求在 2020 年会增加到 1.428×10^7 m³/d，则水库全部蓄满，有效库容只能给上海市供水 32 天，如需水量继续增加到 1.6×10^7 m³/d，则供水天数只有 28 天。国际上对饮用水和工业用水的保证率要求较高，对于重要城市，要求在 95%~97%，甚至 97% 以上，一般城市也要求不低于 90%。目前，上海市水源地的容量尚能满足常规性用水量的需要，但为了使上海市成为国际先进的大都市，必须提高供水的安全性和应急能力。日本东京市水库群的有效容量为日供水量的 141 倍，纽约市水源地的蓄水量为日需水量的 678 倍。青草沙水库盐水入侵的问题无法避免，短期内水库扩容存在周期长和成本高的困难，因此应当考虑其短期内咸潮入侵时期的压咸措施。

对于上海市供水问题，从水量不足来看，其实质并不是绝对水量不足，而是满足水源地水质标准的水量不足，其根本是水质污染。早在 19 世纪初上海市开埠时期，全市取水口的大致位置为苏州河下游，之后苏州河水质逐步恶化。1883 年取水口由苏州河转向了黄浦江，位于黄浦江军工路段的杨树浦水厂建成，这是中国第一家自来水厂。到 1978 年，黄浦江下游的水质状况也让人失望，取水口不断顺流而上，1987 年上移到了临江段，1998 年上移到了目前的松浦大桥。2000 年之后，上海市在长江口建设了青草沙水库，将取水口由黄浦江转向长江口。

青草沙水库、东风西沙水库及陈行水库都位于长江口南支江心或边滩区域，极易受到长江口咸潮入侵的影响，因此，考虑北支建闸对长江口的影响时，同时需要重点考虑对这三大水源地的影响。长江洪水期北支盐度较低，但是同时期长江口南支三个水源地受咸潮入侵的影响较小，可以保证上海市的供水。

北支建闸后水体淡化，水源地利用的设想有两个方面需要注意：一方面是在长江枯水期（12 月～翌年 4 月），北支长期被高盐度水占据，即使以"涨关落开"的方式进行冲淡，内部的盐水在落潮时期依靠开启闸门带走，由于北支的水量大，也需要频繁地进行开闸调度；以优化调度方案 2 为例，为了维持青龙港站 5‰的盐度标准，尚需一个月的闸门调度时间，而此时青龙港站盐度还远未达到饮用水的标准（0.45‰）；另一方面是如果枯水期长期关闭闸门，可能会进一步促使北支的淤积，加剧北支的萎缩。因此，在维持北支河道生命力的前提下，北支建闸、水体淡化后，开发利用北支淡水资源需要在枯水期之前提前关闸蓄水，并综合考虑闸下淤积和风暴潮等各方面的影响下进行。

长江口严重的咸水入侵一般发生在 12 月和翌年的 1 月、2 月、3 月，12 月之前的 10～11 月径流量大，河口区咸水入侵弱，盐度低。因此，可在枯水期之前的 10～11 月让北支提前蓄淡水。对长江洪季下的北支表层盐度和盐度过程进行数值模拟分析。长江洪季大通站流量按 50 000 m³/s 考虑，在恒定流量情况下的长江口表层盐度如图 6.3.20、图 6.3.21 所示。可以看到，涨潮期间，南支口门区域全部为淡水，在落潮期间淡水区域

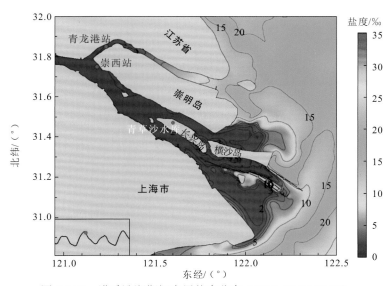

图 6.3.20　洪季涨潮期间表层盐度分布（2006-08-03 20:00）

继续向口门外扩展，而北支在涨、落潮期间的表层盐度变化不大，青龙港站的盐度在 2‰，闸门上游附近存在一个盐度锋面，往下游盐度开始显著增加，闸门下游的盐度已经增大到 15‰以上。从盐度过程线来看，青龙港站有一半时间盐度处在 0.45‰以下，而崇西站绝大部分时间盐度都处于 0.45‰以下，属于可利用的淡水资源（图 6.3.22）。

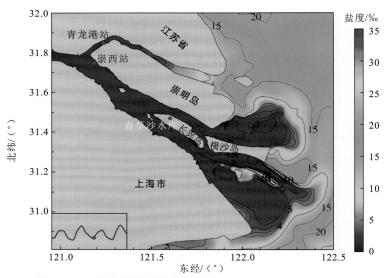

图 6.3.21　洪季落潮期间表层盐度分布（2006-08-04 03:00）

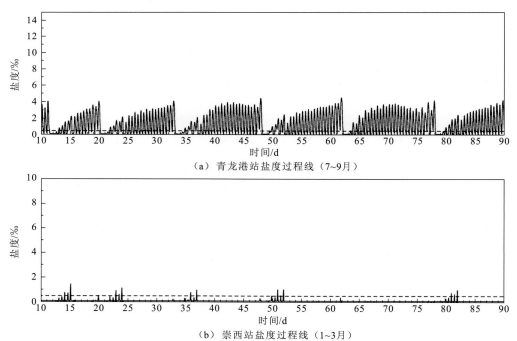

（a）青龙港站盐度过程线（7~9月）

（b）崇西站盐度过程线（1~3月）

图 6.3.22　青龙港站和崇西站盐度过程线

6.4　北支建闸的风暴潮防御技术

6.4.1　长江口风暴潮增水特性分析

长江口地区属于受强热带气旋（台风）影响频繁的区域，每年 7～10 月都会受台风影响，台风风力一般在 6～8 级，最大可达12级。长江口地区的年最高潮位通常出现在台风、天文大潮和上游大洪水三者或两者遭遇之时，台风的影响最大。表 6.4.1～表 6.4.3 分别为天生港站 6.0 m 以上高潮位、徐六泾站 5.70 m 以上高潮位与吴淞站 5.50 m 以上高潮位成因分析表。

表 6.4.1　天生港站 6.0 m 以上高潮位成因分析表

年最高高潮位（吴淞冻结基面）/m	出现日期（年-月-日）	主要形成原因	大通站流量/（m³/s）			备注
			当时流量	年最大流量	年平均流量	
7.08	1997-08-19	9711 号台风、大潮	45 500	65 700	26 700	
6.71	1996-08-01	9608 号台风、大潮和洪水	72 000	75 100	20 000	
6.38	1974-08-20	7413 号台风、特大潮	46 500	65 000	26 600	
6.24	1992-08-31	9216 号台风、大潮	29 600	67 200	27 700	1954 年大通站最
6.22	1981-09-01	8114 号台风、大潮	41 900	50 000	27 900	大流量发生时
6.13	1954-08-17	洪水	82 600	92 600	43 100	相应的高潮位
6.07	1983-07-13	洪水	69 200	72 600	35 200	为5.36 m
6.05	1984-07-31	台风	50 600	52 700	27 600	
6.04	1998-07-26	大潮、大洪水	78 800	81 700	39 445	
6.00	1956-09-05	台风	43 600	53 200	26 700	

表 6.4.2　徐六泾站 5.70 m 以上高潮位成因分析表

年最高高潮位（吴淞冻结基面）/m	出现日期（年-月-日）	主要形成原因	大通站流量/（m³/s）		
			当时流量	年最大流量	年平均流量
6.74	1997-08-19	台风、大潮	45 500	65 700	26 700
6.29	1996-08-01	台风、大潮和洪水	72 000	75 100	20 000
6.27	1981-09-01	台风	41 900	50 000	27 900
6.26	1974-08-20	台风	46 500	65 000	26 600
6.06	1992-08-31	台风	29 600	67 200	27 700
6.90	1989-08-04	台风	48 000	60 000	30 500
5.79	1962-08-02	台风	52 600	68 300	29 800
5.79	1954-08-17	特大洪水、大潮	82 600	92 600	43 100
5.79	1983-07-13	大洪水、大潮	69 200	72 600	35 200
5.78	1980-08-29	大洪水、大潮	62 600	64 000	31 500

表 6.4.3　吴淞站 5.50 m 以上高潮位成因分析表

年最高高潮位 （吴淞冻结基面）/m	出现日期 （年-月-日）	主要形成原因	大通站流量/（m³/s）		
			当时流量	年最大流量	年平均流量
6.28	1997-08-18	台风、大潮	45 500	65 700	26 700
6.16	2000-08-31	台风	46 200	53 600	29 351
6.03	1981-09-01	台风	41 900	50 000	27 900
5.82	2002-09-08	台风	46 500	65 000	26 600
5.75	1996-08-01	台风、大潮和洪水	72 000	75 100	20 000
5.64	1989-08-04	台风	48 000	60 000	30 500
5.60	1962-08-02	台风	52 600	68 300	29 800
5.58	1974-08-20	台风	46 500	65 000	26 600
5.55	1992-08-31	台风	29 600	67 200	27 700

可见，年最高高潮位中的前几位均有台风的作用，越往上游，洪水的作用越明显。吴淞站 1949 年之后的年最高高潮位均由台风引起。为了了解风暴潮增水在观测高潮位中的作用，掌握风暴潮增水的时空分布规律，必须对长江口风暴潮增水进行单独分析。

根据 2006 年收集的 7413 号、8114 号、9608 号、9711 号、0008 号、0012 号、0216 号等典型台风在整个长江口天生港站、徐六泾站、杨林站、崇头站、青龙港站、连兴港站、六滧站、吴淞站、共青圩站等 9 个单站引起的风暴潮增水，分析长江口地区的风暴潮增水特点。

在台风影响期间，岸边观测到的潮位包括天文潮波和附加的增水或减水（以下统称为增水，减水时以负增水表示）。风暴潮增水与正常的天文潮共同作用，引起海面的涨落变化。目前对两者的处理，大多采用线性叠加的做法，即将增水与潮汐推算的天文潮位线性叠加，得到总的潮位。增水计算采用的方法如下：对天生港站、徐六泾站、杨林站、崇头站、青龙港站、连兴港站、六滧站、吴淞站、共青圩站、洛华山站等单站，先进行单站天文潮调和分析，建立单站天文潮预报模型，推算各站典型年、典型台风期间的天文潮过程，将实测潮位过程减去同时刻的天文潮位过程，分离出典型台风在各站引起的增水，称为实测潮位分离法。

感潮河段水位受众多因素的作用，包括上游洪水、区间来水、风浪、天文潮、风暴潮等。将实测潮位与同时刻天文潮位的差值作为风暴潮增水，实际上该差值不是只由台风引起的，而是许多因子共同作用的结果，故该方法得出的增水是广义的增水，但因为台风期间其他因子相对于风暴潮而言是次要的，所以将实测潮位与同时刻天文潮位的差值作为风暴潮增水的做法仍是目前普遍采用的方法。

对实测潮位分离法而言，天文潮调和分析是关键。本次采用已建立的自动分潮优化调和分析及预报模式推算长江口各潮位站的天文潮位。9 个站点的潮位基面各不相同，各站基面换算关系见表 6.4.4。

表 6.4.4　各站潮位基面换算表

站名	吴淞冻结基面换算为 85 基准的订正量/m
天生港站	-1.92
徐六泾站	-1.92
杨林站	-1.92
崇头站	-2.26
青龙港站	-1.92
连兴港站	-2.06
六滧站	-1.95
吴淞站	-1.63
共青圩站	-1.72

1. 实测潮位增水分离

由各站典型台风期间的实测潮位减去相应时刻的天文潮位，得到各站典型台风期间的增水过程。表 6.4.5～表 6.4.13 分别是天生港站、徐六泾站、杨林站、崇头站、青龙港站、连兴港站、六滧站、吴淞站、共青圩站典型台风期间的特征增水表。由于台风影响时，各地出现的最高潮位包括天文潮和增水两部分，而出现最高潮位时的增水与该次台风过程引起的最大增水往往并不一致，故表中分别给出了最高潮位时的增水和该次台风的最大增水。

表 6.4.5　天生港站典型台风实测潮位分离增水　　（单位：m，85 基准）

台风编号	日期	最高潮位				最大增水			
		发生时间 （年-月-日 时:分）	潮位	天文潮	增水	发生时间 （年-月-日 时:分）	潮位	天文潮	增水
8114	1981 年 9 月 1 日 （八月初四）	1981-09-01 04:00	4.30	2.82	1.48	1981-09-01 12:00	3.20	1.35	1.85
9608	1996 年 8 月 1 日 （六月十七）	1996-08-01 04:08	4.79	4.03	0.76	1996-08-02 02:00	2.68	1.41	1.27
9711	1997 年 8 月 19 日 （七月十七）	1997-08-19 02:50	5.16	4.25	0.91	1997-08-19 01:00	4.40	2.63	1.77
0008	2000 年 8 月 11 日 （七月十二）	2000-08-11 01:06	2.44	2.06	0.38	2000-08-11 10:00	1.24	0.64	0.60
0012	2000 年 8 月 31 日 （八月初三）	2000-08-31 03:40	4.47	3.60	0.87	2000-08-31 02:00	3.96	2.50	1.46
0216	2002 年 9 月 8 日 （八月初三）	2002-09-08 03:08	4.61	3.85	0.76	2002-09-08 01:00	3.08	1.67	1.41

表 6.4.6　徐六泾站典型台风实测潮位分离增水　　（单位：m，85 基准）

台风编号	日期	最高潮位				最大增水			
		发生时间 （年-月-日 时:分）	潮位	天文潮	增水	发生时间 （年-月-日 时:分）	潮位	天文潮	增水
9608	1996 年 8 月 1 日 （六月十七）	1996-08-01 02:30	4.36	2.91	1.45	1996-08-02 01:00	2.04	0.24	1.80
9711	1997 年 8 月 19 日 （七月十七）	1997-08-19 01:37	4.83	3.12	1.71	1997-08-19 00:00	3.94	1.40	2.54
0008	2000 年 8 月 11 日 （七月十二）	2000-08-11 00:10	2.23	1.80	0.43	2000-08-11 09:00	0.94	0.19	0.75
0012	2000 年 8 月 31 日 （八月初三）	2000-08-31 02:25	4.21	3.30	0.91	2000-08-31 00:00	1.67	0.29	1.38
0216	2002 年 9 月 8 日 （八月初三）	2002-09-08 02:15	4.18	3.27	0.91	2002-09-08 00:00	2.27	0.91	1.36

表 6.4.7　杨林站典型台风实测潮位分离增水　　（单位：m，85 基准）

台风编号	日期	最高潮位				最大增水			
		发生时间 （年-月-日 时:分）	潮位	天文潮	增水	发生时间 （年-月-日 时:分）	潮位	天文潮	增水
9608	1996 年 8 月 1 日 （六月十七）	1996-08-01 01:22	4.02	2.84	1.18	1996-08-02 00:00	2.00	0.45	1.55
9711	1997 年 8 月 19 日 （七月十七）	1997-08-19 01:20	4.50	2.96	1.54	1997-08-18 22:00	2.25	−0.01	2.26
0008	2000 年 8 月 10 日 （七月十一）	2000-08-10 23:00	2.01	1.65	0.36	2000-08-11 08:00	0.87	0.13	0.74
0012	2000 年 8 月 31 日 （八月初三）	2000-08-31 01:02	4.18	3.10	1.08	2000-08-30 23:00	2.00	0.34	1.66
0216	2002 年 9 月 8 日 （八月初三）	2002-09-08 00:45	4.00	3.16	0.84	2002-09-07 23:00	2.39	1.14	1.25

表 6.4.8　崇头站典型台风实测潮位分离增水　　（单位：m，85 基准）

台风编号	日期	最高潮位				最大增水			
		发生时间 （年-月-日 时:分）	潮位	天文潮	增水	发生时间 （年-月-日 时:分）	潮位	天文潮	增水
9608	1996 年 8 月 1 日 （六月十七）	1996-08-01 02:10	4.18	2.88	1.30	1996-08-01 00:00	3.18	0.57	2.61
9711	1997 年 8 月 19 日 （七月十七）	1997-08-19 01:05	4.68	3.08	1.60	1997-08-18 23:00	3.58	0.45	3.13
0008	2000 年 8 月 10 日 （七月十一）	2000-08-10 22:20	2.20	1.69	0.51	2000-08-11 09:00	1.14	0.24	0.90

续表

台风编号	日期	最高潮位				最大增水			
		发生时间 （年-月-日 时:分）	潮位	天文潮	增水	发生时间 （年-月-日 时:分）	潮位	天文潮	增水
0012	2000 年 8 月 31 日 （八月初三）	2000-08-31 01:40	4.25	3.16	1.09	2000-08-31 00:00	3.08	1.01	2.07
0216	2002 年 9 月 8 日 （八月初三）	2002-09-08 02:10	4.17	3.29	0.88	2002-09-08 00:00	3.62	1.88	1.74

表 6.4.9　青龙港站典型台风实测潮位分离增水　　（单位：m，85 基准）

台风编号	日期	最高潮位				最大增水			
		发生时间 （年-月-日 时:分）	潮位	天文潮	增水	发生时间 （年-月-日 时:分）	潮位	天文潮	增水
8114	1981 年 9 月 1 日 （八月初四）	1981-09-01 01:50	4.22	2.90	1.32	1981-09-01 00:00	2.33	0.31	2.02
9608	1996 年 8 月 2 日 （六月十八）	1996-08-02 01:07	4.39	2.53	1.86	1996-08-02 01:00	4.29	2.42	1.87
9711	1997 年 8 月 18 日 （七月十六）	1997-08-18 23:00	4.69	1.40	3.29	1997-08-18 23:00	4.69	1.40	3.29
0008	2000 年 8 月 10 日 （七月十一）	2000-08-10 21:50	2.24	1.88	0.36	2000-08-11 09:00	1.48	0.38	1.10
0012	2000 年 8 月 31 日 （八月初三）	2000-08-31 00:02	4.20	1.81	2.39	2000-08-31 00:00	4.17	1.72	2.45
0216	2002 年 9 月 8 日 （八月初三）	2002-09-08 00:50	4.04	3.83	0.21	2002-09-07 23:00	1.78	0.37	1.41

表 6.4.10　连兴港站典型台风实测潮位分离增水　　（单位：m，85 基准）

台风编号	日期	最高潮位				最大增水			
		发生时间 （年-月-日 时:分）	潮位	天文潮	增水	发生时间 （年-月-日 时:分）	潮位	天文潮	增水
9608	1996 年 7 月 31 日 （六月十六）	1996-07-31 23:55	3.38	2.80	0.58	1996-08-01 22:00	0.85	-0.02	0.87
9711	1997 年 8 月 18 日 （七月十六）	1997-08-18 23:25	4.19	3.09	1.10	1997-08-19 08:00	1.09	-1.36	2.45
0008	2000 年 8 月 10 日 （七月十一）	2000-08-10 20:00	1.59	1.30	0.29	2000-08-10 16:00	0.23	-0.17	0.40
0012	2000 年 8 月 31 日 （八月初三）	2000-08-31 00:20	3.87	3.16	0.71	2000-08-30 22:00	2.37	1.41	0.96
0216	2002 年 9 月 7 日 （八月初二）	2002-09-07 23:35	3.63	3.15	0.48	2002-09-07 21:00	1.25	0.63	0.62

表 6.4.11　六泖站典型台风实测潮位分离增水　　　（单位：m，85 基准）

台风编号	日期	最高潮位				最大增水			
		发生时间（年-月-日 时:分）	潮位	天文潮	增水	发生时间（年-月-日 时:分）	潮位	天文潮	增水
9608	1996 年 8 月 1 日（六月十七）	1996-08-01 00:50	3.59	2.86	0.73	1996-08-01 23:00	1.90	0.64	1.26
9711	1997 年 8 月 19 日（七月十七）	1997-08-19 00:00	3.55	3.03	0.52	1997-08-19 10:00	1.75	0.54	1.21
0008	2000 年 8 月 10 日（七月十一）	2000-08-10 20:40	1.77	1.40	0.37	2000-08-10 19:00	1.50	0.91	0.59
0012	2000 年 8 月 31 日（八月初三）	2000-08-31 00:35	3.89	3.16	0.73	2000-08-30 22:00	1.80	0.55	1.25
0216	2002 年 9 月 8 日（八月初三）	2002-09-08 00:15	3.72	3.15	0.57	2002-09-07 22:00	2.16	1.35	0.81

表 6.4.12　吴淞站典型台风实测潮位分离增水　　　（单位：m，85 基准）

台风编号	日期	最高潮位				最大增水			
		发生时间（年-月-日 时:分）	潮位	天文潮	增水	发生时间（年-月-日 时:分）	潮位	天文潮	增水
7413	1974 年 8 月 20 日（七月初三）	1974-08-20 00:55	3.66	2.79	0.87	1974-08-19 23:00	2.22	0.95	1.27
8114	1981 年 9 月 1 日（八月初四）	1981-09-01 01:15	4.11	2.66	1.45	1981-09-01 00:00	3.46	1.89	1.57
9608	1996 年 8 月 1 日（六月十七）	1996-08-01 00:45	3.83	2.85	0.98	1996-08-01 23:00	1.54	0.16	1.38
9711	1997 年 8 月 18 日（七月十六）	1997-08-18 23:45	4.36	2.79	1.57	1997-08-18 21:00	1.95	-0.48	2.43
0008	2000 年 8 月 10 日（七月十一）	2000-08-10 21:00	1.89	1.47	0.42	2000-08-10 17:00	0.72	0.09	0.63
0012	2000 年 8 月 31 日（八月初三）	2000-08-31 00:40	4.24	2.94	1.30	2000-08-30 22:00	1.45	-0.23	1.68
0216	2002 年 9 月 8 日（八月初三）	2002-09-08 00:20	3.90	2.97	0.93	2002-09-07 22:00	1.90	0.49	1.41

表 6.4.13　共青圩站典型台风实测潮位分离增水　　　　（单位：m，85 基准）

台风编号	日期	最高潮位				最大增水			
		发生时间（年-月-日 时:分）	潮位	天文潮	增水	发生时间（年-月-日 时:分）	潮位	天文潮	增水
9608	1996 年 8 月 1 日（六月十七）	1996-08-01 00:30	3.45	2.64	0.81	1996-08-01 11:00	2.17	1.19	0.98
9711	1997 年 8 月 18 日（七月十六）	1997-08-18 23:40	3.89	3.04	0.85	1997-08-18 20:00	1.48	-0.30	1.78
0008	2000 年 8 月 10 日（七月十一）	2000-08-10 20:10	1.78	1.42	0.36	2000-08-10 16:00	0.63	-0.05	0.68
0012	2000 年 8 月 31 日（八月初三）	2000-08-31 00:00	3.91	3.12	0.79	2000-08-30 22:00	2.61	1.36	1.25
0216	2002 年 9 月 7 日（八月初二）	2002-09-07 23:40	3.67	3.07	0.60	2002-09-07 22:00	2.88	2.06	0.82

由表 6.4.5～表 6.4.13 可见，除 0008 号台风外，其余台风期间所有站的最高潮位均发生在天文大潮（阴历初一至初四、十六至十九）时，天生港站、徐六泾站、杨林站、崇头站、青龙港站、连兴港站、六滧站、吴淞站、共青圩站最大增水平均比最高潮位相应增水高出 0.53 m、0.48 m、0.49 m、1.01 m、0.45 m、0.43 m、0.44 m、0.41 m、0.42 m，因最大增水发生时的天文潮位较低，故发生最大增水时的潮位普遍比最高潮位低。而 0008 号台风期间的最高潮位比其他台风低得多，除了由于其增水较小外，天文潮位低也是重要原因之一。由此可见，即使在风暴潮时，天文潮仍是引起高洪水位的主要原因之一。

2. 典型台风增水分析

影响长江口风暴潮增水的因素大致可归结为两个方面：一是台风移动路径，移动路径可分为登陆型和海上转向型两类。由 1949～2003 年台风路径资料统计，登陆型大约占41%，海上转向型大约占 59%。登陆型的台风中，长江口以南登陆的大约占 90%，长江口以北登陆的大约占 10%。前者路径的台风大多有利于驱动海水涌入长江口内，容易加大涨潮流速，形成增水；后者路径的台风因中心位置在长江口以北，逆时针的低压气旋性梯度风场分布大多驱动海水向口外涌出，加大落潮流速，形成减水。二是台风强度，台风中心气压越低、风速越大，增水越大。

表 6.4.14 列出了本次研究的各典型台风的主要特征。其他在长江口具有极端意义的台风的主要特征见表 6.4.15。

表 6.4.14　各典型台风的主要特征

序号	台风编号	中心最低气压/（10^2 Pa）	登陆（或最靠近长江口）时气压/（10^2 Pa）	备注
1	7413	968	977	长江口以南登陆型台风
2	8114	949	955	海上转向型台风
3	9608	935	972	长江口以南登陆型台风
4	9711	920	960	长江口以南登陆型北上台风
5	0008	950	970	长江口以南登陆型台风
6	0012	965	965	海上转向型台风
7	0216	940	985	长江口以南登陆型台风

表 6.4.15　其他三次极端台风的主要特征

序号	台风编号	中心最低气压/（10^2 Pa）	登陆（或最靠近长江口）时气压/（10^2 Pa）	备注
1	5612	905	920	1956 年 7 月 31 日 20 时，登陆型最强台风
2	6123	888	915	1961 年 9 月 15 日 2 时，东亚最强台风
3	7708	915	930	1977 年 9 月 10 日 8 时，长江口以北登陆型强台风

由表 6.4.16 可见，总体上 9711 号台风最高潮位相应增水是最大的，在天生港站、徐六泾站、杨林站、崇头站、青龙港站、连兴港站、六滧站、吴淞站、共青圩站分别引起了 0.91 m、1.71 m、1.54 m、1.60 m、3.29 m、1.10 m、0.52 m、1.57 m 和 0.85 m 的增水。由于台风期恰遇天文大潮，9711 号台风使长江口内全线潮位创历史新高，吴淞站、天生港站、徐六泾站、杨林站和青龙港站实测潮位分别高达 4.36 m、5.16 m、4.83 m、4.50 m 和 4.69 m（85 基准），都是有潮位记录以来的最高值。0012 号台风虽然没有登陆，但离长江口较近，9608 号台风的中心最低气压较低，且离长江口较远，两者引起的增水排第二。0216 号台风登陆时气压约为 98 000 Pa，且离长江口较远，所引起的增水在五次台风中排第四，0008 号台风引起的增水在五次台风中最小。

表 6.4.16　各站最高潮位相应增水在逐次台风中的排序

台风编号	天生港站	徐六泾站	杨林站	崇头站	青龙港站	连兴港站	六滧站	吴淞站	共青圩站	平均
9608	3	2	2	2	3	3	1	3	3	2.5
9711	1	1	1	1	1	1	4	1	1	1.3
0008	5	5	5	5	4	5	5	5	5	4.9
0012	2	3	3	3	2	2	1	2	3	2.3
0216	3	3	4	4	5	4	3	4	4	3.7

由表 6.4.17 可见，9608 号、9711 号、0008 号、0012 号和 0216 号台风最大增水的排

序情况总体上与最高潮位相应增水的排序情况一致，即五次台风按照最大增水从大到小的排序依次为 9711 号、0012 号、9608 号、0216 号和 0008 号台风。

表 6.4.17　各站最大增水在逐次台风中的排序

台风编号	天生港站	徐六泾站	杨林站	崇头站	青龙港站	连兴港站	六澂站	吴淞站	共青圩站	平均
9608	4	2	3	2	3	3	1	4	3	2.8
9711	1	1	1	1	1	1	3	1	1	1.2
0008	5	5	5	5	5	5	5	5	5	5.0
0012	2	3	2	3	2	2	2	2	2	2.2
0216	3	4	4	4	4	4	4	3	4	3.8

从计算结果来看，长江口各站的增水虽然因地理位置差异和局部地形影响而有所不同，但由于它们共同受长江口外天文潮和风暴潮的影响，总体而言各站增水具有相似性。

三峡工程 2003 年建成后，通过流量年内调节，长江中下游的洪、枯季径流量变化差值减小，为了分析 2003 年之后的风暴潮增水特性，根据影响长江口的台风增水强度，对 2005 年 0509 号台风"麦莎"、2007 年 0713 号台风"韦帕"与具有相似路径的 9711 号台风的增水进行了比较分析。

1997 年 8 月 10 日 9711 号台风"芸妮"在西太平洋生成后往中国沿海移动，强度不断增强。8 月 18 日台风在浙江省温岭市登陆，近中心最大风力达到 54 m/s，属于超强台风级别，登陆时风力仍然超过 40 m/s，10 级风圈半径达 180 km，7 级风圈半径达 500 km。之后"芸妮"经过了浙江省、安徽省、江苏省和山东省等，对相关地区产生了极大影响，均出现大风和暴雨，并对行进周边的上海市等地产生很大影响。其中，上海市出现 8～10 级的大风，并普遍出现 50 mm 以上的暴雨，局部地区最大雨量超过 150 mm，长江口、黄浦江沿线潮位均超历史纪录，黄浦江水位达到 300 年一遇的罕见高潮，黄浦公园站潮位达 500 年一遇的水位。

2005 年 7 月 31 日晚，台风"麦莎"在菲律宾以东的太平洋洋面上生成，8 月 3 日凌晨加强为台风，8 月 6 日 3 时 40 分在浙江省台州市玉环县（现为玉环市）干江镇登陆，登陆时近中心最大风速为 45 m/s。登陆后，强度逐渐减弱，并继续向偏北方向移动，先后穿过浙江省中部、安徽省东南部、江苏省中北部、山东省东部，于 8 月 8 日中午进入渤海莱州湾，9 日 7 时 10 分在辽宁省大连市再次登陆后减弱为低气压。其后演变成温带气旋向东北方向移动并进入辽宁省中东部和吉林省东部。受台风"麦莎"影响，4 日至 9 日 8 时，东海、台湾海峡、黄海中南部、台湾省、福建省北部、浙江省、上海市和江苏省南部等地的沿海先后出现了 10～12 级大风，浙江省、上海市、安徽省东部、江苏省和山东省东部等地的部分地区风力也有 6～8 级，其中浙江省东部、上海市、江苏省中南部等地部分地区风力达 9 级。

以上两场台风路径极为相似，均在浙江省登陆后，继续向偏北方向移动，先后穿过浙江省中部、安徽省东南部、江苏省中北部，所经地区均出现 9 级左右大风、大暴雨。

2007 年 0713 号台风"韦帕"于 9 月 19 日 2 时 30 分在浙江省温州市苍南县霞关镇登陆，登陆时中心附近最大风力为 14 级（45 m/s），中心最低气压达 95 000 Pa。

这三次台风路径相似，考虑到南支、南槽是主要的动力通道，表 6.4.18 为三峡工程后的风暴潮增水。

表 6.4.18　典型三次台风下各站最大增水

当时流量/（m³/s）	台风编号	天生港站/m	徐六泾站/m	杨林站/m	连兴港站/m
45 500	9711	1.77	2.34	2.26	2.45
39 200	0509	0.91	0.75	0.87	0.70
39 900	0713	0.86	0.77	0.86	0.35

对比三次台风的增水极值发现，三峡工程后各站增水极值分布特征发生变化，各站增水极值量级一致，由于影响长江口的强台风不多，特别是 2005 年之后，长江口台风增水没有超过 1 m。而台风的路径、强度等因子使得路径相似的台风引起的增水效果完全不同。

3. 长江口台风增水分布特点

7413 号台风期间，徐六泾附近的长江南岸最大增水超过 1.2 m，整个南支其余段最大增水均在 1.0～1.2 m，北支从崇头至青龙港的增水大于青龙港下游区域，在长江口外海的增水分布趋势是越向南，数值越大，但均小于 1.5 m（图 6.4.1）。

8114 号台风期间，南支最大增水平均大于北支，南支杨林至天生港段增水不超过 1.2 m，从杨林向口外增水依次增大，其中在中浚附近海域超过 1.6 m；位于北支崇明岛北岸，与连兴港相邻的海域增水也超过 1.6 m（图 6.4.2）。

9608 号台风期间，最大增水分布层次分明，杨林至天生港段增水为 1.2～1.4 m，其余段均为 1.0～1.2 m，南支河口段南岸增水大于北岸，可达到 1.2～1.4 m（图 6.4.3）。

9711 号台风是对长江口影响很大的一次台风，沿长江口各站潮位均达到历史高潮位，从最大增水分布图（图 6.4.4）可以看出，天生港至徐六泾段增水超过 2.0 m，白茆河至长兴岛西段的增水超过 1.8 m，整个长江口区域的增水均超过 1.4 m，而且增水变化较所有其他台风期间都更为剧烈，最大增水等值线分布也更为密集。

从 0012 号台风期间最大增水分布图（图 6.4.5）可以得出，长江口内的最大增水不超过 1.0 m，只是在崇明岛北岸靠近河口海域超过 1.0 m，南支从外高桥向口外沿南岸东南海域增水超过 1.0 m。

0216 号台风使长江口南支的最大增水超过 1.0 m，0216 号台风与 9608 号台风的路径有类似之处，均为从东向西，台风中心在长江口以南，它们的最大增水分布趋势也颇为相似，但 0216 号台风对长江口的影响比 9608 号台风对长江口的影响小，整个长江口南支的最大增水不超过 1.2 m。除此之外，几乎所有区域的增水都不超过 1.0 m（图 6.4.6）。

以上六次引起长江口总体增水超 1 m 的台风，四次为长江口南岸登陆型台风，由图 6.4.1～图 6.4.6 可得，长江口南岸登陆型台风引起的最大增水分布均有南支增水大于北支增水，同一河段南岸增水大于北岸增水的特点。

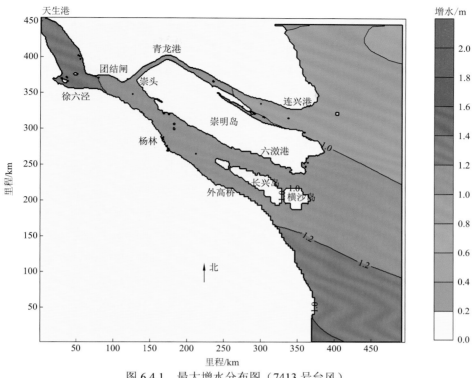

图 6.4.1　最大增水分布图（7413 号台风）

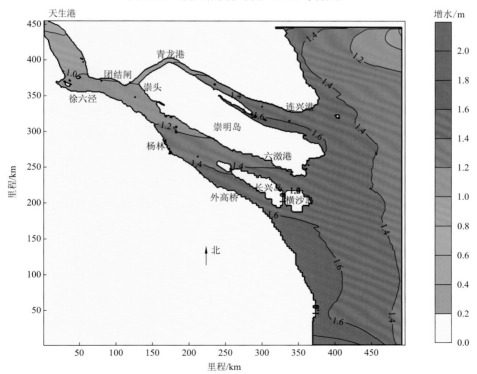

图 6.4.2　最大增水分布图（8114 号台风）

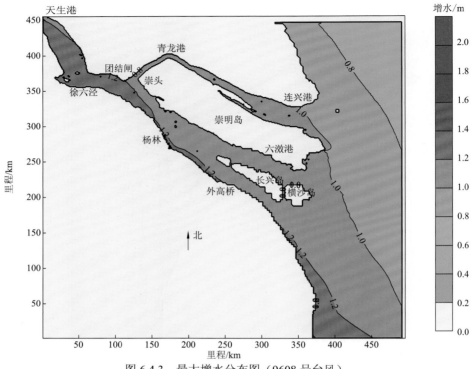

图 6.4.3 最大增水分布图（9608 号台风）

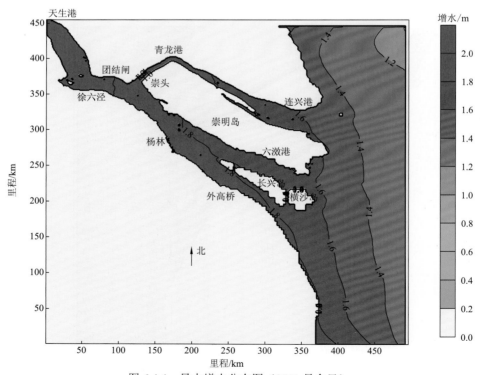

图 6.4.4 最大增水分布图（9711 号台风）

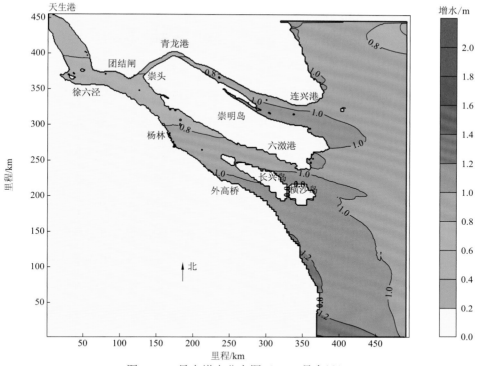

图 6.4.5 最大增水分布图（0012 号台风）

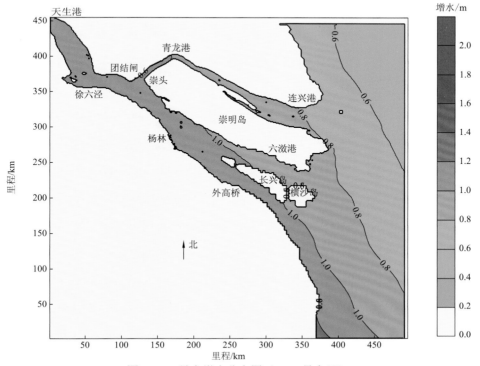

图 6.4.6 最大增水分布图（0216 号台风）

0012 号台风与 8114 号台风路径形似，均为海上转向型台风，整个增水分布也很相似；但由于不同的台风有不同的强度和影响范围，故不同台风引起的增水分布有局部的差异。

6.4.2　北支建闸的风暴潮防御调度初步方案

根据长江口典型台风风暴潮的特性分析，9711 号台风最高潮位相应增水是最大的，在天生港站、徐六泾站、杨林站、崇头站、青龙港站、连兴港站、六滧站、吴淞站、共青圩站分别引起了 0.91 m、1.71 m、1.54 m、1.60 m、3.29 m、1.10 m、0.52 m、1.57 m 和 0.85 m 的增水，特别是北支整体增水在 1.60～1.80 m。由于台风期恰遇天文大潮，9711 号台风使长江口内全线潮位创历史新高，吴淞站、天生港站、徐六泾站、杨林站和青龙港站实测潮位分别高达 4.36 m、5.16 m、4.83 m、4.50 m 和 4.69 m（85 基准），都是有潮位记录以来的最高值。将 9711 号台风作为典型台风，研究在该台风期间北支不同建闸方案对长江口水位的影响，并以此台风为例研究长江口北支挡潮闸台风期间的调度方案。

1. 建闸方案实施前典型风暴潮反演数值模拟

（1）代表潮位站的选取。分别选取连兴港站、青龙港站作为北支沿岸的代表站点，选取共青圩站、六滧站、杨林站作为南支的代表站点，模拟 9711 号台风过境期间，原型和建闸条件下的代表站点的水位过程，分析最高潮位的变化，得到北支建闸对长江口台风期间水位的影响。北支建闸对长江口水位影响分析的代表站点示意图见图 6.4.7。

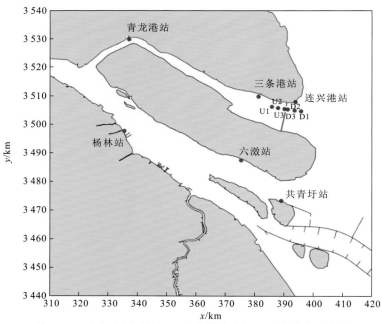

图 6.4.7　北支建闸对长江口水位影响分析的代表站点示意图

（2）9711 号台风期间各站水位反演计算。图 6.4.8～图 6.4.12 是 9711 号台风期间实测和计算水位过程的比较，表 6.4.19 为台风期间各站实测和计算最高潮位的对比。

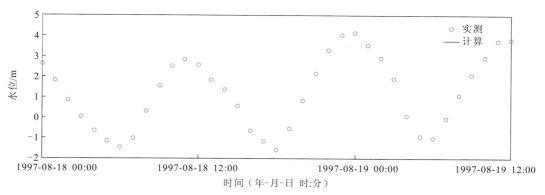

图 6.4.8　9711 号台风期间长江口连兴港站实测和计算水位过程

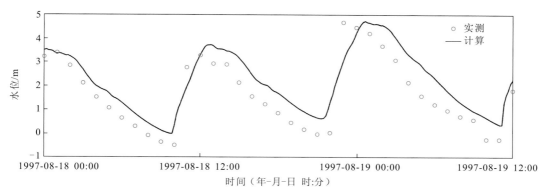

图 6.4.9　9711 号台风期间长江口青龙港站实测和计算水位过程

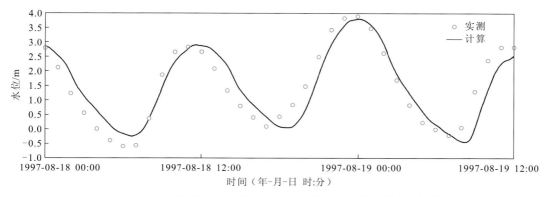

图 6.4.10　9711 号台风期间长江口共青圩站实测和计算水位过程

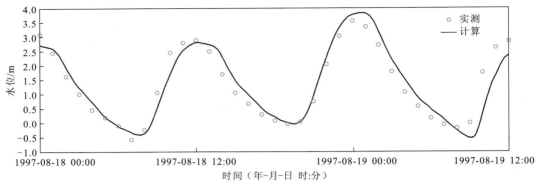

图 6.4.11　9711 号台风期间长江口六潎站实测和计算水位过程

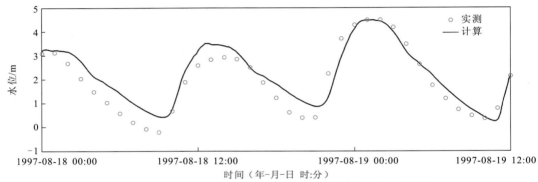

图 6.4.12　9711 号台风期间长江口杨林站实测和计算水位过程

表 6.4.19　9711 号台风期间各代表站实测和计算最高潮位　　　　　（单位：m）

站点	实测最高潮位	计算最高潮位	计算－实测
连兴港站	4.19	4.06	-0.13
青龙港站	4.69	4.73	0.04
共青圩站	3.89	3.89	0.00
六潎站	3.87	4.23	0.36
杨林站	4.50	4.58	0.08

　　可以得出，对于各站在台风期间的最高潮位和出现时间，反演的结果基本和实测一致。其中，青龙港站最高潮位出现的时间反演结果与实测有一定的出入，其原因为北支地形变化较为剧烈，连续监测地形较为困难，本次数学模型北支的地形数据采用 2012 年的水下地形数据，与 9711 号台风期间的地形有一定的偏差，模拟结果中高潮位发生的时间和实测有偏差。

　　2. 北支建闸对长江口水位的影响

　　采用上述长江口风暴潮数学模型，模拟在北支连兴港上游附近闸址处建闸对长江口

5 个代表站点水位的影响。闸门闸孔考虑 1 km、2 km 和 3 km 三种方案，即如图 6.4.13 红色粗实线所示意的中间开孔距离。

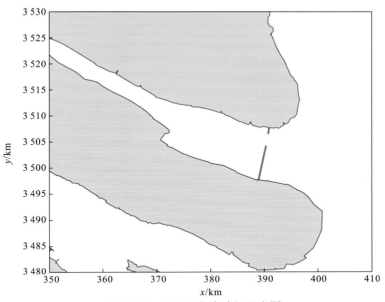

图 6.4.13　长江口北支建闸示意图

红色粗实线为大堤示意位置

图 6.4.14～图 6.4.18 为计算得到的 9711 号台风期间各站三种闸孔方案开闸、关闸与自然状态（原型）的水位过程线对比，表 6.4.20 是各站不同条件下模拟得到的最高潮位，可以得出如下结论。

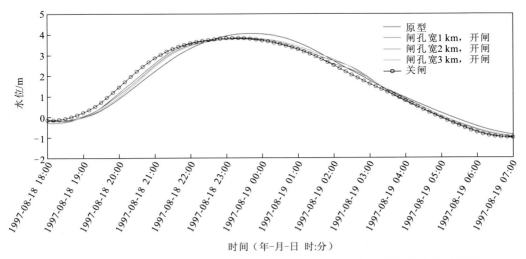

图 6.4.14　9711 号台风期间连兴港站原型、三种闸孔方案开闸和关闸的水位过程线

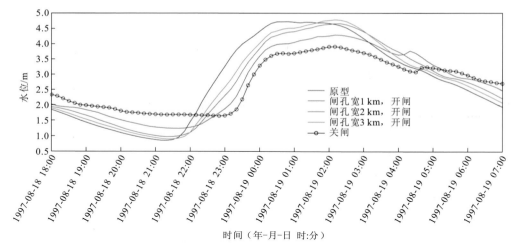

图 6.4.15　9711 号台风期间青龙港站原型、三种闸孔方案开闸和关闸的水位过程线

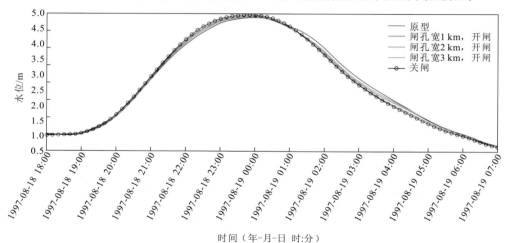

图 6.4.16　9711 号台风期间共青圩站原型、三种闸孔方案开闸和关闸的水位过程线

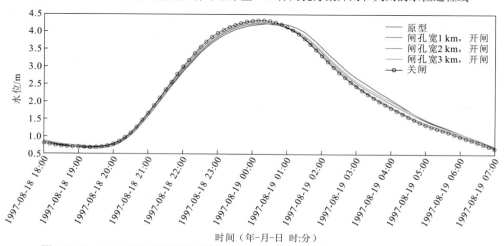

图 6.4.17　9711 号台风期间六滧站原型、三种闸孔方案开闸和关闸的水位过程线

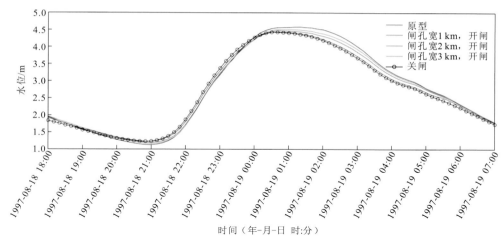

图 6.4.18　9711 号台风期间杨林站原型、三种闸孔方案开闸和关闸的水位过程线

表 6.4.20　　9711 号台风期间各代表站不同条件下最高潮位的模拟结果　　　（单位：m）

站点	原型	不同闸孔宽度，闸门开启			关闸
		1 km	2 km	3 km	
连兴港站	4.08	3.80	3.83	3.86	3.85
青龙港站	4.73	4.29	4.66	4.79	3.91
共青圩站	3.89	3.93	3.91	3.91	3.97
六激站	4.23	4.29	4.24	4.23	4.33
杨林站	4.58	4.45	4.49	4.52	4.43

（1）北支口门处建闸后，闸门关闭或小闸门宽度时有利于北支防御台风期间特高潮位，模拟结果显示，工程后北支沿程各站在 9711 号台风期间最高潮位比工程前有所降低，北支口门处不明显，但在北支上段，建闸后青龙港站最高潮位下降明显，最大可降低约 0.8 m，即闸门关闭时最高潮位为 3.91 m，对应的原型为 4.73 m。

（2）南支沿程洪水位也对北支建闸有所响应，随着闸孔缩窄直至闸门关闭，影响呈增加的趋势，在南支下段表现为最高潮位有所抬升，最大幅度在 0.1 m 以内，如共青圩站和六激站由于闸门关闭最高潮位分别抬升了 0.08 m 和 0.1 m，闸门宽度为 3 km 并且闸门打开时，六激站的水位受到的影响可以忽略不计；南支上段主要表现为最高潮位的降低，杨林站最高潮位可降低 0.15 m。

3. 闸门调度方案建议

国内外的河口建闸工程实例表明，对于复杂的自然系统，尽可能地减少人类活动对河口演变的影响。因此，尽量保证水体交换是北支口门建闸方案的首选。

北支建闸除了具有挡御风暴潮灾的功能以外，还具有挡盐、挡沙等功能，各功能调度方案各有特点，侧重点不一致，因此需分别考虑各自工况，提出闸门的具体调度方法。从预防风暴潮灾角度出发，对北支闸门方案 3（3 km 闸孔宽度）在特大风暴潮期间的调度进行数值模拟分析，提出初步的台风期间北支闸门调度方案。

1) 闸门调度方案下的水动力数值模拟

通过闸门的流量可以按照式（6.4.1）计算：

$$Q = \mu A \sqrt{2g \, | \, h_u - h_d \, |} \tag{6.4.1}$$

式中：μ 为水流缩窄系数；A 为过水面积；h_u 和 h_d 分别为闸上、下游的水位；g 为重力加速度。水流缩窄系数与水工结构的形式有关。通过在数学模型的动量方程中增加二次耗散项来考虑模拟的水工结构，其耗散系数 C_{loss-u} 可以根据 Q–h 关系来确定。

2) 风暴潮期间北支口门闸门调度

北支口门建闸的重要原因是抵御特大风暴潮引起的上游高水位带来的灾害，闸门调度的基本原则是"超警戒预警、超保证关闭"，即北支沿岸各处台风期间预报水位超过警戒水位时，闸门进行预警，随时准备关闭；若北支沿岸各处台风期间预报水位有可能超过保证水位，闸门关闭。

北支沿岸各段堤防防洪标准如表 6.4.21 所示，北支下段防洪标准约为 100 年一遇，一般设计潮位在 4.70 m 左右，而北支上段 100 年一遇设计潮位为 4.57 m。由于苏北片未做警戒潮位核定工作，现无法确定其红色警戒潮位，由相邻上海片岸段警戒潮位核定工作的结果可知，一般长江口南支岸段红色警戒潮位在设防标准以下 0.40 m 左右。由此可以得到如表 6.4.22 所示的长江口北支口门闸门风暴潮调度依据。

表 6.4.21　长江口北支沿岸不同水平年各段堤防防洪标准

分片	堤段		2010 年		2020 年	
			频率/%	设计潮位/m	频率/%	设计潮位/m
苏北片	南通经济技术开发区	东方红农场	"长流规"	4.80	1	4.71
	海门区	江心沙	"长流规"	4.57	1	4.70
		青龙港	"长流规"	4.57	1	4.69
		北支三	"长流规"	4.57	1	4.70
	启东市	灯杆港	"长流规"	4.72	1	4.71
		头兴港	"长流规"	4.72	1	4.73
		三条港	"长流规"	4.72	1	4.74
		连兴港	"长流规"	4.72	1	4.74
上海片	崇明岛	前哨农场	1	4.74	同 2010 年	
		竖河垦区	1	4.74		
		永隆沙	1	4.71		
		牛棚港	1	4.69		

表 6.4.22　长江口北支口门闸门风暴潮调度依据

片区	关闸潮位/m	预警潮位*/m
北支上段	4.57	4.17
北支下段	4.72	4.32

*：参考相邻海域的红色警戒潮位标准。

　　根据长江口风暴潮模型模拟得到的北支水位过程及实测资料，对比表 6.4.20 的成果，可以得出：北支下段在 9711 号台风期间最高潮位不超过 4.20 m，低于闸门预警潮位，闸门无须应对；而同期，北支上段预测最高潮位可达 4.73 m（实测 4.69 m），在 3 km 闸孔宽度的建闸方案下，闸门开启时青龙港站最高潮位还有略微抬升，其最高潮位为 4.79 m，超过设计洪水位，因此闸门需要考虑关闭。

3）北支闸门风暴潮期间调度预案

　　北支口门处闸门启闭除了考虑台风期间外海的风暴潮影响外，还需要考虑长江下泄径流在北支的分流、北支沿江排涝、水交换等，因此闸门关闭时间不宜过长。风暴潮期间，需在最大高潮位出现前关闭，关闭时应选取合适的流态（流速尽量小），高潮位过后应及时打开闸门，开闸时也应在小流速状态下。

　　考虑到北支附近潮波以前进波方式传播，在高潮位来临前约 4 h 的落憩时刻关闭闸门，在高潮位过后约 2 h 的涨憩时刻打开闸门。以 9711 号台风为例，对北支口门处闸门在台风超高潮位时的调度进行预案。

　　图 6.4.19 为 9711 号台风期间北支闸门口门处的水位和流速过程，可以得出，最高潮位发生在 19 日凌晨附近，此时涨潮流速较大，分析这一高潮位前后流速的变化可以得知，8 月 18 日 19 时 30 分落憩，此时闸门关闭最佳，而 19 日 1 时 30 分涨憩，此时闸门可开启。因此，可以得到 9711 号台风期间闸门调度预案 1：8 月 18 日 19 时开始关闭闸门，19 时 30 分闸门就位；19 日 1 时闸门开始开启，1 时 30 分闸门敞开，详见表 6.4.23。

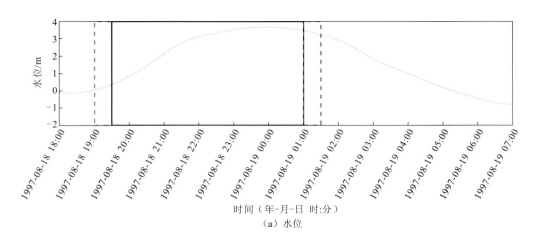

（a）水位

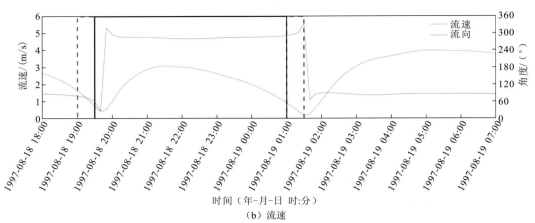

（b）流速

图 6.4.19　9711 号台风期间北支闸门口门处水位、流速和流向

红色虚线框表示关闸窗口；黑色实线框表示闸门关闭；蓝色虚线框表示开闸窗口

表 6.4.23　长江口北支口门闸门 9711 号台风期间调度预案 1

作业窗口	起止时间	流速/（m/s）	水位/m
关闭闸门	8 月 18 日 19 时～19 时 30 分	0.5～1.5	-0.8～0.2
闸门就位	8 月 18 日 19 时 30 分～19 日 1 时	0.5～3.0	0.2～3.6
开启闸门	8 月 19 日 1 时～1 时 30 分	0.3～0.6	3.0～3.3

6.4.3　调度预案对长江口北支风暴潮的影响

采用长江口风暴潮数值模型对闸门在 9711 号台风期间的调度预案 1 进行模拟，模型闸门底板高程取 8 m，闸门关闭后高度为 5 m。闸门实时控制采用实时控制（real time control，RTC）模块实现，给定闸门高度随时间变化的过程和闸门引起的能量损失系数。

1. 调度预案对长江口北支风暴流场的影响

图 6.4.20、图 6.4.21 是闸门方案 3（3 km 闸孔宽度）闸门开启状态和采用调度预案 1 进行实时调度过程中各时刻的流场，以及上、下游代表站流速过程对比。可以看出，采用 RTC 模块可以较好地模拟闸门高度变化引起的实时水流调整。

2. 调度预案对长江口北支风暴潮位的影响

表 6.4.24 是 9711 号台风期间调度预案 1（闸孔宽 3 km）各站最高潮位表。图 6.4.22 是 9711 号台风期间调度预案 1 各站潮位过程。闸门调度运用后，降低了青龙港站的最高潮位，使得最高潮位由 4.79 m 下降到 4.01 m，达到了台风期间防洪的目的。

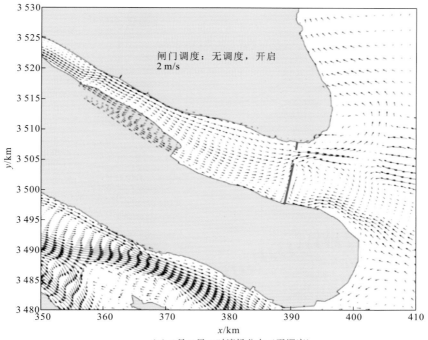

（a）8月18日19时流场分布（无调度）

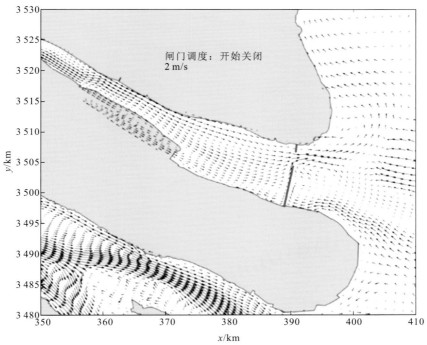

（b）8月18日19时流场分布（调度预案1）

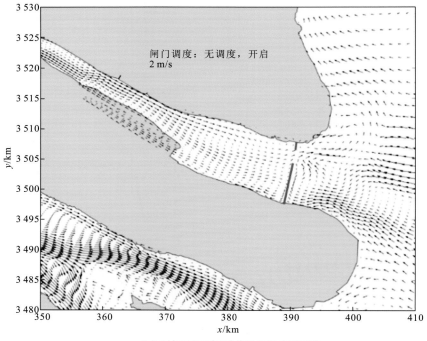

（c）8月18日19时30分流场分布（无调度）

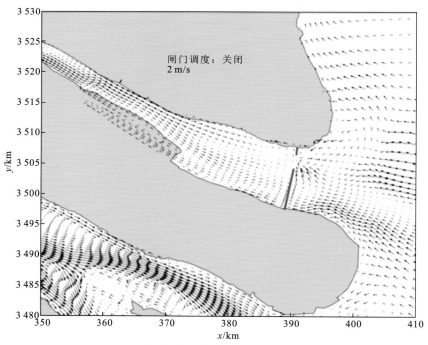

（d）8月18日19时30分流场分布（调度预案1）

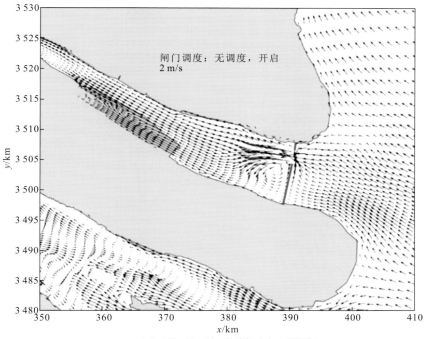

（e）8月18日21时30分流场分布（无调度）

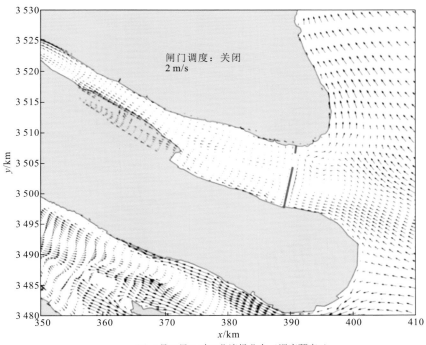

（f）8月18日21时30分流场分布（调度预案1）

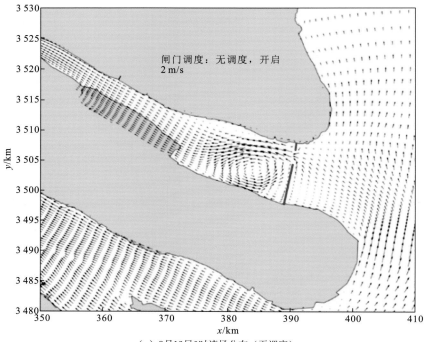

（g）8月19日0时流场分布（无调度）

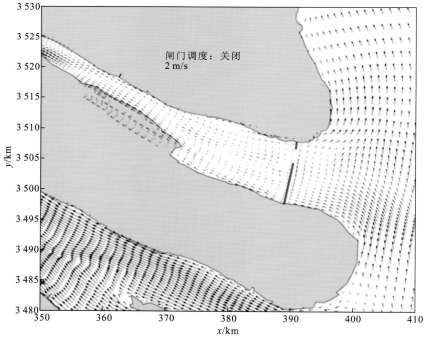

（h）8月19日0时流场分布（调度预案1）

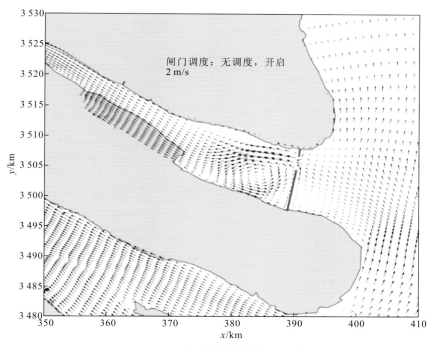

（i）8月19日1时流场分布（无调度）

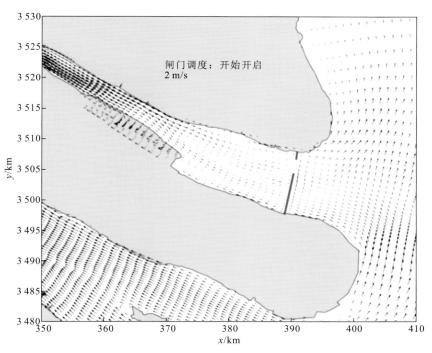

（j）8月19日1时流场分布（调度预案1）

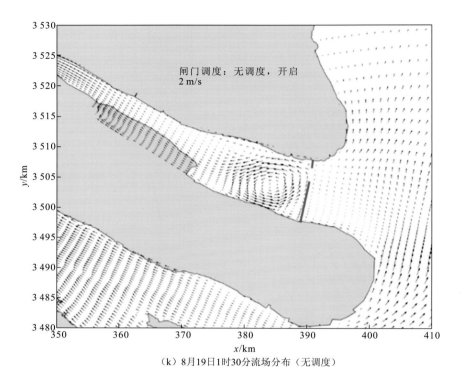

（k）8月19日1时30分流场分布（无调度）

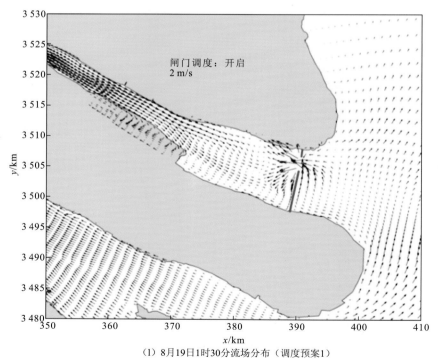

（l）8月19日1时30分流场分布（调度预案1）

图 6.4.20　9711 号台风期间闸门方案 3（3 km 闸孔宽度）工程附近流场分布

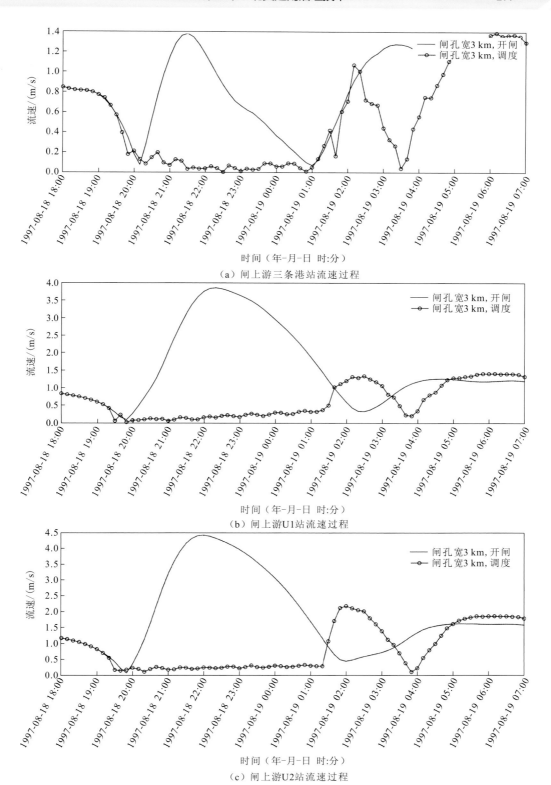

（a）闸上游三条港站流速过程

（b）闸上游U1站流速过程

（c）闸上游U2站流速过程

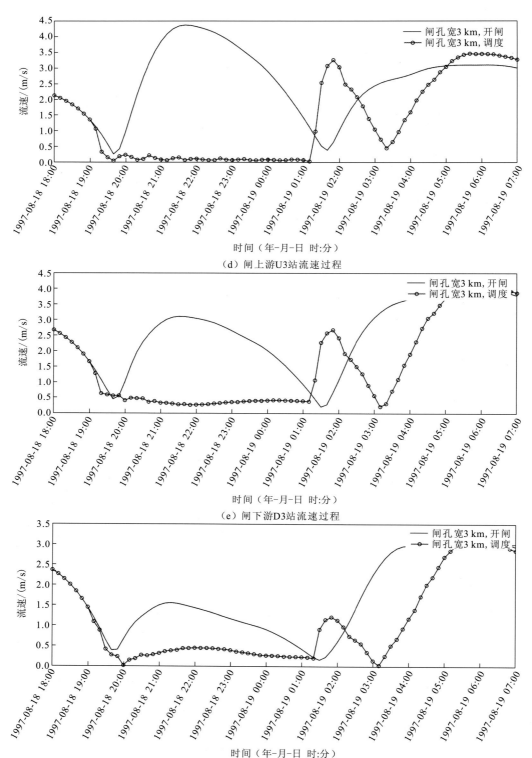

（d）闸上游U3站流速过程

（e）闸下游D3站流速过程

（f）闸下游D2站流速过程

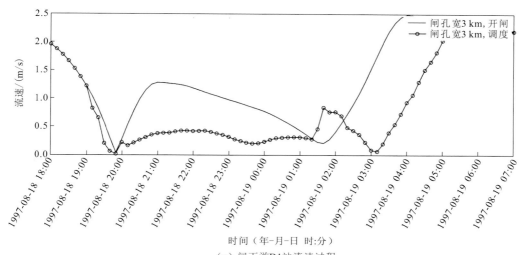

时间（年-月-日　时:分）

（g）闸下游D1站流速过程

图 6.4.21　9711 号台风期间调度预案 1 北支各站流速过程

表 6.4.24　9711 号台风期间调度预案 1 各站最高潮位模拟结果　　（单位：m）

站点	原型	闸门开启	调度预案 1
连兴港站	4.08	3.86	3.88
青龙港站	4.73	4.79	4.01
共青圩站	3.89	3.91	3.93
六滧站	4.23	4.23	4.29
杨林站	4.58	4.52	4.37

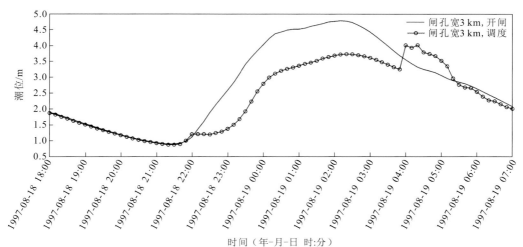

时间（年-月-日　时:分）

（a）闸门上游青龙港站潮位过程

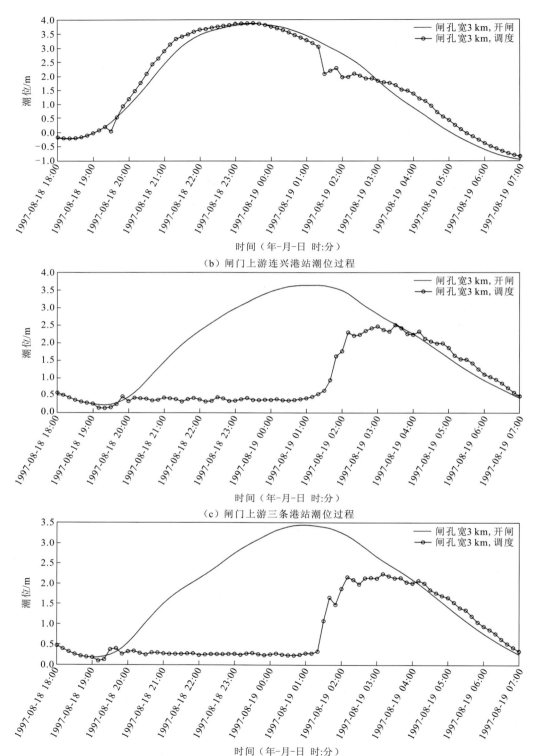

（b）闸门上游连兴港站潮位过程

（c）闸门上游三条港站潮位过程

（d）闸门上游U1站潮位过程

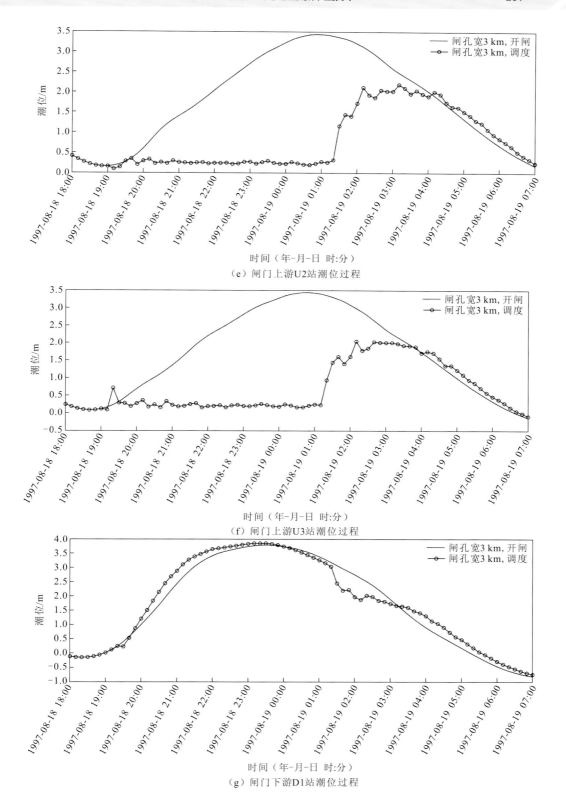

（e）闸门上游U2站潮位过程

（f）闸门上游U3站潮位过程

（g）闸门下游D1站潮位过程

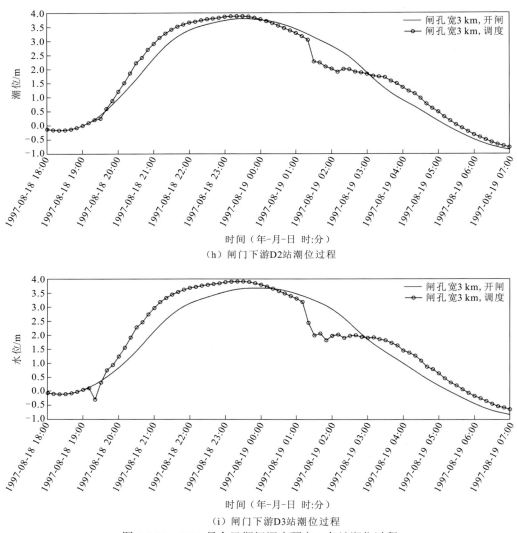

（h）闸门下游D2站潮位过程

（i）闸门下游D3站潮位过程

图 6.4.22　9711 号台风期间调度预案 1 各站潮位过程

　　北支口门处建闸后，闸门关闭或小闸门宽度时有利于北支防御台风期间的高潮位，南支水位也对北支口门处的闸门调度有所响应，随着闸孔缩窄直至闸门关闭，影响更大，在南支下段表现为最高潮位有所抬升，南支上段表现为最高潮位有所降低；通过闸门的调度运行，降低了北支的最高潮位，原来的超防洪设计潮位下降到警戒潮位标准以下，达到了台风期间防洪的目的。

6.5　建闸优化布置及综合调度

6.5.1　国内外建闸工程方案

大跨度闸门形式多样，随工程对象、所处位置和功能要求而变化。目前我国建成或正在规划的大型闸门均具有不同特色，形式和功能多样。随着我国水利水电工程、水运工程建设的快速发展，以及对航运、水环境和生态要求的日益提高，具有综合功能的新型大跨度闸门结构近年不断诞生，在原有常规平面直升式闸门和弧形闸门门型基础上，开发应用了如液压翻板门（底轴翻板式闸门）、浮动翻板门、扇形翻转闸门、弧形三角闸门等新门型。

1. 橡胶坝

橡胶坝是 20 世纪 50 年代出现的一种低水头挡水建筑物。国内橡胶坝目前最高 6 m，单跨最长 176 m，多跨最长 1 135 m。橡胶坝是由高强度的织物合成纤维受力骨架与硫化氯丁橡胶止水（气）构成的胶布，按设计要求锚固在河道基础底板和端墙上，形成一个封闭的橡胶布囊，充水、充气或充水充气形成橡胶柔性体来挡水。橡胶坝工程主要包括橡胶坝袋、坝袋锚固系统和充、排及控制系统三大部分。

橡胶坝与其他石、钢、木、混凝土等刚性闸坝比较，第一个突出的特点是，充胀坝体挡水而不漏水，排空体内介质，坝袋塌落紧贴河床，保持原河床泄水断面，可畅泄水、上游堆积的泥沙、石块和漂浮物而不阻水，对于充水式橡胶坝，还可以随意调整坝高溢流，以确保上游水位和泄洪量；第二个突出的特点是，橡胶坝单跨长度大，按理论分析，橡胶坝内部应力和外部对其作用的力均垂直于坝轴线，因而与坝袋长度无关，坝袋长度多取决于工程运行工况和坝袋运输、安装等因素。除此之外，橡胶坝工程还具有结构简单、施工期短、造价低、坝袋抗震性能好、操作灵活、管理方便等优点。橡胶坝应用场景见图 6.5.1。

图 6.5.1　橡胶坝应用场景

橡胶坝的优点是：

（1）造价低，施工期短；

（2）坝体为柔性软壳结构，能抵抗地震、波浪等冲击，且止水效果好，跨度大，汛期不阻水；

（3）维修少，管理方便。

缺点是：

（1）橡胶坝袋的使用寿命一般为15～25年；

（2）挡水高度低，一般为6 m；

（3）维修不方便；

（4）运行时充水（充气）升坝或放水（放气）塌坝时间较长，影响快速截流或泄洪；

（5）橡胶易老化，容易发生质量事故。

2. 液压升降坝（钢坝门）

液压升降坝是一种采用自卸汽车力学原理，结合支墩坝水工结构形式的新型活动坝，具备挡水和泄水双重功能。

液压升降坝由弧形（或直线）坝面、液压杆、支撑杆、液压缸和液压泵站组成。液压升降坝的应用场景见图 6.5.2。

图 6.5.2　液压升降坝应用场景

用一排液压缸直顶以底部为轴的活动拦水坝面的背部，达到升坝拦水、降坝行洪的目的。采用滑动支撑杆支撑活动坝面的背面，构成稳定的支撑墩坝。采用联动钢绞线带动定位销，实现支撑墩坝固定和活动的相互交换，达到固定拦水、活动降坝的目的。采用浮标开关，操作液压系统，达到无人管理目的，根据洪水涨落，实现活动坝面的自动升降。

液压升降坝的优点是：

（1）造价低；

（2）活动坝面放倒后，坝面只稍稍高出固定堰顶部，达到无坝一样的泄洪效果；

（3）采用浮标开关，操作液压系统，达到无人管理目的，根据洪水涨落，实现活动坝面的自动升降。

缺点是：

（1）现有液压升降坝的挡水高度一般为 6 m，若加大挡水高度，需增加闸门的结构强度，并加大液压启闭机的容量和行程；

（2）止水效果不佳，由于液压升降坝是由多个小门组成的，在水涌和水浪的重复拍打作用下，每个小门之间会出现错位，从而出现止水不佳的情况；

（3）液压启闭机长期卧于水下，检修和维护不便；

（4）由于门体下游长期在水中，下游的泥沙对闸门的操作有较大的影响。

3. 液压翻板门（底轴翻板式闸门）

液压翻板门是一种新型可调控溢流闸门，一般由土建结构、刚性门体、液压驱动装置、液压锁定装置、电器控制设备等组成。这种闸门适合于河道孔口较宽（适合 10～80 m）而水位差比较小（适合 1～6 m）的工况。液压翻板门结构简单，可以节省土建投资，具有立门蓄水，卧门行洪排涝，还可以利用门顶过水，形成人工美丽景观等优点。液压翻板门的缺点是在跨中必须设立恰当的支点和启闭操作点，这对超宽闸门来说存在一定困难。

上海市苏州河河口水闸（图 6.5.3）位于外白渡桥外侧，闸门长 100 m，横躺于黄浦公园附近，为液压翻板门，在同类水闸建设中，国内外尚属首例，是苏州河环境综合整治二期工程的标志性项目。液压翻板门门叶采用纵向悬臂梁结构，由底轴旋转直接驱动，使闸门孔口的宽度不再受梁高的制约，致使单扇闸门的宽度达百米之巨。100 m×9.76 m的闸门就像一块伏在水底的大型铰链，可以从 0°～90° 开始向东侧任意翻转并固定，当潮汛来临，需控制苏州河水位时，就可以通过自动装置将它翻立于水中。该新型水闸既满足防御黄浦江苏州河河口 1000 年一遇高潮位、双向挡水、启闭灵活、施工期不断航等要求，又满足结构物总体布置与周围环境相协调，符合苏州河河口景观规划的要求；同时又能施放人工瀑布，呈现飞流直下的美丽景观，成为市中心旅游观光的又一大新景观。

图 6.5.3　上海市苏州河河口水闸

江新联围三江口水闸（图 6.5.4），考虑通航要求，工作闸门采用绕支铰转动的液压翻板门。门体为实腹式板梁结构，门长 60.0 m，高 9.57 m，厚 3.5 m，面板厚度为 20 mm。这是目前我国荷载规模最大的一个液压翻板门。

图 6.5.4　江新联围三江口水闸效果图

液压翻板门的优点是：

（1）能够实现双向挡水、灵活启闭；

（2）闸门开度无级可调、方便调度；

（3）工程隐蔽，无碍防汛和通航，是改善河道景观的新型闸门；

（4）因为它可以设计得比较宽，能省去数孔闸墩，所以不仅结构简单，而且可以节省土建投资。

缺点是：

（1）现有的液压翻板门的挡水高度一般不超过 6 m；

（2）大跨度、高水头液压翻板门的底轴承受全部的水压力，故其设计、制造加工、安装调试难度极大；

（3）该闸门是通过两侧的驱动装置驱动底轴，从而达到闸门启闭的目的，而两侧驱动装置的同步设计比较困难，容易造成闸门启闭扭曲的情况；

（4）由于门体下游长期在水中，下游的泥沙对闸门的操作有较大的影响。

4. 浮动翻板门

目前最新的大型挡潮闸工程项目，是意大利威尼斯市的摩西工程。摩西工程将 78 扇有铰链的金属大门安放在威尼塔潟湖的三个隧道中。闸门类型为隐显的、来回摆动的浮动翻板门。闸门提升的高度可以根据新的要求或新的环境情况任意进行调整。设计的闸门能够承受的大海与潟湖的水位之差为 2 m。浮动翻板门应用场景见图 6.5.5。

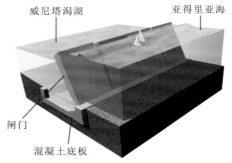

图 6.5.5　意大利威尼斯市摩西挡潮闸效果图

运行方式：闸门和门轴设在航道上的钢筋混凝土沉箱内，平时闸门平躺在箱内，使用时用压缩空气将门内的水排出门腔，使闸门浮起与海平面成 45° 夹角。在不同的水头作用下，水头增高时向门腔内增加压缩空气使闸门保持原状，洪水下退时操作过程相反。

该类型闸门的工作原理是利用水的浮力来抵抗水的压力，其设计思路新颖，可不受土建闸墩的限制，理论上闸门可以为无限长度。但也正是由于其将水的浮力作为闸门支承，故在较高的挡水水头时，受闸门结构体积的限制（闸门体积不能无限大），产生不了相应的浮力，从而无法实现可靠挡水的要求。

浮动翻板门的优点是：

（1）利用水力操作，无须专用的启闭设备，操作简单，管理简便；

（2）不受土建闸墩的限制，理论上闸门可为无限长度；

（3）全开时，闸门全部被置于水底，保持了原有的生态状况。

缺点是：

（1）挡水水头低，通常为 2～3 m；

（2）不能调节水位和流量；

（3）闸门维护不便；

（4）由于门体下游长期在水中，下游的泥沙对闸门的操作有较大的影响。

5. 扇形翻转闸门

扇形翻转闸门的结构主体为两端封闭的扇形翻转门，布置在溢流堰顶，下游有两条逐渐抬高的轨道，可以通过启闭机进行开启。扇形翻转闸门同样只适合于河道孔口较宽（适合 10～70 m）而水位差比较小（适合 1～6 m）的工况。

英国泰晤士河防洪闸是世界上著名的防洪工程，位于距离伦敦市中心 13 000 m 的下游河段上，横跨泰晤士河，号称世界第八大奇迹。防洪闸全长 578 m，共分 10 孔，中间 4 孔为主航道，每孔净宽 61 m，南岸 2 孔为副航道，北岸 4 孔不通航，每孔净宽 31.5 m。不挡潮时，全闸 10 孔可适应河水通过。通航各孔采用提升（关门时）式扇形闸门；非通航各孔采用普通下落（关门时）式扇形门。英国泰晤士河防洪闸效果图见图 6.5.6。

图 6.5.6　英国泰晤士河防洪闸效果图

在提升式扇形闸门闸墩之间的地板上设混凝土板，开闸时，扇形闸门藏于底坎的凹处。9 座预应力混凝土闸墩将泰晤士河分成 10 个开口，10 个巨大的钢闸门固定在闸墩上，首尾相接，通过控制闸门启闭防御泰晤士河下游的洪水。10 个巨型闸门全部采用移动式钢闸门，其中 4 个主要闸门开口每个的净跨度为 61 m，闸门高 20 m，是平板钢闸门，每个闸门总重达 3 000 多吨（包括闸门板 1 500 t、闸臂 1 100 t 和其他辅助设施），承载能力超过 9 000 t，平时闸门平躺在河床，河道可以自由通航。泰晤士河防洪闸分隔桥墩每个闸墩长 75 m，宽 11 m，高 50 m。防洪闸底修建两条隧洞，主要用于铺设电缆、排水、控制操作和其他服务。

扇形翻转闸门的优点：

（1）扇形翻转闸门属于弧门类，理论上可进行动水启闭、局部开启，在解决流激振动的情况下，可实现大跨度闸门的动水操作；

（2）闸门的水力学条件较好，运行比较灵活；

（3）运行维护较为方便。

缺点：

（1）造价较大，总体投资较高；

（2）闸墩长度较平面闸门大，承担闸门支铰传来的集中荷载和推力；

（3）当闸门宽度过宽时，闸门为保证其合理刚度，所需的重量较大，布置启闭设备较为困难。

6. 弧形三角闸门

弧形三角闸门在我国也得到了广泛的应用，特别是近十多年来，国内兴建、在建和设计了一批大型、特大型水利水电工程，如三峡工程、小湾工程、溪洛渡工程、二滩工程、向家坝工程、小浪底工程、天生桥一级工程、漫湾工程等。孔口面积、工作水头与总水压力这三项是反映闸门水平的主要指标，目前国内弧形门的技术特性已达到如下水平：孔口面积仍维持在 $30\sim80\ m^2$，但设计水头已由 $50\sim60\ m$ 提高到 $120\sim160\ m$，总水压力已经可以达到 $100\ 000\ kN$ 以上。闸门除要求在动水中全开、全关外，还要求其能在库水位变幅高达百米状态下在任意开度局部开启、调节水量等，如此规模和技术特性已达到了国际同类产品的先进水平。例如，小浪底工程 1 号明流洞弧形工作闸门孔口尺寸为 $8.0\ m\times10.0\ m$（宽×高），设计水头为 $80\ m$，浑水容重为 $10.5\ kN/m^3$，总水压力为 $75\ 700\ kN$。该工作闸门孔口面积大、水头高，总水压力为目前国内同类闸门之首。

在低水头宽孔口的弧形闸门（弧形三角闸门）中，单体闸门形态都保持中心线水平对称的，称为正态宽孔弧形闸门。正态宽孔弧形闸门在国内外水利工程中被广泛使用，由于闸门水平跨度大，门叶全部采用桁架系统支撑。

荷兰鹿特丹新水道挡潮闸：挡潮闸由两扇半圆弧空心槽门组成。闸门每扇长 210 m，每扇门钢材重 15 000 t。闸门与直径为 10 m、重为 680 t 的球窝接头之间通过两根特殊设计的空心三角形网格钢臂梁连接。臂梁管最大直径为 1 800 mm，管壁最厚为 $40\sim90$ mm。铰链处最大水头反力为 353 MN。球窝铰链的荷载传输给混凝土锚块。锚块按 70 m 等分，高 7 m，部分实体，部分冲填土，无桩支承，作为重力结构物位于压实土之上。荷兰鹿特丹新水道挡潮闸效果图见图 6.5.7。

俄罗斯圣彼得堡防潮水闸：在防潮工程的建设中，挡潮水闸、通航船闸将与土石堤坝结合，形成封闭 Kotlin 岛与芬兰湾的整体防潮屏障。在整个防潮屏障中，共有 6 座挡潮闸，其中 2 座（B1、B2）位于涅瓦湾南部水道，4 座（B3～B6）位于涅瓦湾北部水道。B1、B3、B5、B6 闸段采用现场浇筑，由围堰保护，在基坑中施工。B4、B2 闸段采用拼装设计，沉箱法施工。挡潮闸段由不同的组件构成，总宽度为 27.00 m，闸室宽度为 24.00 m。挡潮闸的剖面为闸门-门框结构，两侧闸墩在其顶部通过具有防波构造的支撑梁和过梁相连。弧形闸门位于支撑梁和过梁之间，启闭机构为 2 台安装在框架上的液压启闭机，框架与支撑梁和过梁相互连接。俄罗斯圣彼得堡防潮水闸见图 6.5.8。

图 6.5.7　荷兰鹿特丹新水道挡潮闸效果图（孔宽 320 m）

图 6.5.8　俄罗斯圣彼得堡防潮水闸

弧形三角闸门的优点：

（1）结构为左右双开、平面弧形的对称结构，对孔口宽度不敏感，适用于挡潮、拦河等孔口超大、上下游水头较低的水工建筑，是对应超大孔口闸室的首选结构形式；

（2）闸门和启闭机械运行可靠；

（3）启闭容量较小。

缺点：

（1）占地规模大，门库（含闸坞）占地面积较大；

（2）支铰结构复杂；

（3）浮腔结构、充排水装置和控制系统是设计与运行的重点及难点；

（4）需考虑冲淤、清淤。

7. 自伸缩重力钢闸门

自伸缩重力钢闸门是一种仿轨道列车、自动伸缩启闭、主要靠重力维持自身平衡和稳定的钢制闸门，其由若干节门体组成。启门运行收缩时一节一节地套起来（如套娃），闭门运行伸长时可以一节一节地伸出展开。全闸由门体、闸底板、闸廊道、注浆帷幕、止水设施、存放门体的闸室、闸门的运行轨道、重力支撑墩、闸门自行的动力设备等组成，但无闸墩。闸门整体形式可为人字形或一字形，由优化计算决定其最终形式。

特点：前人未采用过，结构独特，形式新颖，富于创新，可以过水，闸底板浮托力较小，用钢结构保证其坚固、强度和刚度，靠自重维持平衡，靠支撑墩加强稳定，靠自身动力伸缩启闭，运行方便，止水设施有 P 形止水与山形止水双重保险。

存在的问题：它是一种创新的、设计新颖的闸门。没有先例，是否可实际应用，尚需通过进一步计算与试验研究加以验证。

8. 平面直升式闸门

平面直升式闸门为常规的平面闸门，其结构形式有板梁式结构、桁架式结构等，该门型结构简单，受力明确，是目前使用最广泛的闸门形式。根据该闸门受力结构的特点，在大跨度孔口运用的此类闸门形式普遍有水头不高、启闭容量大、启闭行程不长的特点。平面直升式闸门的启闭机形式主要有液压启闭机、卷扬式启闭机。

荷兰东斯凯尔特挡潮闸（图 6.5.9）：东斯凯尔特挡潮闸位于荷兰西部东斯凯尔特河口，是世界上最高和规模最大的水中装配式水闸。该河口宽 8 500 m，最大水深为 40 m。挡潮闸采用修建开敞式挡潮闸方案，即平时闸孔敞开，风暴潮时将闸门关闭挡潮。该闸由闸身及其两端的海堤共 3 段组成，全长 4 425 m。闸身长 3 000 m，最大闸高 53 m，共 63 孔，平面闸门宽 43 m，高 5.9～11.9 m，最大面积为 511.7 m^2，为世界之冠。

图 6.5.9　荷兰东斯凯尔特挡潮闸

平面直升式闸门的优点：

（1）布置紧凑，制造、加工较容易；

（2）运行安全可靠，维修方便；

（3）广泛用于各种水工建筑物上。

缺点：

（1）平面闸门自重大，所需启门力也大；

（2）门槽水力学条件较差；

（3）大孔口及高水头的条件下不宜动水操作；

（4）启闭过程中所需的上部空间较大；

（5）闸门的最大宽度及挡水高度受启闭机容量限制。

9. 浮箱式闸门

浮箱式闸门曾广泛用于船坞。因为它只能在静水中启闭，所以在水电工程中仅用作开敞式孔口的检修闸门。它主要依靠浮力动作，门叶具有一定的封闭空间，并设置水泵和阀门管道等机械设备，通过调节门叶内的水量来改变门重与浮力间的平衡关系，下沉时闸门封堵孔口进行挡水，上浮时可开放孔口或拖驳至其他水域停泊。

浮箱式闸门按其外形可分为箱形、比重计形和桶形三种。其中，以桶形浮箱式闸门的稳定性能较好，且用钢量也少，现被普遍采用。为使浮箱式闸门能平稳沉放，并有效密封，需在闸孔墩头和底坎做一个支承面，并在闸墩顶部设置系缆柱或扣环。

三峡浮箱式检修闸门见图 6.5.10。

图 6.5.10　三峡浮箱式检修闸门

浮箱式闸门的优点：具有较大的刚度；可不设专用的启闭设备；自由浮动，运输方便。

缺点：不能在动水中沉或放；重量较大；就位操作比较费时，操作不便。

6.5.2　国外河口建闸的综合调度调查

1. 威悉河河口治理

威悉河源于德国境内，流域面积为 45 300 km²，全长 474 km，平均潮流量为 317 m³/s，最小潮流量为 60 m³/s，最大潮流量达 3 500 m³/s，河口以外平均潮差为 2.8 m。威悉河河口包括近海的不来梅港及威悉河下游的布拉克等港口。

威悉河河口从不来梅港起呈喇叭形向外海延伸大约 50 km，河槽流经广阔的潮间泥泞滩地。在不来梅港下游 10 km，河道被宽达 10 km 的沙洲分成东、西两支，这两支在沙洲的下游汇合后又再一次被宽达 10 km 的沙洲分开，最后汇合注入北海。

威悉河河口河床演变十分复杂，其局部流速可达 2 m/s。受气象因素影响，风所掀起的底细沙随潮上溯，造成航道淤积。其治理主要是围绕一段航道进行的，其中主要是对东支和西支航道的治理。治理原则是通过加强河道本身的冲刷能力，达到河道原有的自然条件，按照原有的河道断面保持平衡。

1922 年以前一直是以东支为主航道，但由于东支位于潮间泥泞低地，滩地较宽，支汊发育，水量不易集中，为此，主管部门在紧靠不来梅港的下游处修筑了两条淹没式导流堤，其目的是把汊道与主槽分开，加大主槽总水量，使其对主航道有利，结果获得了较好的效果。在强大的潮流作用下，泥沙淤积仍很严重，曾在东支航道挖泥疏浚，越挖回淤越厉害。而改用在东支修顺坝、丁坝的方法，其效果也不理想。于是，以专家 L. 普拉特为首的治理小组广泛地分析了潮汐水文资料，提出了既然东支航道在不断淤浅，西支航道在不断扩大，那么就索性废弃东支航道，改走西支航道的方法。加宽、加深西支的河床断面，加速了西支河床的冲刷。同时，他们在潮流进入东支的入口处修建了一座挡水坝，阻碍水流进入。此外，在西支修筑了一系列顺坝和丁坝群，归顺水流。这些措施大大加速了自然的发展，东支很快被淤浅，而西支很快冲宽刷深，从此航道顺利地从东支移向西支，而西支航道水深一直保持稳定。

不来梅市的防暴潮闸，平时没有暴潮时上、下两层闸门全部打开，暴潮时开上闸门关闭下闸门，既降低了闸下水位，防止闸下堤防及不来梅港受暴潮侵袭，又避免了上游水位提高，从而保证不来梅市的安全。

2. 泰晤士河河口

泰晤士河河口两岸地面高程大都低于普通大潮高潮位，靠大量堤防来保护大约 125 万人的人口和 168 km² 的面积。由于这一带的陆地下沉，许多地方的堤防处于危险状态。因此，从 20 世纪 30 年代起就考虑了在河口建闸，以防止暴潮袭击。

1968 年 1 月大伦敦议会应政府的要求，委托沃灵福德水力学研究所对泰晤士河河口防潮措施的水力学状况进行了广泛研究，并要求在尽可能短的时间内进行现场调查和模型试验，以确定为防止北海暴潮侵袭伦敦而在泰晤士河河口建闸的影响。同年 4 月扩大了研究范围，要求进一步探讨不同的防潮措施、选择的闸址、船闸的数目和尺寸，以及各种建筑物的设计方案、运用方式等对水力条件的影响，并决定集中力量研究活动闸，以便尽快确定闸址，提出总体设计。

（1）现场测量和实验室试验。

1968～1971 年在绍森德与特丁顿 100 km 的范围内进行了五次大规模的水文测验，取得了流速、流向的同步资料和沿程各潮位站的水位过程线。1972 年 9 月在绍森德与里奇蒙德之间进行了全潮同步水位测量，并与 1948 年的资料进行对比，以了解泰晤士河潮汐传播的变化；并且进行了悬沙浓度和盐度测量，以及格林尼治和巴金之间河段的底质测量，以确定淤积程度；此外，还做了河口淤积剪切强度试验及确定建立并运用淤积数学模型所需的常数和系数的试验。

（2）模型研究。

1968～1972 年先后进行了两个物理模型、一个数学模型及一个充气式闸模型的试验。第一个物理模型为泰晤士河河口模型，建于迪德科特试验棚内，水平比尺为 1∶600，垂直比尺为 1∶60，目的在于研究不同潮汐、暴潮和山水流量情况下的不同河堤高程、闸址、闸的运行方式、施工和总体设计对整个河口水位、盐度分布和流速的影响，以及对主航道上床沙沿程分布的影响，取得了较好的成果。首先是确定了在不同流量情况下，由于暴潮入侵河口，伦敦水位可能达到的高度，并得到了近海海洋和潮汐数学模型的证实，决定把堤岸加高 0.45 m，作为一项临时措施。其次是采用连续的半潮运行控制，要求闸在连续潮汐期间运行，当闸内水位退到平均潮位时，闸就关闭。而在涨水期间，当闸两侧水位相平时又重新打开闸门，开关时间依淡水流量而定。如有暴潮，闸就不开，直到下一次涨潮，这就可使闸址上游的水位保持在现有的平均潮位附近。无论闸址设于何处，以上措施都将引起河口泥沙的重新分布，并造成某些河段的平衡水深永久性减小。此外，还研究了闸门使用等方面的问题。

第二个物理模型为锡尔弗敦闸址模型，于 1971 年建于第一个物理模型旁。其水平比尺为 1∶300，垂直比尺为 1∶60，目的在于复演特丁顿河段的潮汐、暴潮、地表径流及盐度的天然分布。由于水平比尺较大，变态程度较小，故闸的定线、闸墩布置、通航桥孔的研究比以前更精细。根据定床模型全潮期间测得的水位变化，流速的纵向、横向和垂向分布，以及现场实测资料对比，完成了闸墩位置布局和疏浚等问题的研究。

淤积数学模型复演了泰晤士河河口整个水深中悬浮的细颗粒泥沙运动，作为河口物理模型的辅助和补充，物理模型只模拟了河床上或床面附近泥沙运动的特性，而数学模型则把水流分成上、下两层，进一步证实了第一个物理模型所取得的泥沙重新分布的结论。从减少淤积的角度出发，最好是把闸址设在布莱克沃尔，但为了减少沿程堤防加高，最后确定在伦敦桥下游 12.9 km 伍尔维奇河段的锡尔弗敦，并认为这是最好的折中方案。

（3）挡潮闸的布置和结构。

挡潮闸全长 530 m，设大闸墩 6 个、中小闸墩和边墩 6 个，4 个大闸孔各宽 61 m，平均潮位时的通航水深为 9.1 m。此外，它们的两侧各有一孔约 30.5 m 宽的通航闸，平均潮位时的通航水深为 4.8 m，6 个通航闸均采用独特的提升式扇形闸门，用螺栓固定在直径为 24.4 m 的大钢盘上，既可向上旋转至闸门摆平，又可向下旋转将闸门藏入底坎的凹槽里。大的 4 扇闸门长约 70 m，高约 21.3 m，弧的拱高约 0.1 m。每套闸门的重量为 3200t，用推力为 2000t 的水压活塞带动。闸门轴承能承受船舶冲撞闸门的荷载，并承受闸门开启时为 141 kg/cm²，关闭时为 352 kg/cm² 的静荷载。不遇暴潮，闸门不用。因此，每年也不过用上几次，只需 7 min 便可关闭。南、北两岸均可操作。

6.5.3　北支建闸优化布置

1. 工程等别和标准

长江口北支挡潮闸的功能定位为：防止咸潮入侵，发挥其防汛功能，同时调活水资源以改善长江水质和沿江两岸支流水系的水环境。依据《防洪标准》（GB 50201－2014）、《水利水电工程等级划分及洪水标准》（SL 252－2017）及《船闸水工建筑物设计规范》（JTJ 307－2001）的有关规定，根据工程的过闸设计流量，并考虑到工程其他显著的生态、经济和社会效益，确定本工程为 I 等大（1）型工程，枢纽泄水建筑物、连接挡水建筑物、过鱼建筑物控制段及船闸闸首和闸室等主要建筑物为 1 级，船闸导航、靠船建筑物及次要建筑物为 3 级建筑物。

根据确定的建筑物级别及《水利水电工程等级划分及洪水标准》（SL 252－2017）的有关规定，考虑到本工程泄水闸全部敞开，上下游水头差较小，枢纽工程失事对下游影响不大，按照平原区拦河水闸洪水标准，确定泄水建筑物（包括消能防冲建筑物）、船闸上闸首及挡水连接建筑物的设计洪水重现期取 100 年，校核洪水重现期取 300 年。

依据《长江流域综合规划》和《长江口综合整治开发规划》等成果，长江口北支航道应达到 I 级航道标准。

根据《中国地震动参数区划图》（GB 18306—2015）的界定，工程区地震动峰值加速度等于 0.05g，相应于地震基本烈度 6 度。根据《水工建筑物抗震设计规范》（SL 203—1997），按 1 级壅水建筑物确定抗震设防类别为甲类，并考虑到该工程的重要性和失事后的社会影响，以及地基的液化特性，本阶段将设防烈度提高 1 度，按 7 度设防。

2. 挡潮闸枢纽布置

根据闸址地形、地质条件、河势特点、建筑物的组成与功能要求，枢纽主体建筑物由泄水闸、船闸、鱼道和连接挡水建筑物组成。闸址轴线总长 5659 m，从左至右依次布置左岸连接段、船闸段、隔流堤段、泄水闸段、右岸连接段。

1）枢纽布置原则

（1）在不同的调度情况下，泄洪闸布置应满足安全下泄相应洪水流量的要求；在落潮闸门全开、江海连通期，遇设计及校核洪水时，闸上水位较天然情况下不应有明显的壅高。

（2）船闸及引航道应与现有主航道顺畅连接。

（3）最大限度地满足施工期和运行期珍稀水生野生保护动物过闸的条件。

（4）根据地形、地质条件，结合建筑物特点及对地基承载力的要求，合理布置建筑物位置，减少工程量。

（5）满足施工期不断航的要求。

2）泄水建筑物

长江口北支挡潮闸为平原区低水头径流式水利枢纽，落潮期泄水建筑物全开，江海连通，近似天然河道；设计及校核洪水时，要求泄水建筑物具有较大的泄洪能力。此外，为了实现生态保护的工程任务，需要设置一定数量的大跨度泄水闸，为中华鲟、白鲟、江豚等珍稀水生野生保护动物提供必要的游弋通道。根据水生物专家的意见，江豚对障碍物敏感度高，江豚过闸需提供足够的宽度，要求大跨度泄水闸越宽越好。

本工程河床覆盖层深厚，承载力低，允许的抗冲流速低，且其中的粉细砂与中粗砂存在地震液化可能。在运用方面，需以大孔闸的形式设置珍稀水生野生保护动物过闸的生态通道。在确定大孔闸闸底板高程时，考虑到闸门设计制造难度、减少基础工程开挖量，闸底板高程宜尽量高；另外，若闸底板高度过高，则易造成闸基冲刷，对挡潮闸安全、稳定产生不利影响。综合考虑，初步选取河道现状平均高程-9 m 为闸底板高程。

根据工程的上述特点，综合考虑泄水闸泄流能力、闸孔尺寸规模、闸门形式、启闭机容量、施工方案、运行调度等因素，针对布置在河床中间的泄水建筑物考虑过以下三个布置方案。

方案 1：挡潮闸共 21 墩 20 孔，底板高程-9 m，闸孔净宽 50 m，中墩厚 6 m，挡潮闸总宽 1 126 m，闸孔总净宽 1 000 m。

方案 2：挡潮闸共 41 墩 40 孔，底板高程-9 m，闸孔净宽 50 m，中墩厚 6 m，挡潮闸总宽 2 246 m，闸孔总净宽 2 000 m。

方案 3：挡潮闸共 61 墩 60 孔，底板高程-9 m，闸孔净宽 50 m，中墩厚 6 m，挡潮闸总宽 3 366 m，闸孔总净宽 3 000 m。

从泄流能力方面看，方案 3 闸孔数目最多，在遭遇设计洪水、校核洪水时有利于安全泄洪；从珍稀水生野生保护动物过闸能力方面看，方案 3 过闸条件最优；从运行调度方面看，泄水建筑物的规模除了要满足汛期的泄洪要求外，还有满足水位调控的要求，方案 3 对各级频率的水位及流量均可进行调控，运行调度灵活；从工程投资方面看，挡潮闸工程单价高于引堤工程，方案 3 工程投资最高。综合考虑各种因素，本阶段推荐方案 3。

3）连接挡水建筑物

根据枢纽布置，在船闸左侧布置有左岸连接段，船闸右侧有隔流堤段，挡潮闸右侧有引堤。长江口北支挡潮闸仅在涨潮期挡水，洪水期闸孔全开敞泄，上、下游水位差很小。闸址河床中部大部分部位地形平缓，闸基为淤泥质黏土或深厚粉细砂地基，下伏基岩埋深较大。

结合工程的上述特点，并根据工程地质条件，分析比较了两种结构形式，即重力坝式和袋装砂堤式。由于连接段基础覆盖层承载力较小，如采用重力坝式，基础开挖工程量较大，混凝土量也较大。在长江口滩涂围垦工程中，编织土工织物袋充砂筑堤技术得到了广泛的应用。编织土工织物袋充砂筑堤，是利用泥浆泵和高压水泵切割、冲吸砂性土，经输泥管水力输送充填入土工织物袋，水和细粒土经土工织物袋的孔隙排出，沉留袋内的砂性土经不断排水固结形成有一定密实度（干土重度）的砂性土袋体，依次充填的袋体形成交叉叠置的袋体堤（袋装砂围堤）。袋装砂堤式对地基要求较低，具有施工方便、造价低等特点，且连接段可分别将左岸船闸段及大孔闸的基础开挖料作为填筑料，只要增加部分堤身及地基防渗处理工程量即能满足挡水要求，因此连接挡水建筑物选用袋装砂堤式。

4）通航建筑物

长江口北支挡潮闸通航水头较小，通航船舶规模和规划运量大，依一般规律，其通航建筑物形式宜采用船闸。根据航运规划对枢纽通过能力的要求，本阶段选用双线单级船闸，船闸级别为 I 级，闸室有效尺度采用 280 m×34 m×5.5 m（长×宽×最小坎上水深）。

综合考虑闸址地形地质条件、枢纽总体布置和施工期通航要求，船闸线路选择在河床左岸，双线船闸并行布置，共用上、下游引航道，船闸挡水前缘总宽度按通航净宽和布置要求拟定为 100 m。

5）过鱼建筑物

根据长江口鱼类资源的分布情况、鱼类生物学特性和枢纽调度运行特点，参考国内已建工程经验，对于一般鱼类溯河洄游过闸，从持续过鱼及运行费用方面考虑，过鱼建筑物拟采用鱼道。

综合长江口地区现有鱼类种群和生态习性分析，枢纽工程一般仅在涨潮期关闭闸门来防止咸潮入侵，可以满足绝大部分洄游性鱼类进、出长江口完成生活史的要求；工程蓄水期对鱼类洄游的阻隔主要表现为可能延后部分鱼类进入东海产卵繁殖的时间，以及阻隔部分产后亲鱼和幼鱼进入长江干流索饵育肥。因此，长江口北支挡潮闸修建过鱼设施的主要目标是作为江湖洄游性鱼类溯河洄游的辅助通道，尽量避免江湖季节性阻隔对鱼类繁殖和自然种苗及时补充的不利影响，极大程度地发挥枢纽工程的正面效益。

3. 闸门形式比选

根据 6.5.1 小节的分析，从适用性上来看，本工程闸门跨度为 50 m，挡水高度较高，6.5.1 小节所述门型中平面直升式闸门、浮动翻板门、弧形三角闸门的最大挡水高度或挡水宽度达不到本工程的规模和水平，而液压升降坝、液压翻板门、扇形翻转闸门、浮箱式闸门能满足本工程的需求。

从可靠性上来看，平面直升式闸门为常规的平面闸门，广泛运用于各类工程中，是一种较为可靠的闸门形式。液压升降坝、液压翻板门、浮动翻板门的运行机理基本一致，都存在由于门体下游长期在水中，下游的泥沙及漂浮物对闸门的操作有较大影响的问题，它们虽然在 60 m 甚至超过百米的大孔闸项目上都有成功运用，但其后期操作和维护的难度显而易见。扇形翻转闸门理论上是弧形闸门的一类，闸门的水力学条件较好，运行比较灵活，且在英国泰晤士河上有成功的经验，虽然下游泥沙及漂浮物对闸门操作也有一定的不利影响，但依靠容量足够的机械将闸门翻转开启至半空中，从而具备检修维护的干燥条件，仍不失为一种较为可靠的闸门形式。弧形三角闸门在荷兰（三角洲项目）、俄罗斯（圣彼得堡项目）、美国（新奥尔良项目）和中国（江苏省常州市）都有成功的案例可以借鉴，也是一种较为可靠的闸门形式。

从先进性上来看，平面直升式闸门是自有挡水建筑物以来就有的门型，经过多年的发展，有桁架式、鱼腹式、正交异性结构等较为先进的结构形式。液压升降坝、液压翻板门是近年来较为新型的闸门，闸门力学结构科学，驱动机构有自控、保持任意水位高度等特点。浮动翻板门是一种由水的浮力对抗水的压力的门型，该门型设计思路新颖，仅驱动一个运动副，机构简单可靠。扇形翻转闸门的水力学条件较好，运行比较灵活，结构设计紧凑，运行维护较为方便，在多方面具有明显的先进性。弧形三角闸门可应用于超大孔口，设计新颖、技术先进。

从美观性上看，液压升降坝、液压翻板门操作过程流畅，动态的启闭过程具有可观性，但是闸门发生变形移位，止水效果不良时，影响整体美观。浮动翻板门设计新颖，利用水力特性，充分体现人和自然的和谐统一，但欠缺动态效果。扇形翻转闸门、弧形三角闸门结构大，便于结构造型，能充分体现人类改造生活环境、协调自然的精神，巧妙的闸门和闸室造型设计，使之成为一个人与自然和谐相处的旅游景点；闸门操作过程动态效果强烈，观察者既能感受到大禹开山治水、人定胜天的传承，又能体会到寄情于景、出世入世的曼妙。

综合来看，作为弧形闸门的一种形式，扇形翻转闸门能满足本工程大跨度、较高水头的规模需求，并且结构形式可靠，技术先进，通过设计能够达到优越的生态景观效果，因此，本工程推荐采用扇形翻转闸门。

参 考 文 献

陈志昌, 乐嘉钻, 2005. 长江口深水航道整治原理[J]. 水利水运工程学报(1): 1-7.

陈祖军, 2014. 后三峡工程时代长江口水源地盐水入侵规律及其应对措施[J]. 水资源保护, 30(3): 19-24.

丁磊, 窦希萍, 高祥宇, 等, 2016. 长江口2013年和2014年枯季盐水入侵分析[J]. 水利水运工程学报(4): 47-53.

窦国仁, 1964. 平原冲积河流及潮汐河口的河床形态[J]. 水利学报(2): 1-13.

窦国仁, 1977. 全沙模型相似律及设计实例[J]. 水利水运科技情报, 3: 1-20.

窦国仁, 赵士清, 黄亦芬, 1987. 河道二维全沙数学模型的研究[J]. 水利水运科学研究, 2: 1-12.

窦润青, 郭文云, 葛建忠, 等, 2014. 长江口北槽落潮分流比变化原因分析[J]. 华东师范大学学报(自然科学版), 3: 93-104.

范中亚, 葛建忠, 丁平兴, 等, 2012. 长江口深水航道工程对北槽盐度分布的影响[J]. 华东师范大学学报(自然科学版), 4: 181-189.

葛建忠, 2011. 东中国海及长江口多空间尺度FVCOM数值模拟系统及其应用[D]. 上海: 华东师范大学.

顾玉亮, 吴守培, 乐勤, 2003. 北支盐水入侵对长江口水源地影响研究[J]. 人民长江, 34(4): 1-3.

顾圣华, 2014. 2011年春末夏初枯水期间长江河口盐水入侵[J]. 华东师范大学学报(自然科学版)(4): 154-162.

韩乃斌, 1983. 南水北调对长江口盐水入侵影响的预测[J]. 地理研究, 2(2): 99-107.

韩乃斌, 卢中一, 1986. 长江口分汊水道盐水入侵的特性[R]. 南京: 南京水利科学研究院河港研究所.

韩其为, 2006. 扩散方程边界条件及恢复饱和系数[J]. 长沙理工大学学报(自然科学版), 3: 7-19.

海洋图集编委会, 1993. 渤海 黄海 东海海洋图集 水文[M]. 北京: 海洋出版社.

胡玉志, 1996. 入海河口挡潮闸下防淤减淤研究[J]. 河北水利科技, 6(2): 1-3.

金元欢, 沈焕庭, 1991. 我国建闸河口冲淤特性[J]. 泥沙研究(4): 59-68.

孔亚珍, 贺松林, 丁平兴, 等, 2004. 长江口盐度的时空变化特征及其指示意义[J]. 海洋学报, 26(4): 9-18.

李大山, 任汝述, 1996. 波浪作用下异重流运动特性研究[J]. 海洋工程, 14(4): 53-58.

李文善, 王慧, 左常圣, 等, 2020. 长江口咸潮入侵变化特征及成因分析[J]. 海洋学报, 42(7): 32-40.

李义天, 胡海明, 1994. 床沙混合活动层计算方法探讨[J]. 泥沙研究(1): 64-71.

林健, 窦国仁, 马麟卿, 1996. 潮汐河口挖入式港池淤积研究[J]. 水利水运科学研究(6): 95-102.

罗肇森, 2004. 河口治导线放宽率的计算[J]. 水利水运工程学报(2): 55-58.

马洪亮, 王震, 2019. 甬江河口建闸工程闸下淤积数学模型研究[J]. 中国水运(下半月), 19(6): 56-57.

任道远, 王学荣, 2002. 从永定新河清淤看河口建闸的紧迫性[J]. 海河水利(5): 28-29.

沈焕庭, 茅志昌, 朱建荣, 2003. 长江河口盐水入侵[M]. 北京: 海洋出版社.

水利部长江水利委员会, 2008. 长江口综合整治开发规划[R]. 武汉: 水利部长江水利委员会.

宋志尧, 茅丽华, 2002. 长江口盐水入侵研究[J]. 水资源保护(3): 27-30.

施世宽, 1999. 东台沿海挡潮闸淤积成因及减淤防淤措施[J]. 中国农村水利水电(1): 20-22.

施勇, 栾震宇, 陈炼钢, 等, 2010. 长江中下游江湖关系演变趋势数值模拟[J]. 水科学进展, 21(6): 832-839.

水利部上海勘测设计研究院, 1997. 长江口综合开发整治规划要点报告[R]. 上海: 水利部上海勘测设计研究院.

水利部上海勘测设计研究院, 1988. 长江口综合开发整治规划要点报告[R]. 上海: 水利部上海勘测设计研究院.

唐洪武, 丁兵, 杨明远, 2008. 河口治导线放宽率的确定[J]. 水利学报, 39(1): 59-65.

王义刚, 席刚, 施春香, 2005. 川东港挡潮闸闸下淤积机理浅析[J]. 江苏水利(3): 28-29.

王绍祥, 朱建荣, 2015. 不同潮型和风况下青草沙水库取水口盐水入侵来源[J]. 华东师范大学学报(自然科学版)(4): 65-76.

吴卫民, 杨国录, 陈振虹, 等, 1994. 河床床沙组成数值模拟方法[J]. 武汉水利电力大学学报, 27(3): 320-327.

伍冬领, 林炳尧, 余大进, 等, 2003. 永宁江枢纽引航道和挡潮闸闸港冲淤研究[J]. 泥沙研究(2): 69-72.

邢焕政, 2003. 海河口岸线演变及泥沙来源分析[J]. 海河水利(2): 28-30.

张二凤, 陈沈良, 刘小喜, 2014. 长江口北支异常强盐水入侵观测与分析[J]. 海洋通报, 5: 491-496.

赵今声, 1978. 挡潮闸下河道淤积原因和防淤措施[J]. 天津大学学报(1): 73-85.

朱建荣, 胡松, 2003. 河口形状对河口环流和盐水入侵的影响[J]. 华东师范大学学报(自然科学版), 2: 68-73.

朱建荣, 吴辉, 顾玉亮, 2011. 长江河口北支倒灌盐通量数值分析[J]. 海洋学研究, 29(3): 1-7.

朱宜平, 2021. 长江口青草沙水域外海正面盐水入侵特点分析[J]. 华东师范大学学报(自然科学版)(2): 21-29.

DYNAMIC SOLUTIONS INTERNATIONAL, LLC, 2017. The environmental fluid dynamics code: Theoretical & computational aspects of EFDC+[Z].

CHEN C, BEARDSLEY R C, COWLES G, 2006. An unstructured grid, finite-volume coastal ocean model: FVCOM user manual[Z]. 2nd ed.